Illustrator CC
2015 中文版标准教程

郑国栋 编著

清华大学出版社

北京

内 容 简 介

本书全面讲解了 Illustrator CC 2015 平面设计与应用技法。全书共 9 章，内容包括 Illustrator 基础知识、图形的绘制、编辑图形对象、描边与填充、创建与编辑文本、符号与图表、管理图形对象、添加艺术效果、Illustrator 导出与打印等。本书图文并茂，实例丰富，采用"教程+实例+练习"的编写形式，可以作为高等校院相关专业及社会培训教材，也可供平面设计、插画设计、数码艺术创作人员自学参考。

图书在版编目（CIP）数据

Illustrator CC 2015 中文版标准教程/郑国栋编著. —北京：清华大学出版社，2017

（清华电脑学堂）

ISBN 978-7-302-43357-6

Ⅰ. ①I⋯ Ⅱ. ①郑⋯ Ⅲ. ①图形软件-教材 Ⅳ. ①TP391.41

中国版本图书馆 CIP 数据核字（2016）第 074872 号

责任编辑：冯志强 薛 阳
封面设计：杨玉芳
责任校对：胡伟民
责任印制：沈 露

出版发行：清华大学出版社
   网 址：http://www.tup.com.cn, http://www.wqbook.com
   地 址：北京清华大学学研大厦 A 座   邮 编：100084
   社 总 机：010-62770175   邮 购：010-62786544
   投稿与读者服务：010-62776969, c-service@tup.tsinghua.edu.cn
   质量反馈：010-62772015, zhiliang@tup.tsinghua.edu.cn
印 装 者：北京国马印刷厂
经 销：全国新华书店
开 本：185mm×260mm 印 张：17.5 字 数：440 千字
版 次：2017 年 2 月第 1 版 印 次：2017 年 2 月第 1 次印刷
印 数：1～3000
定 价：39.80 元

产品编号：067754-01

前　　言

Illustrator CC 2015 是 Adobe 公司推出的一款专业的矢量绘图软件，能够满足各行各业对于矢量图形的需求，其强大的图像绘制与图文编辑功能，在平面设计、商业插画设计、印刷品排版设计、网页制作等领域应用非常广泛。而 Illustrator CC 2015 进一步优化了在图形绘制方面的功能，可以使设计师更加轻松快捷地完成设计。

1．本书内容

第 1 章主要介绍 Illustrator CC 2015 的基本操作、工作环境、应用领域等，了解 Illustrator 在绘图方面的相关专业知识。

第 2 章主要讲解各种基础绘图工具的使用方法与技巧，及图形路径的简单调整，使读者能够快速地掌握矢量图形的基本绘制方法与技巧。

第 3 章主要介绍图形对象的复制功能、各种变换与变形操作、图形对象之间的运算、封套扭曲以及如何设置透视视图等，使用这些功能与操作，掌握编辑图形对象的方法。

第 4 章主要讲解描边属性的设置和图形对象的颜色、图案与实时上色等多种填充方式，以及画笔工具的使用方法与艺术效果。

第 5 章主要讲解在 Illustrator CC 2015 中创建、编辑文字及段落文本的方法与技巧，还介绍了制表符的应用以及为文字添加特殊效果。

第 6 章主要讲解符号与图表的创建、编辑与应用等操作以及符号、普通的图形对象与图表之间的关系，使用户能够熟练地掌握两者的操作方法，从而制作出效果更加丰富的图形效果。

第 7 章主要讲解从图层、混合模式、剪切蒙版、不透明度等多个方面管理图形对象的组织方式。

第 8 章详细介绍了各种添加艺术效果的方法，并且列举了相应的图形艺术效果，使用户能够更加全面地掌握每种艺术效果的制作方法与技巧，从而制作出精美的图形效果。

第 9 章主要介绍各种格式导出 Illustrator 文件，以及如何创作 Web 文件，还特别介绍了如何设置打印选项以及创建 PDF 文件。

2．本书特色

（1）实例丰富：本书提供了丰富的操作实例，便于读者学习操作，同时也方便教师授课。

（2）彩色插图：本书制作了大量精美的实例，读者通过彩色插图可以看到逼真的矢量图像效果。

（3）课堂练习：本书精心挑选了大量经典的案例以帮助开发者举一反三、理论结合实践，以获得更好的学习效果。

（4）思考与练习：通过大量课后的练习习题帮助读者自行测试对本章内容的掌握程度，提高学习效果。

3．读者对象

本书内容详尽、讲解清晰，全书包含众多知识点，采用与实际范例相结合的方式进行讲解，并配以清晰、简洁的图文排版方式，使学习过程变得更加轻松和易于上手。本书可作为图像处理和平面设计初、中级读者的学习用书，也可作为大中专院校相关专业及平面设计培训班的教材。

参与本书编写的除了封面署名人员外，还有李敏杰、郑国栋、和平艳、和平晓、郑路、吕单单、余慧枫、张伟、刘文渊等人。由于时间仓促，水平有限，疏漏之处在所难免，欢迎读者朋友登录清华大学出版社的网站 www.tup.com.cn 与我们联系，帮助我们改进提高。

作　者

目　　录

第 1 章

Illustrator CC 2015 的基础知识

Illustrator 是 Adobe 公司开发的矢量图形绘制软件，具有便捷的操作、强大的绘图与图像处理功能，其无损坏的无限放大功能适合各种复杂设计项目，在平面设计和计算机绘图领域中占有很重要的地位。其绘制的矢量图形被大量地应用于广告设计、插画设计、网页设计、印刷排版等行业。本章主要介绍 Illustrator CC 2015 的基本操作、工作环境、应用领域等，了解 Illustrator 在绘图方面的相关专业知识。

1.1 认识 Illustrator CC 2015

Illustrator CC 2015 具有强大的绘图功能和图像处理功能，其无损坏的无限放大功能能够为线稿提供较高的精度和控制，从而满足各行各业用户的需求；其人性化的界面也深受用户欢迎。作为一款标准的矢量图形绘制软件，它支持多种不同的文件格式，能够保留 Illustrator 创建的所有图形元素，并且可以被许多程序使用。

1.1.1 Illustrator CC 2015 应用领域

Illustrator 作为一款标准绘制矢量图形的软件，绘制出的不同风格的矢量图形被广泛应用于印刷出版、书籍排版、专业插画、多媒体图像处理和互联网页面的制作等方面，也可以为线稿提供较高的精度和控制，不仅仅可以设计艺术产品，更可以设计大部分小型到大型的复杂项目。

1. 插画

插画是一种艺术表现形式，在设计中占有很高的地位。插画的概念非常广，例如报纸、杂志、各种刊物或儿童图画书里，在文字间所插入的图画，统称为插画。插画是现代设计的一种重要的视觉传达形式，已广泛应用于文化活动、社会公共事业、商业活动、影视文化等领域。图 1-1 所示的就是一张具有卡通视觉效果的插画。

2．VI 设计

VI（Visual Identity，企业 VI 视觉设计）是企业形象系统的重要组成部分。企业可以通过 VI 设计实现不同的目的，例如对内获得员工的认同感、归属感，加强企业凝聚力；对外树立企业的整体形象、整合资源等，如图 1-2 所示。

图 1-1　插画

图 1-2　VI 设计

3．平面广告

平面广告就其形式而言，只是传递信息的一种方式，是广告主与受众间的媒介，是为了达到一定的商业目的。在媒体广告中，平面广告包括招贴广告、POP 广告、报纸杂志广告等。如图 1-3 所示，是一张宣传冰激淋的海报。

4．产品造型设计

产品造型设计是传统工业设计的核心，是针对人与自然的关联中产生的工具装备的需求所作的响应。其中包括针对使生存与生活得以维持与发展所需的物质性装备，诸如工具、机械和产品等所进行的设计，如图 1-4 所示。

图 1-3　冰激淋海报

1.1.2 Illustrator 支持的
文件格式

Illustrator 支持的文件很多，除了常见的一些位图图像格式外，还支持 Flash 的 SWF 格式、单纯文本格式文件等，下面对该软件的文件格式进行介绍。

图1-4 产品造型设计

1. AI 格式

Adobe Illustrator 的专用格式，现已成为业界矢量图的标准，可在 Illustrator、CorelDRAW、Photoshop 中打开编辑。在 Photoshop 中打开编辑时，将由矢量图格式转换为位图格式。

2. PSD 格式

PSD 是 Adobe 公司的图像处理软件 Photoshop 的专用格式（Photoshop Document）。PSD 其实是 Photoshop 进行平面设计的一张"草稿图"，里面包含各种图层、通道、蒙版等多种设计的样稿，以便下次打开文件时可以修改上一次的设计。

3. JPEG 格式

JPEG 也是常见的一种图像格式，它由联合照片专家组（Joint Photographic Experts Group）开发并已命名为 ISO 10918-1，JPEG 仅仅是一种俗称而已。JPEG 文件的扩展名为.jpg 或 jpeg，其压缩技术十分先进，它用有损压缩方式去除冗余的图像和彩色数据，在获得极高压缩率的同时能展现较为生动的图像。

因为 JPEG 格式的文件尺寸较小、下载速度快，使得网页有可能以较短的下载时间提供大量美观的图像，JPEG 也就顺理成章地成为网络上最受欢迎的图像格式。

4. BMP 格式

BMP 是 Bitmap（位图）的简写，它是 Windows 操作系统中的标准图像文件格式，能够被多种 Windows 应用程序所支持。这种格式的特点是包含的图像信息较丰富，几乎不进行压缩，但由此导致了它与生俱来的缺点——占用磁盘空间过大。

5. TIFF 格式

TIFF（Tagged Image File Format）是 Mac 中广泛使用的图像格式，它由 Aldus 和微软联合开发，最初是出于跨平台存储扫描图像的需要而设计的。它的特点是图像格式复杂、存储信息多。正因为它存储的图像细微层次的信息非常多，所以图像占用磁盘空间也较大。

6．GIF 格式

GIF 是 Graphics Interchange Format（图形交换格式）的缩写。它的特点是压缩比高、磁盘空间占用较少，所以这种图像格式迅速得到了广泛的应用。最初的 GIF 只是简单地用来存储单幅静止图像的（称为 GIF87a），随着技术发展，可以同时存储若干幅静止图像进而形成连续的动画，使之成为为数不多的支持 2D 动画的格式之一（称为 GIF89a），目前 Internet 上大量采用的彩色动画文件多为这种格式的文件。

但 GIF 有个小小的缺点，即不能存储超过 256 色的图像。尽管如此，这种格式仍在网络上应用广泛，这和 GIF 图像文件短小、下载速度快、可用许多具有同样大小的图像文件组成动画等优势是分不开的。

7．PNG 格式

PNG（Portable Network Graphics Format）是一种新兴的网络图像格式。PNG 一开始便结合 GIF 及 JPG 两家之长，打算一举取代这两种格式。1996 年 10 月 1 日由 PNG 向国际网络联盟提出并得到了推荐认可标准，并且大部分绘图软件和浏览器开始支持 PNG 图像浏览。

PNG 是目前保证失真最小的格式，它汲取了 GIF 和 JPG 二者的优点，存储形式丰富，兼有 GIF 和 JPG 的色彩模式。它的另一个特点是能把图像文件压缩到极限以利于网络传输，而且又能保留所有与图像品质有关的信息。因为 PNG 采用无损压缩方式来减小文件的大小，这一点与牺牲图像品质以换取高压缩率的 JPG 有所不同。它的第三个特点是显示速度很快，只需下载 1/64 的图像信息就可以显示出低分辨率的预览图像。而且，PNG 同样支持透明图像的制作。透明图像在制作网页图像的时候很有用，可以把图像背景设为透明，用网页本身的颜色信息来代替设为透明的色彩，这样可让图像和网页背景很和谐地融合在一起。

8．SWF 格式

该格式使用 Flash 创建，是一种后缀名为 SWF（Shock Wave Flash）的动画文件，这种格式的动画图像能够用比较小的文件大小来表现丰富的多媒体形式。在图像的传输方面，不必等到文件全部下载完成才能观看，而是可以边下载边看，因此特别适合网络传输，特别是在传输速率不佳的情况下，也能取得较好的效果。事实也证明了这一点，SWF 如今已被大量应用于网页多媒体演示与交互性设计。此外，SWF 动画是基于矢量技术制作的，因此不管将画面放大多少倍，画面不会有任何失真。

9．SVG 格式

SVG 是目前最火的图像文件格式之一，它的英文全称为 Scalable Vector Graphics，意思为可缩放的矢量图形。它基于 XML（Extensible Markup Language），由 World Wide Web Consortium（W3C）联盟开发。严格来说 XML 是一种开放标准的矢量图形语言，可设计出高分辨率的 Web 图形页面。用户可以直接用代码来描绘图像，可以用任何文字处理工具打开 SVG 图像，通过改变部分代码来使图像具有互交功能，并可以随时插入到 HTML 中通过浏览器来观看。

SVG 文件比 JPEG 和 GIF 格式的文件要小很多，因而下载也很快。可以相信，SVG 的开发将会为 Web 提供新的图像标准。

10．DXF 格式

DXF（Drawing Exchange Format）是 AutoCAD 中的矢量文件格式，它以 ASCII 码方式存储文件，在表现图形的大小方面十分精确。许多软件都支持 DXF 格式的输入与输出。

11．WMF 格式

WMF（Windows Metafile Format）是 Windows 中常见的一种图像文件格式，属于矢量文件格式。具有文件小、图案造型化的特点，整个图形常由各个独立的组成部分拼接而成，其图形往往较粗糙。

12．EMF 格式

EMF（Enhanced MetaFile）是微软公司为了弥补使用 WMF 的不足而开发的一种 Windows 32 位扩展图像文件格式，也属于矢量文件格式，其目的是欲使图像文件更加容易接受。

13．PDF 格式

PDF 是一种通用的文件格式，这种文件格式保留在各种应用程序和平台上创建的字体、图像和版面。Adobe PDF 是对全球使用的电子文档和表单进行安全可靠的分发和交换的标准。Adobe PDF 在印刷出版工作流程中非常高效。

提 示

如果文件用于其他矢量软件，可以保存为 AI 或 EPS 格式，它们能够保留 Illustrator 创建的所有图形元素，并且可以被许多程序使用；如果要在 Photoshop 中对文件进行处理，可以保存为 PSD 格式，PDF 格式主要用于网上出版；TIFF 是一种通用的文件格式，几乎受到所有的扫描仪和绘图软件支持；JPEG 用于存储图像，可以压缩文件（有损压缩）；GIF 是一种无损压缩格式，可应用在网页文档中；SWF 是基于矢量的格式，被广泛地应用在 Flash 中；CAD 用于导出 AutoCAD 绘图或从其他应用程序导入绘图的绘图交换格式；CDR 是 CorelDRAW 的专用格式，体积小，可以再处理。

1.2 图像、图形的基础知识

图像的记录方式：像素图和位图都是用像素点阵方法记录的；矢量图是通过数学方法记录图像内容的。

1.2.1 像素图、位图与矢量图

1. 像素图

像素图（也叫点阵图、光栅图），是以最小点（一个点就是一个像素）组成的，如同用马赛克去拼贴图案一样，每个马赛克就是一个点，在有限的范围内，有规律地布局组合就形成图案。这种图片在正常的情况下看不到像素点，当放大到一定程度时便可以看到里面的像素颗粒。通常用在特定的地方，如电脑图标、网页界面、游戏图片等。图 1-5 是电脑桌面图标。

◢ 图 1-5　像素图

2. 位图

位图在技术上称为栅格图像，它的基本单位是像素。像素呈方块状，因此，位图是由千千万万个小方块（像素）组成的，其特点是颜色过渡细腻，也容易在不同的软件之间交换。

位图图像与分辨率有着密切的关系，如果在屏幕上以较大的倍数放大显示，或以过低的分辨率进

◢ 图 1-6　位图

行打印，图像会出现锯齿状的边缘，丢失画面细节，如图 1-6 所示。位图图像弥补了矢量图的某些缺陷，它能够制作颜色和色调变化更为丰富的图像，同时可以很容易地在不同软件之间进行交换，但位图文件容量较大，对内存和硬盘的要求较高。

注　意

像素图和位图的区别就在于：前者是由有序的像素点组成的，图片小，而后者由超大量无序的像素点组成，图片大。而两者都属于点阵图。

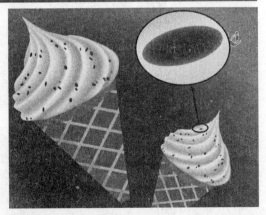

3. 矢量图

矢量图也可以叫做向量式图像，是使用数学方式描述的曲线，由曲线围成的色块组成的面向对象的绘图图形。矢量图形中的图形元素叫做对象，每个对象都是独立的，具有各自的属性，不需要记录图像中每一个点的颜色和位置等，所以它的文件容量比较小，很容易进行放大、旋转等操作。由于矢量图形与分辨率无关，因此无论如何改变图

◢ 图 1-7　矢量图

形的大小，都不会影响图形的清晰度和平滑度，如图 1-7 所示，所以在一些专业的图形软件中应用得较多。

1.2.2 颜色模式

常用的颜色模式有灰度、RGB、HSB、CMYK 和 Web 安全 RGB 模式。使用 Illustrator 的【拾色器】和【颜色】面板时，可以选择以上颜色模式来调整颜色。不同的颜色模式有着不同的色域范围，例如，RGB 模式就比 CMYK 模式的色域范围广。如果图形用于屏幕显示或 Web 显示，可以使用 RGB 模式；如果用于印刷，则需要使用 CMYK 模式，它能确保在屏幕上看到的颜色与最终的输出效果基本一致，不会产生太大的偏差。

在 Illustrator CC 2015 中使用了 5 种颜色模式，即 RGB 模式、CMYK 模式、HSB 模式、灰度模式和 Web 安全 RGB 模式。

RGB 模式是利用红、绿、蓝三种基本颜色来表示色彩的。通过调整三种颜色的比例可以获得不同的颜色。由于每种基本颜色都有 256 种不同的亮度值，因此，RGB 颜色模式约有 256×256×256≈1670 万种不同颜色。当用户绘制的图形只用于屏幕显示时，可采用此种颜色模式。如图 1-8 所示为设置几种不同色值。

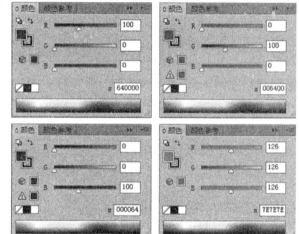

图 1-8　RGB 模式

CMYK 模式即常说的四色印刷模式，CMYK 分别代表青、品红、黄、黑 4 种颜色。CMYK 颜色模式的取值范围是用百分数来表示的，百分数比较低的油墨接近白色，百分数比较高的油墨接近黑色。如图 1-9 所示为设置几种不同色值。

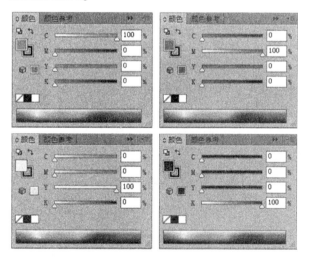

图 1-9　CMYK 模式

HSB 模式是利用色彩的色相、饱和度和亮度来表现色彩的。H 代表色相，指的是物体固有的颜色；S 代表饱和度，指的是色彩的饱和度，它的取值范围为 0%(灰色)～100%(纯色)；B 代表亮度，指的是色彩的明暗程度，它的取值范围是 0%(黑色)～100%(白色)。如图 1-10 所示为设置几种不同色值。

灰度模式具有从黑色到白色的 256 种灰度色域，只存在颜色的灰度，没有色彩信息。其中，0 级为黑色，255 级为白色。每个灰度级都可以使用 0%(白)～100%(黑)的百分比来测量。灰度模式可以与 HSB 模式、RGB 模式、CMYK 模式互相转换。但是，将色彩转换为灰度模式后，再要将其转换回彩色模式，将不能恢复原有图像的色彩信息，画面将转为单色，如图 1-11 所示。

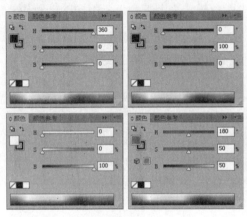

图 1-10　HSB 模式

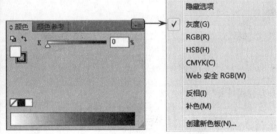

图 1-11　灰度模式

Web 安全 RGB 模式是网页浏览器所支持的 216 种颜色，与显示平台无关。当所绘图像只用于网页浏览时，可以使用该颜色模式。如图 1-12 所示为几种参数设置。

1.3　Illustrator CC 2015 的工作界面

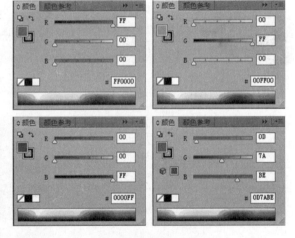

图 1-12　Web 安全 RGB 模式

Illustrator 的工作区是创建、编辑、处理图形和图像的操作平台，它由菜单栏、工具箱、控制面板、绘图窗口、状态栏等部分组成。启动 Illustrator CC 2015 软件后，屏幕上将会出现标准的工作区界面，如图 1-13 所示。

1.3.1　菜单栏

菜单栏是 Illustrator CC 2015 中的一个重要组件，很多重要的操作都是通过该部分来实现的。其中包括 9 个菜单命令，每个菜单中包含一系列的子命令，在使用菜单中的命令时，要先选定对象，然后执行相应的命令即可。

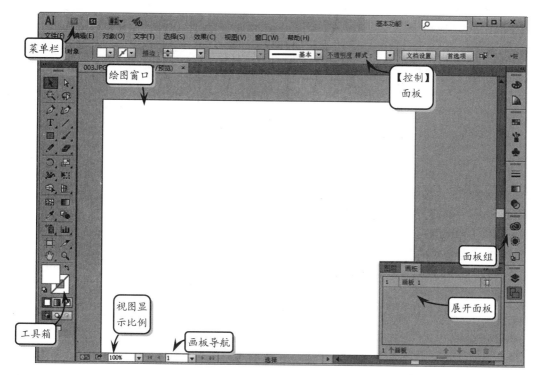

图 1-13 **Illustrator CC 2015 的工作界面**

1.3.2 工具箱

启动 Illustrator CC 2015 后，默认状态下工具箱嵌入在屏幕的左侧，用户可根据需要拖动到任意位置。工具箱中提供了大量具有强大功能的工具，绘制路径、编辑路径、制作图表、添加符号等内容都可以通过这里来实现。

注 意

要隐藏或显示面板、工具箱和【控制】面板，按 Tab 键；要隐藏或显示工具箱和【控制】面板以外的所有其他面板，按 Shift+Tab 键。可以执行下列操作以暂时显示通过上述方法隐藏的面板：将指针移到应用程序窗口边缘，然后将指针悬停在出现的条带上，工具箱或面板组将自动弹出。

1.3.3 控制面板

Illustrator 中的控制面板用来辅助工具箱中工具或菜单命令的使用，对图形或图像的修改起着重要的作用，灵活掌握控制面板的基本使用方法有助于帮助用户快速地进行图形编辑。

通过控制面板可以快速地访问、修改与所选对象相关的选项。默认情况下，控制面板停放在菜单栏的下方。用户也可以通过单击控制面板最右侧的【面板菜单】按钮，在弹出的下拉菜单中选择【停放到底部】命令，将控制面板放置在工作区的底端。

当控制面板中的文本为蓝色且带下划线时，用户可以单击文本以显示相关的面板或对话框。单击控制面板或对话框以外的任何位置可以将其关闭。

1.3.4 自定义工作区

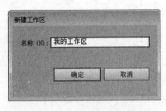

图 1-14 新建工作区
并输入名称

在使用 Illustrator CC 2015 进行操作时，可以使用应用程序提供的预设工作区，也可以使用用户自定义的工作区。

下面介绍如何在 Illustrator CC 2015 中自定义工作区。

（1）在菜单栏中打开【窗口】选项，选择【工作区】命令，打开【新建工作区】对话框，如图 1-14 所示，输入新的工作区名称"我的工作区"，单击【确定】保存工作区。

（2）在工作区顶部单击【我的工作区】按钮即可切换工作区，如图 1-15 所示。

（3）在菜单栏中打开【窗口】选项，选择【工作区】命令，打开【管理工作区】对话框，如图 1-16 所示，选择要删除的工作区，单击【确定】按钮，即可删除不需要的工作区。

图 1-15 切换工作区

图 1-16 管理工作区窗口

1.3.5 自定义快捷键

在 Illustrator CC 2015 中，用户除了可以使用应用程序设置的快捷键外，还可以根据个人的使用习惯创建、编辑、存储快捷键。

下面介绍如何在 Illustrator CC 2015 中自定义快捷键。

（1）在菜单栏中单击【编辑】按钮，在下拉菜单中选择【键盘快捷键】命令并打开，如图 1-17 所示，在打开的对话框中修改所需要的快捷键，如图 1-18 所示。

（2）在【键盘快捷键】对话框的【键集】选项右侧单击【存储】按钮，打开【存储

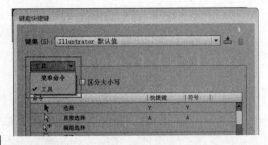

图 1-17 键盘快捷键窗口

键集文件】对话框。在对话框中的【名称】文本框中输入"自定义快捷键"，然后单击【确定】按钮，完成快捷键的自定义，如图 1-19 所示。

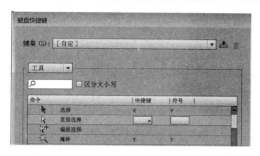

图 1-18　更改快捷键窗口

图 1-19　自定义快捷键

1.3.6　设置首选项

在 Illustrator CC 2015 中，用户可以通过【首选项】命令，对软件的各种参数进行设置，从而更加方便快速地应用绘制。单击菜单栏中的【编辑】|【首选项】命令，即可打开【首选项】对话框，如图 1-20 所示。用户可以根据需要设置【首选项】对话框中的参数。

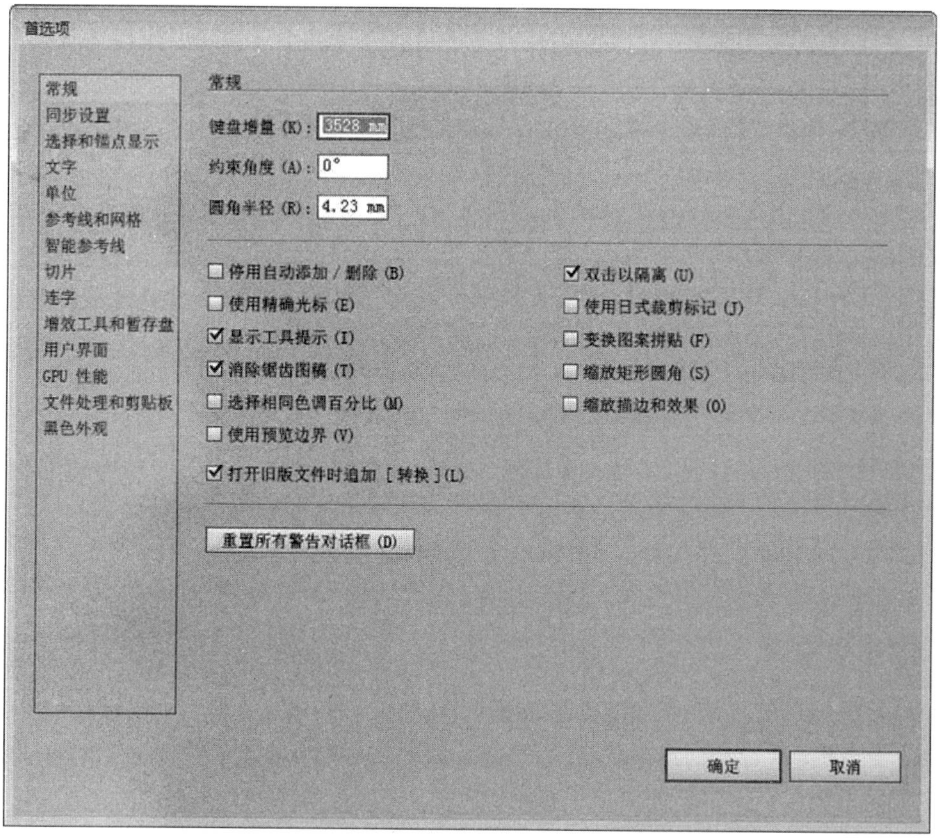

图 1-20　首选项窗口

1.【常规】选项

【常规】选项中各主要复选框的作用分别如下。

- ❏ **停用自动添加/删除** 选中该项后，若将光标放在所绘制的路径上，【钢笔】工具 ![钢笔] 将不能自动变换为【添加锚点】工具 ![添加锚点] 或者【删除锚点】工具 ![删除锚点]。
- ❏ **双击以隔离** 选中该项后，通过在对象上双击即可把该对象隔离起来。
- ❏ **使用精确光标** 选中该项后，在使用工具箱中的工具时，将会显示一个十字框，这样可以进行更为精确的操作。
- ❏ **使用日式裁剪标记** 选中该项后，将会产生日式裁切线。
- ❏ **显示工具提示** 选中该选项后，如果把鼠标放在工具按钮上，将会显示出该工具的简明提示。
- ❏ **变换图案拼贴** 选中该项后，当对图样上的图形进行操作时，图样也会被执行相同的操作。
- ❏ **消除锯齿图稿** 选中该项后，将会消除图稿中的锯齿。
- ❏ **缩放描边和效果** 选中该项后，当调整图形时，边线也会被进行同样的调整。
- ❏ **选择相同色调百分比** 选中该项后，在选择时，可选择线稿图中色调百分比相同的对象。
- ❏ **使用预览边界** 选中该项后，当选择对象时，选框将包括线的宽度。
- ❏ **打开旧版文件时追加[转换]** 选中该项后，如果打开以前版本的文件，则会启用转换为新格式的功能。

2.【选择和锚点显示】选项

- ❏ **选择和锚点显示** 用于设置选择的容差和锚点的显示效果。
- ❏ **鼠标移过时突出显示锚点** 选中该选项后，当移动鼠标经过锚点时，锚点就会突出显示。
- ❏ **选择多个锚点时显示手柄** 选中该选项，在选择多个锚点后就会显示出手柄。

3.【文字】选项

在【文字】选项中，【大小/行距】文本框用于调整文字之间的行距，【字距调整】文本框用于设置文字之间的间隔距离，【基线偏移】文本框用于设置文字基线的位置。选中【仅按路径选择文字对象】复选框，可以通过直接单击文字路径的任何位置来选择该路径上的文字。选中【以英文显示字体名称】复选框，【字符】面板中的【字体类型】下拉列表框中的字体名称将以英文方式进行显示。

4.【单位】选项

【单位】选项用于设置图形的显示单位和性能。

- ❏ **常规** 用于设置标尺的度量单位。在 Illustrator 中共有 7 种度量单位，分别是 pt、毫米、厘米、派卡、英寸、Ha 和像素。
- ❏ **描边** 用于设置边线的度量单位。
- ❏ **文字** 用于设置文字的度量单位。

Illustrator CC 2015 中文版标准教程

❏ **东亚文字**　用于设置东亚文字的度量单位。

5.【参考线和网格】选项

【参考线和网格】选项用于设置参考线和网格的颜色和样式。

参考线选项区域下，【颜色】选项用于设置参考线的颜色，也可以单击后面的颜色框来设置颜色；【样式】选项用于设置参考线的类型，有直线和虚线两种。

网格选项区域下，【颜色】选项用于设置参考线的颜色，也可以单击后面的颜色框来设置颜色；【样式】选项用于设置参考线的类型，有直线和虚线两种；【网格线间隔】选项用于设置网格线的间隔距离；【次分隔线】选项用于设置网格线的数量；选中【网格置后】选项后，网格线位于对象的后面；【显示像素网格】选项用于设置显示像素网格。

6.【智能参考线】选项

打开【首选项】对话框中的【智能参考线】选项。

❏ **颜色**　指定智能参考线的颜色。

❏ **对齐参考线**　选中该复选框，可显示沿着几何对象、画板、出血的中心和边缘生成的参考线。当移动对象、绘制基本形状、使用钢笔工具以及变换对象等时，也将生成参考线。

❏ **锚点/路径标签**　选中该复选框，可在路径相交或路径居中对齐锚点时显示信息。

❏ **对象突出显示**　选中该复选框，可在对象周围拖移时突出显示指针下的对象。突出显示颜色与对象的图层颜色匹配。

❏ **度量标签**　选中该复选框后，将光标置入某个锚点上时，可为许多工具显示有关光标当前位置的信息。创建、选择、移动或变换对象时，可显示相对于对象原始位置的 X 轴和 Y 轴偏移量。在使用绘图工具时，按住 Shift 键，则将显示起始位置。

❏ **变换工具**　选中该复选框，可在比例缩放、旋转和倾斜对象时显示信息。

❏ **结构参考线**　选中该复选框，可在绘制新对象时显示参考线。此时可以指定从附近对象的锚点绘制参考线的角度，最多可以设置 6 个角度。在选中的角度文本框中输入一个角度、从【结构参考线】复选框右侧的下拉列表中选择一组角度或者从下拉列表框中选择一组角度并更改文本框中的一个值以自定义一组角度。

❏ **对齐容差**　指定使【智能参考线】生效的指针与对象之间的距离。

7.【增效工具和暂存盘】选项

【增效工具和暂存盘】选项用于设置如何使系统更有效率，以及文件的暂存盘设置。

在【增效工具和暂存盘】选项中，用户可以在选中【其他增效工具文件夹】复选框后，单击【选取】按钮，在打开的【新建的其他增效工具文件夹】对话框中设置增效工具文件夹的名称与位置。在【暂存盘】选项区域中，用户可以设置系统的主要和次要暂存盘存放位置。不过，需要注意的是，最好不要将系统盘作为第一启动盘，这样可以避免因频繁读写硬盘数据而影响操作系统的运行效率。暂存盘的作用是当 Illustrator 处理较大的图形文件时，将暂存盘设置的磁盘空间作为缓存，以存放数据信息。

8.【用户界面】选项

【用户界面】选项用于设置用户界面的颜色深浅，用户可以根据自己的喜好进行设置。用户可以通过拖动【亮度】右侧的滑块来调整用户界面的颜色深浅。

9.【文件处理和剪贴板】选项

【文件处理和剪贴板】用于设置文件和剪贴板的处理方式。

- ❑ **【对链接的 EPS 使用低分辨率替代文件】** 选择该项后，可允许在链接 EPS 时使用低分辨率显示。
- ❑ **【在"像素预览"中将位图显示为消除了锯齿的图像】** 选择该项后，可将置入位图图像消除锯齿。
- ❑ **【更新链接】选项** 用于设置在链接文件改变时是否更新文件。
- ❑ **PDF** 选择该项后，允许在剪贴板中使用 PDF 格式的文件。
- ❑ **AICB** 选择该项后，允许剪贴板中使用 AICB 格式的文件。

10.【黑色外观】选项

在 Illustrator 和 InDesign 中，在进行屏幕查看、打印到非 PostScript 桌面打印机或者导出为 RGB 文件格式时，纯 CMYK 黑(K=100)将显示为墨黑(复色黑)。如果想查看商业印刷商打印出来的纯黑和复色黑的差异，可以在【黑色外观】选项卡中进行设置。

- ❑ **屏幕显示** 该下拉列表中【精确显示所有黑色】选项将纯 CMYK 黑显示为深灰。此设置允许用户查看纯黑和复色黑之间的差异。【将所有黑色显示为复色黑】选项将纯 CMYK 黑显示为墨黑(R=0，G=0，B=0)。此设置可确保纯黑和复色黑在屏幕上的显示一样。
- ❑ **打印/导出** 如果在打印到非 PostScript 桌面打印机或者导出为 RGB 文件格式时，选择【精确输出所有黑色】选项，则使用文档中的颜色只输出纯 CMYK 黑。此设置允许用户查看纯黑和复色黑之间的差异。选择【将所有黑色输出为复色黑】选项，则以墨黑(R=0 G=0 B=0)输出纯 CMYK 黑。此设置可确保纯黑和复色黑的显示相同。

1.4 Illustrator CC 2015 的基本操作

用户在学习使用 Illustrator 绘制图形之前，首先要对 Illustrator CC 2015 的基本操作有所了解。例如文件的新建、打开、保存、关闭、置入、导出，以及页面的设置等。掌握了这些基本操作后，用户才能更好地进行设计与制作。

1.4.1 创建文档与画板

在 Illustrator 中制作一个新文件时，可以使用【新建文档】命令新建一个空白绘图窗口，也可以使用【从模板新建】命令新建一个包含基础对象的文档。

1．使用【新建】命令

单击菜单栏中的【文件】按钮，在弹出的下拉菜单中选择【新建】命令，在打开的【新建文档】对话框中设置参数后单击【确定】按钮，即可创建新文档，如图 1-21 所示。

2．从模板新建

选择【文件】|【从模板新建】命令或使用快捷键 Shift+Ctrl+N，打开【从模板新建】对话框。在对话框中选中要使用的模板选项，即可创建一个模板文档，如图 1-22 所示。在该模板文档的基础上通过修改和添加新元素，最终得到一个新文档。

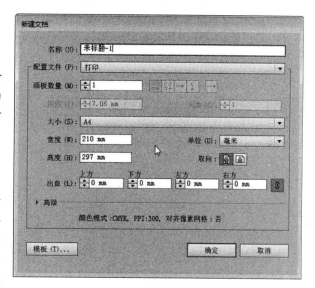

图 1-21 【新建文档】对话框

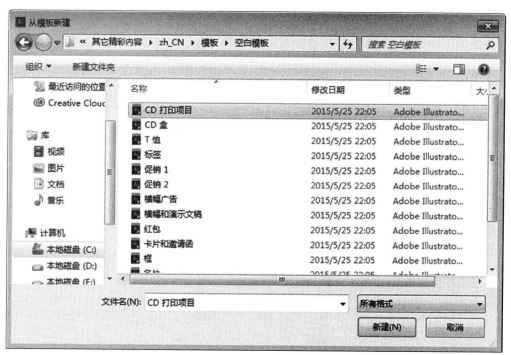

图 1-22 【从模板新建】对话框

3．创建画板

（1）每个文档可以创建多个画板。用户可以在新建文档的时候指定文档的画板数，当建立的文档中画板数量无法满足需要时，可以单击工具箱中的【画板工具】按钮 ，在视图窗口单击并拖动，创建新的画板，如图 1-23 所示。

（2）在视图窗口中，可以单击选中其中一个画板，按 Delete 键删除该画板；也可以单击并拖动画板边缘改变画板的大小，如图 1-24 所示。

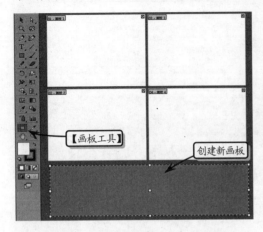

图 1-23　创建新画板

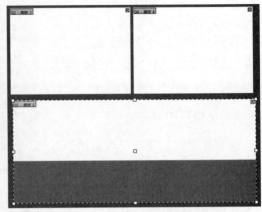

图 1-24　拖动画板边缘改变画板

1.4.2　文档的置入与导出

Illustrator CC 2015 具有良好的兼容性，利用 Illustrator 的【置入】与【导出】功能，可以置入多种格式的图形图像文件为 Illustrator 所用，也可以将 Illustrator 的文件以其他的图像格式导出为其他软件所用。

1. 置入文件

置入文件是为了把其他应用程序中的文件输入到 Illustrator 当前编辑的文件中。在菜单栏中单击【文件】按钮，在弹出的下拉菜单中选择【置入】命令，在打开的【置入】对话框中选择所需的文件，然后单击【置入】按钮即可把选择的文件置入到 Illustrator 文件中，如图 1-25 所示。置入的文件可以

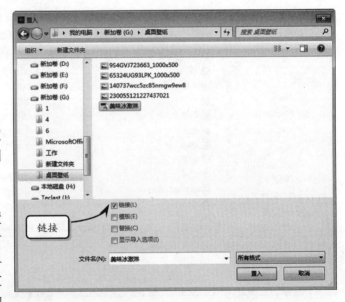

图 1-25　【置入】对话框

嵌入到 Illustrator 文件中，成为当前文件的构成部分；也可以与 Illustrator 文件建立链接。

2. 导出文件

有些应用程序不能打开 Illustrator 文件，在这种情况下，可以在 Illustrator 中把文件导出为其他应用程序可以支持的格式，这样就可以在其他应用程序中打开这些文件了。

在 Illustrator 中，选择【文件】|【导出】命令，打开【导出】对话框。在对话框中设置好文件名称和文件格式后，单击【保存】按钮即可导出文件，如图 1-26 所示。

图 1-26 【导出】对话框

1.4.3 文档的保存与关闭

1. 保存文档

要存储图形文档可以选择菜单栏中的【文件】|【存储】、【存储为】、【存储副本】或【存储为模板】命令，如图 1-27 所示。

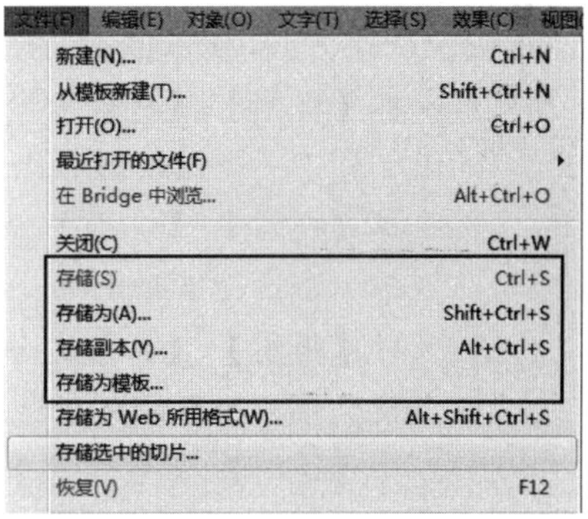

图 1-27 几种存储方式

- 【存储】命令用于保存操作结束前未进行过保存的文档。选择【文件】|【存储】命令或使用快捷键 Ctrl+S，打开【存储为】对话框。
- 【存储为】命令可以对编辑修改后，保存时又不想覆盖原文档的文档进行另存。选择【文件】|【存储为】命令或使用快捷键 Shift+Ctrl+S，打开【存储为】对话框。
- 【存储副本】命令可以将当前编辑效果快速保存并且不会改动原文档。选择【文件】|【存储副本】命令或使用快捷键 Ctrl+Alt+S，打开【存储副本】对话框。
- 【存储为模板】命令可以将当前编辑效果存储为模板，以便其他用户创建、编辑文档。选择【文件】|【存储为模板】命令，打开【存储为】对话框。

2. 关闭文件

选择【文件】|【恢复】命令或使用快捷键 F12，可以将文件恢复到上次存储的版本。但如果已关闭文件，再将其重新打开，则无法执行此操作。要关闭文档可以选择菜单栏中的【文件】|【关闭】命令，或按快捷键 Ctrl+W，也可以直接单击文档窗口右上角的【关闭】按钮，即可关闭文档，如图 1-28 所示。

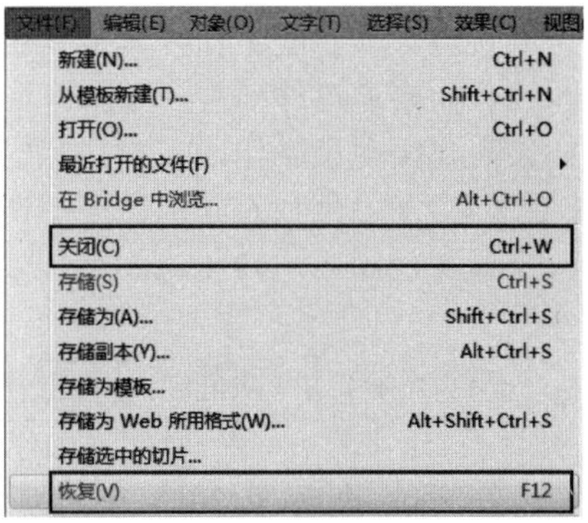

图 1-28 文件的恢复与关闭

1.5　查看图像

在绘图过程中，需要把图片放大或缩小以查看绘制图形的细节或整体效果，用于查看图像的工具或命令有【缩放工具】 🔍 、视图命令、【抓手工具】 ✋ 、【导航器】面板以及【切换屏幕模式】 ⊡ 。

1.5.1　缩放工具 🔍

在工作区中单击工具箱中的【缩放】工具 🔍 ，即可放大图像，按住 Alt 键再使用【缩放】工具 🔍 单击，可以缩小图像。用户也可以选择【缩放】工具 🔍 ，在需要放大的区域拖动出一个虚线框，然后释放鼠标即可放大选中的区域。

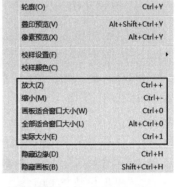

1.5.2　视图命令

在 Illustrator CC 2015 的【视图】菜单中，包含以下几种图像浏览方式，如图 1-29 所示。

- ❑ 选择【视图】|【放大】命令，即可放大图像显示比例到下一个预设百分比。
- ❑ 选择【视图】|【缩小】命令，可以缩小图像显示到下一个预设百分比。

　　　図 1-29　【视图】菜单下的图像浏览方式

- ❑ 选择【视图】|【画板适合窗口大小】命令，可将当前画板按照屏幕尺寸进行缩放。
- ❑ 选择【视图】|【全部适合窗口大小】命令，可查看窗口中的所有内容。
- ❑ 选择【视图】|【实际大小】命令，可以以 100%比例显示文件。

1.5.3　抓手工具 ✋

在放大显示的工作区域中观察图形时，经常还需要观察文档窗口以外的视图区域。因此，需要通过移动视图显示区域来进行观察。如果需要实现该操作，用户可以选择工具箱中的【手形】工具，然后在工作区中单击并拖动鼠标，即可移动视图显示画面。

1.5.4　【导航器】面板

在 Illustrator CC 2015 中，通过【导航器】面板，用户不仅可以很方便地对工作区中所显示的图形对象进行移动观察，还可以对视图显示的比例进行缩放调节，如图 1-30 所示。通过选择

　　　図 1-30　导航器面板

菜单栏中的【窗口】|【导航器】命令即可显示或隐藏【导航器】面板。

1.5.5 切换屏幕显示模式

单击工具箱底部的【切换屏幕模式】按钮 <kbd>⊡</kbd> ，在弹出的下拉菜单中可以选择屏幕显示模式，如图 1-31 所示。

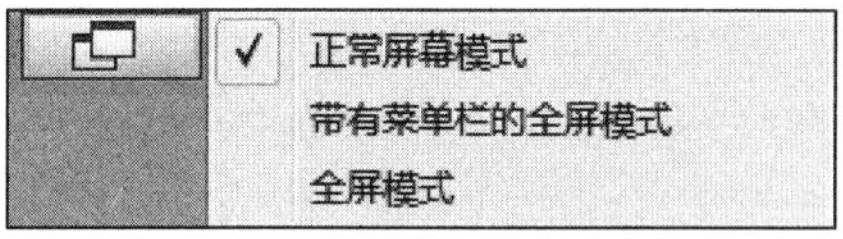

- ❑ **正常屏幕模式** 在标准窗口中显示图稿，菜单栏位于窗口顶部，工具箱和面板堆栈位于两侧。
- ❑ **带有菜单栏的全屏幕模式** 在全屏窗口中显示图稿，在顶部显示菜单栏，工具箱和面板堆栈位于两侧，隐藏系统任务栏。
- ❑ **全屏模式** 在全屏窗口中只显示图稿。

图 1-31 切换屏幕显示模式

1.6 思考与练习

一、填空题

1. _____(也叫点阵图、光栅图)，是由点(一个点就是一个像素)构成的，如同用马赛克去拼贴图案一样，每个马赛克就是一个点，若干个点以矩阵排列成图案。

2. _____在技术上称为栅格图像，它的基本单位是像素。像素呈方块状，因此，它是由千千万万个小方块（像素）组成的，特点是颜色过渡细腻，也容易在不同的软件之间交换。

3. 在 Illustrator CC 2015 中使用的 5 种颜色模式有_____、_____、_____、和_____模式。

4. 【首选项】对话框中的【单位】选项用于设置图形的_____和_____。

5. 在 Illustrator 中制作一个新文件时，可以使用【新建】命令或_____命令。

二、选择题

1. 灰度模式具有从黑色到白色的_____种灰度色域的单色图像，只存在颜色的灰度，没有色彩信息。

    A. 256
    B. 216
    C. 285
    D. 276

2. 用于印刷时，需要使用_____模式，它能确保在屏幕上看到的颜色与最终的输出效果基本一致，不会产生太大的偏差。

    A. RGB
    B. CMYK
    C. 灰度模式
    D. HSB 模式

3. _____是 Adobe Illustrator 的专用格式，现已成为业界矢量图的标准，可在 Illustrator、CorelDRAW、Photoshop 中打开编辑。

    A. CDR
    B. PSD
    C. AI
    D. PDF 模式

4. 在恢复文件时使用快捷键_____，可以将文件恢复到上次存储的版本。

    A. F1
    B. F11
    C. F2
    D. F12

5. 在【新建文档】对话框中，可以创建_____画板。

    A. 1个
    B. 2个
    C. 3个
    D. 多个

三、问答题

1. 简要说明一下像素图与位图的不同之处。

2. 在 Illustrator CC 2015 中使用的 5 种颜色

模式分别是什么？

3．在 Illustrator CC 2015 的【视图】菜单中，提供了哪几种图像浏览方式？

四、上机练习

1．创建多个画板

在 Illustrator CC 2015 中创建空白文档时，要基于某种目的，这样才能够使文档中的属性符合要求。当需要在新建文档中使用多个画板时，只要在【新建文档】对话框中，设置【画板数量】参数值，即可同时设置【间距】和【列数】参数值，从而得到多画板的新文档，如图 1-32 所示。

2．设置文字选项

在【文字】选项中，文档中的大小、行距、字距、基线等都是可以任意设置的，只要执行【编辑】|【首选项】|【文字】命令，即可在弹出的

【文字】对话框中设置文字的各个选项，从而改变默认的效果，如图 1-33 所示。

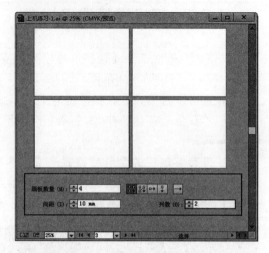

图 1-32 创建多画板文档

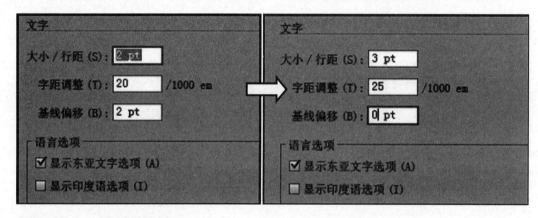

图 1-33 设置文字选项

第 2 章

图形的绘制

Illustrator 是一款专业的图形绘制软件,提供了多种绘制图形的工具,包括线形工具、矩形工具、椭圆形工具、多边形工具、星形工具、光晕工具、钢笔工具、铅笔工具等。任何复杂的图形效果,都是通过几何图形加以演变而成的,而几何图形是由点、线、面组合而成的。

本章主要讲解各种基础绘图工具的使用方法与技巧,及图形路径的简单调整,使读者能够快速地掌握矢量图形的基本绘制方法与技巧。

2.1 认识路径

路径是使用绘图工具创建的任意形状图形创建的曲线,使用它可勾勒出物体的轮廓,也称之为轮廓线,所有的矢量图都是由路径构成的,绘制矢量图就是创建和编辑路径的过程。

路径又分为开放路径和封闭路径,开放路径就是路径的起点与终点不重合,封闭路径是一条连续的、起点和终点重合的路径,路径中每段线条开始和结束的点称为锚点,选中的锚点显示一条或两条调节杆,可以通过改变调节杆的方向和位置来修改路径的形状。两个直线段间的锚点没有调节杆,如图2-1所示。

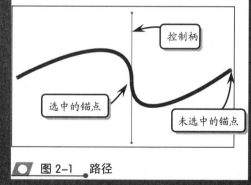

图 2-1　路径

2.2 线条图形的绘制

绘制线条的工具包括【直线段工具】 、【弧线工具】 、【螺旋线工具】

【网格工具】▭等。根据不同的绘图要求来选择不同的线条工具，能够绘制出各种线条以及由各种线条组合而成的图形。

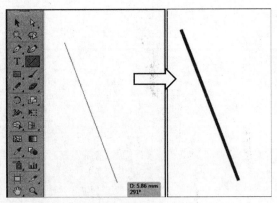

2.2.1 绘制直线图形

要绘制直线，可以通过两种方式，即使用鼠标拖动绘制直线和通过对话框设置参数值绘制直线。

单击【直线段工具】∕，移动光标到画板中，单击设定直线的开始点，然后拖动到直线的终止点松开，即可绘制一条直线，如图 2-2 所示。

图 2-2 绘制直线段

当选择【直线段工具】∕后，在画板的空白处单击，可以打开【直线段工具选项】对话框，如图 2-3 所示。在打开的对话框中设置直线的长度、角度后，单击【确定】按钮即可绘制精确的直线段。如果需要以当前填充颜色对线段填色，可以启用【线段填色】复选框。

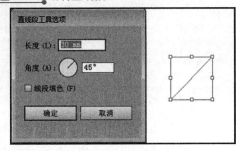

图 2-3 精确绘制直线段

2.2.2 绘制弧线图形

弧线和螺旋线都是一种圆弧形状的曲线，一般使用它们来绘制一些规则的或不规则的曲线形状，如绘制矢量美女的嘴唇、绘制弹簧形状的头发丝等。

绘制弧线与绘制直线的方法相似，可以通过两种方式绘制。单击【弧形工具】◥，在画板中单击指定开始点，然后拖动鼠标到弧线终止点，即可创建一条弧线，如图 2-4所示。

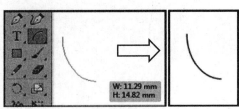

图 2-4 绘制弧线

单击【弧形工具】◥，在画板的空白处单击，在打开的【弧线段工具选项】对话框中，设置弧线的主要参数，如图 2-5 所示。

该对话框中各个选项的含义，

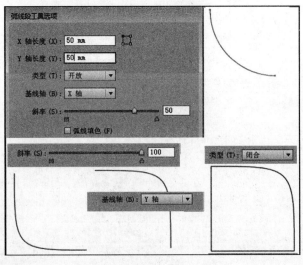

图 2-5 绘制不同效果的弧线

如下所示。

（1）X轴长度和Y轴长度：这两个参数栏分别用于指定弧线的宽度和高度。

（2）类型：此下拉列表框用于指定对象为开放路径还是封闭路径。

（3）基线轴：此下拉列表框用于指定弧线方向。根据需要沿【水平（X）轴】或【垂直（Y）轴】绘制弧线基线，以选择X轴或Y轴。

（4）斜率：该参数栏可以指定弧线斜率的方向。对凹下（向内）斜率输入负值，对凸起（向外）斜率输入正值，斜率为0将创建直线。

（5）弧线填色：启用该复选框可以使用当前填充颜色为弧线填色。

2.2.3 螺旋线

绘制螺旋线与绘制弧线的方法相似，也是通过两种方式，即单击【螺旋线工具】，在画板中拖动鼠标，如图2-6所示，或在空白处单击，如图2-7所示，都可绘制螺旋线。

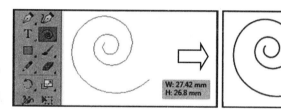

图2-6 绘制螺旋线

螺旋线对话框中各选项的含义如下所示。

（1）半径：该参数栏用于指定从中心到螺旋线最外点的距离。

（2）衰减：此参数栏用于指定螺旋线的每一螺旋相对于上一螺旋应减少的量。

（3）段数：此参数栏用于指定螺旋线具有的弧线数。螺旋线的每一完整螺旋由四条弧线组成。

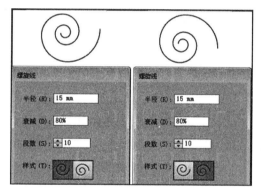

图2-7 绘制不同效果的螺旋线

（4）样式：这两个单选按钮可以指定螺旋线的方向。

2.2.4 网格图形

【矩形网格工具】是使用指定数目的分隔线创建指定大小的矩形网格。要创建矩形网格，也可以通过两种方式来实现。即单击【矩形网格工具】按钮，在画板中拖动鼠标，如图2-8所示，或在画板中单击，打开【矩形网格工具选项】对话框设置矩形网格的参数，如图2-9所示。

矩形网格工具对话框中各个选项的含义如下所示。

（1）默认大小：这两个参数栏分别用于指定整个网格的宽度和高度。

（2）水平分隔线：【数量】指定希望在网格顶部和底部之间出现的水平分隔线数量；

【倾斜】值决定水平分隔线从网格顶部或底部倾向于上方或下方的方式。

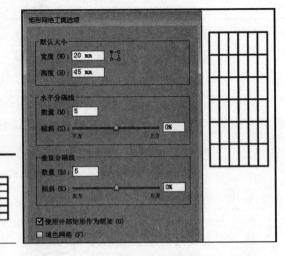

图 2-8 绘制矩形网格图形   图 2-9 绘制矩形网格图形

（3）垂直分隔线：【数量】指定希望在网格左侧和右侧之间出现的垂直分隔线数量；【倾斜】值决定垂直分隔线倾向于左方或右方的方式。

（4）使用外部矩形作为框架：启用该复选框则以单独矩形对象替换顶部、底部、左侧和右侧线段。

（5）填色网格：启用该复选框则以当前填充颜色填色网格（否则，填色设置为无）。

2.2.5　绘制极坐标网格图形

创建极坐标网格与创建矩形网格的方式相似，也可以通过两种方式来实现。即选择【极坐标网格】工具 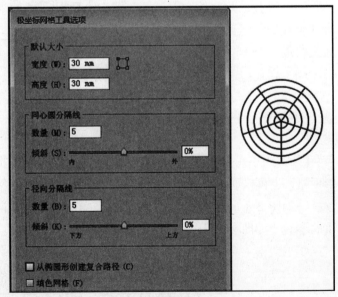，在画板中拖动鼠标创建极坐标网格，也可以在空白处单击，通过在弹出的【极坐标网格工具选项】对话框中设置具体参数创建极坐标网格，如图 2-10 所示。

【极坐标网格工具选项】对话框中各个选项的含义如下所示。

（1）默认大小：这两个参数栏分别用于指定整个网格的宽度和高度。

（2）同心圆分隔线：【数

图 2-10 绘制极坐标网格图形

量】指定希望出现在网格中的圆形同心圆分隔线数量；【倾斜】值决定同心圆分隔线倾向于网格内侧或外侧的方式。

（3）径向分隔线：【数量】指定希望在网格中心和外围之间出现的径向分隔线数量；【倾斜】值决定径向分隔线倾向于网格逆时针或顺时针的方式。

（4）从椭圆形创建复合路径：将同心圆转换为独立复合路径并每隔一个圆填色。

（5）填色网格：以当前填充颜色填色网格（否则，填色设置为无）。

2.3 几何图形的绘制

各种几何图形在 Illustrator 中都可以轻松地绘制，那是因为该软件中包括了各种图形的绘制工具，例如矩形工具、椭圆工具、多边形工具等。而绘制这些图形的方法也基本相似，均是包括自由绘制与精确建立。

2.3.1 绘制矩形

使用【矩形工具】可以绘制各种各样的矩形，其绘制方法较为简单。一种是选择【矩形工具】，在画板中单击并拖动鼠标即可创建矩形，如图 2-11 所示。

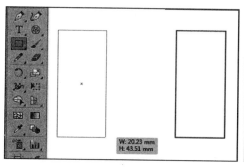

（a）矩形

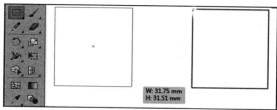

（b）正方形

图 2-11　自由绘制矩形与正方形

技　巧

正方形的绘制方法：既可以通过【矩形】对话框设置，也可以在自由绘制的同时按住 Shift 键绘制。

选择【矩形工具】后，在画板中单击，弹出【矩形】对话框。这时，设置矩形的宽度和高度可以精确绘制出长方形和正方形，如图 2-12 所示。

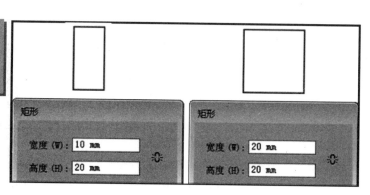

图 2-12　精确绘制矩形和正方形

2.3.2 绘制圆角矩形

绘制圆角矩形的方法与绘制矩形相似，同样可以通过单击并拖动绘制矩形完成，如图 2-13 所示，也可以使用【圆角矩形工具】 ▢ 在画板中单击，弹出【圆角矩形】对话框。通过对话框设置圆角矩形的宽度、高度和圆角半径，如图 2-14 所示。

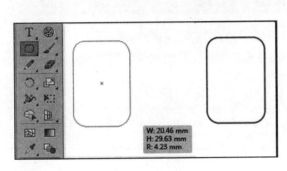

图 2-13　自由绘制圆角矩形

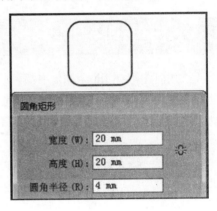

图 2-14　精确绘制圆形矩形

提 示

要在拖动时更改圆角半径，可以按上、下箭头键；要创建方形圆角，按向左箭头键；要创建最圆的圆角，按向右箭头键。

2.3.3 绘制椭圆图形

使用【椭圆工具】 ⬭ 可以创建椭圆形和圆形，其操作方法与矩形图形的操作方法相似。选择该工具后，在单击弹出的对话框中，可以设置椭圆的宽度和高度，如图 2-15 所示。

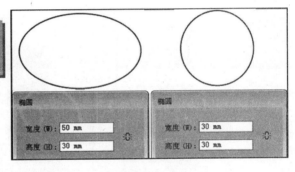

图 2-15　绘制椭圆形和圆形

提 示

在拖动时按住 Shift 键可以创建正圆；也可以指定尺寸，输入宽度值后，在【高度】字样上单击，可以将该数值复制到【高度】框中。

2.3.4 绘制多边形

绘制多边形的操作方法与绘制矩形相似，通过单击并拖动可以绘制多边形，如图 2-16 所示，也可使用【多边形工具】 ⬡，在画板中单击弹出【多边形】对话框。在打开的对话框中，设置多边形的半径和边数，如图 2-17 所示。

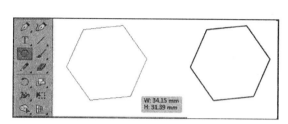

图 2-16 自由绘制多边形

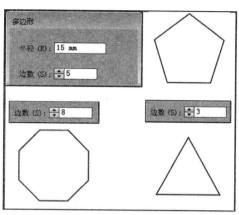

图 2-17 精确绘制多边形

提 示

使用【多边形工具】 ，在画板中单击并拖动绘制多边形图形的同时，按向上箭头键或向下箭头键可以添加或删除多边形的边数。

2.3.5 绘制星形

虽然星形图形也是多边形的一种，但是由于边角的方向不同，需要使用特有的【星形工具】 来绘制星形。星形的绘制方法与绘制多边形相似，在使用【星形工具】 单击后打开的对话框中，可以设置星形的【半径1(1)】、【半径2(2)】和【角点数】选项，如图2-18所示。

对话框中的【半径1(1)】参数栏可以指定从星形中心到星形最内点的距离；【半径2(2)】参数栏可以指定从星形中心到星形最外点的距离；【角点数】参数栏可以指定需要星形具有的点数。

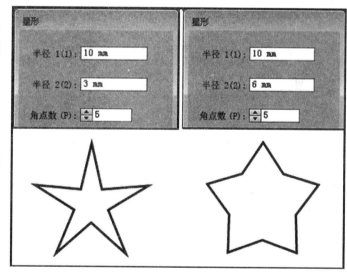

图 2-18 精确绘制星形

提 示

与绘制多边形相似，在画板中单击【星形工具】 并拖动的同时，按向上箭头键或向下箭头键可以向星形添加或删除点。

2.3.6 绘制光晕图形

使用【光晕工具】，可以创建具有明亮的中心、光晕、射线及光环的光晕对象。光晕有中央手柄、末端手柄、射线、光晕、光环 5 个组成部分，如图 2-19 所示。

光晕的创建方式有两种，即单击【光晕工具】，在画板中单击并拖动即可创建光晕。而只在画板中单击可以打开【光晕工具选项】对话框，通过设置对话框中的参数，即可创建自定义光晕的效果。图 2-20 所示的效果为对话框中参数的设置。

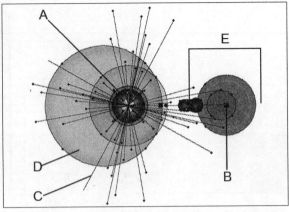

A—中央手柄 B—末端手柄 C—射线（为清晰起见显示为黑色）
D—光晕 E—光环

图 2-19　光晕各部分的名称

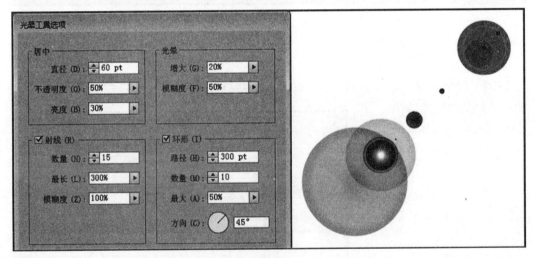

图 2-20　自定义光晕效果

【光晕工具选项】对话框中各个选项的含义如下所示。

（1）居中：设置直径、不透明度和光晕中心的亮度。

（2）光晕：设置光晕向外淡化和模糊度的百分比。低的模糊度可得到干净明快的光晕。

（3）射线：设置射线的数量、最长的射线长度和射线的模糊度。如果不想要射线，在【数量】框中输入 0。

（4）环形：设置光晕的中心和最远环的中心之间的路径距离、环的数量、最大环的大小和环的方向。

当光晕图形下方显示任何单色的图形后，光晕颜色会根据下方图形的填充色有所变化。即使其下方为白色的图形，也会与下方无图形对象的显示有所不同，如图 2-21 所示。

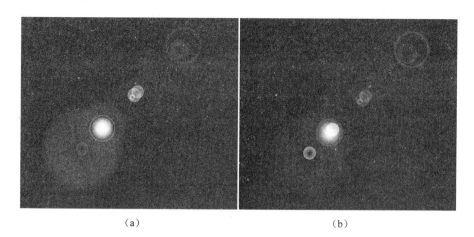

（a）　　　　　　　　　　　　　（b）

图 2-21　光晕的不同效果

2.4　自由图形的绘制

　　虽然基本图形工具能够快速地绘制出直线线段、弧形线段、矩形、椭圆形等各种规则的矢量图形，但是对于较为复杂的图形，使用【钢笔工具】、【铅笔工具】、【平滑工具】、【添加锚点工具】、【删除锚点工具】或【转换锚点工具】等创建更为便捷。

2.4.1　钢笔工具

　　【钢笔工具】 是 Illustrator 中非常重要的绘图工具，它可以绘制任意的开放或闭合的路径，而且可以对路径进行精确控制。

1．绘制直线段

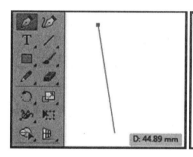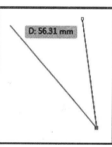

图 2-22　绘制直线段

　　选择工具箱中的【钢笔】工具，在文档中单击，确定起始节点，然后在画板的任意位置单击，即可绘制一条直线段，如图 2-22 所示。

2．绘制弧段

　　选择工具箱中的【钢笔工具】，在文档中单击，确定起始点，移动光标，在需要添加锚点处单击可以创建第二个锚点，同时拖动鼠标控制线段的弯曲度，如图 2-23 所示。

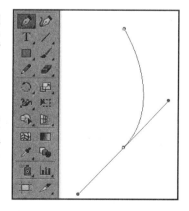

图 2-23　绘制弧线

3．绘制封闭路径

　　选择工具箱中的【钢笔工具】，在文档中确定起始点，然后移动光标绘制多个锚点，最后光标放在绘制的起始锚点的位置时，光标显示为 ，单击即可创建一个封闭图形，如图 2-24 所示。

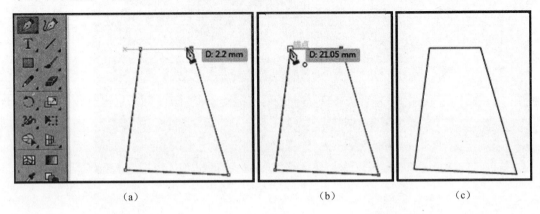

（a）　　　　　　　　　　　（b）　　　　　　　　　　　（c）

图 2-24　绘制封闭路径

2.4.2　铅笔工具

【铅笔工具】 不像【钢笔工具】 能创建精确的直线，它是一条单一路径，可以绘制任意形状的路径。

在工具箱中选择【铅笔工具】 ，在画板中单击指定开始点，任意拖动鼠标到线段终止点，即可创建一条路径，如图 2-25 所示。

在工具箱中双击【铅笔工具】按钮 ，打开【铅笔工具选项】对话框。通过对话框设置铅笔的主要参数来精确绘制路径，如图 2-26 所示。

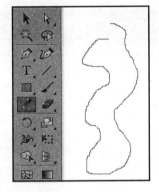

图 2-25　用【铅笔工具】自由绘制图形

【铅笔工具选项】对话框中各选项的含义如下所示。

（1）保真度：低保真度值导致更加锐利的角；高保真度值导致较平滑的曲线。它决定铅笔对线条的不平和不规则控制的程度，精确的保真度值导致一条航道似的有角路径，而高的保真度值导致更加平滑的路径，且锚点也较少。

（2）填充新铅笔描边：启用此复选框时，将一个填充应用于新的铅笔描边；不启用时，则不使用任何填充。

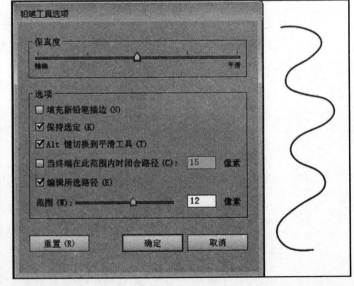

图 2-26　通过设置参数绘制的路径

（3）保持选定：启用此复选框时，保持绘制的最后一条路径选定，防止对刚绘制的路径进行编辑或做任何更改。

（4）编辑所选路径：如果启用该复选框，就可以使用【铅笔工具】编辑路径。如果没有启用该复选框，仍然可以编辑，但必须使用【选择工具】。

（5）范围：拖动滑块可以设置要有多接近，才能使绘图匹配现有路径以进行编辑；启用【编辑所选路径】复选框时，该选项才可使用。

（6）重置：如果设置的参数不符合要求，单击该按钮可以恢复初始数值。

提 示

使用【铅笔工具】 ✐ 绘制，当光标返回起始点时，按下 Alt 键可以绘制一条闭合路径。

2.4.3　平滑工具

【平滑工具】 ✐ 可以编辑任何路径，不管创建路径的是什么工具，可以通过以下两种方式来使用【平滑工具】 ✐。

单击【平滑工具】 ✐，在画板中选择需要编辑的路径，并在选定的路径上拖动鼠标，以平滑线条。双击【平滑工具】 ✐，可以打开【平滑工具选项】对话框，通过此对话框可以设置平滑工具的参数，如图 2-27 所示。

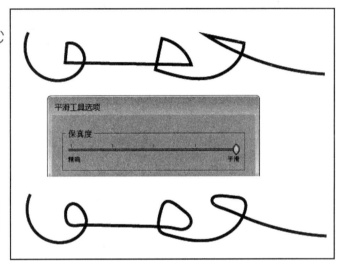

图 2-27　平滑线条

提 示

使用铅笔工具时，将 Alt 按键保持按下状态，可以切换到平滑工具。

2.5　调整路径形状

在编辑任何对象和锚点前，首先要将其选中。调整不同的图形对象使用的工具也是不同的，主要调整图形的工具有【选择工具】、【直接选择工具】、【套索工具】、【魔棒工具】、【钢笔调整工具】等。

2.5.1　选择工具和编组选择工具

【选择工具】 ▶ 可以以整个对象单元或组的形式选择对象，在选择对象时，可以通过单击的方法选择，也可以使用鼠标拖动形成矩形框的方法选择对象，如图 2-28 所示。

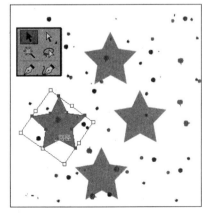

图 2-28　选择单个图形

使用【编组选择工具】 单击编组对象可以选择编组中的子对象，双击则选择的对象变为组合本身。如果组合对象本身是由许多子组合合成在一起的，则单击时选择的是一个子组合，即编组选择工具与选择工具的区别，如图 2-29 所示。

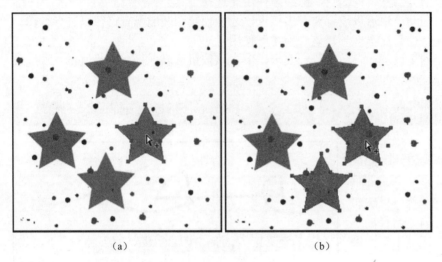

（a）   （b）

图 2-29　选择组对象

提　示

在选择的过程中，按下 Shift 键可以加选或减选对象。

2.5.2　直接选择工具

【直接选择工具】 的使用方法与【选择工具】 的操作方法相似，不同之处在于【直接选择工具】 还可以选择单独的路径或锚点，如图 2-30 所示。

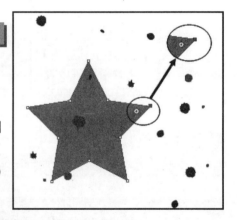

图 2-30　选择锚点

提　示

【直接选择工具】 也可以选择多个对象，要想选择多个对象，按住 Shift 键单击要选择的对象即可。

2.5.3　套索工具

【套索工具】 与【选择工具】 相似，唯一的不同点是【套索工具】 所画出的选择区域是不规则的。

选择【套索工具】 ，单击鼠标并拖出一个不规则的选择区域，这些区域中的对象都被选中，如图 2-31 所示。

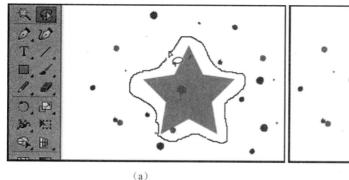
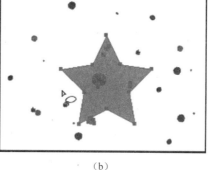

（a）　　　　　　　　　　　　　（b）

图2-31　选择不规则区域

2.5.4　魔棒工具

【魔棒工具】用来选择具有相似属性的一组对象。选择【魔棒工具】在图形对象上单击，则与所单击区域具有同样属性的对象都被选中，如图2-32所示。

提　示

【魔棒工具】可以选择有相同属性的对象，不用用户一个一个选择，使用【魔棒工具】可以提高工作的效率。

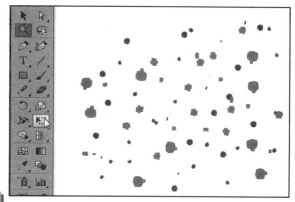

图2-32　选择相同颜色对象

2.5.5　钢笔调整工具

使用不同的选择工具选中的是图形对象的不同区域，而选中不同对象后，【控制】面板中的选项也会随之变化。其中，当选中锚点后，【控制】面板中显示的是能够设置路径的选项，如图2-33所示。

锚点	转换	手柄	锚点		104.56 mm	18.19 mm	宽	0 mm	高	0 mm	

单个锚点选项　　　　　　　　　　　　　　　　　　　　　　　多个锚点选项

图2-33　锚点【控制】面板

提　示

【控制】面板中的选项，是根据所选中的锚点个数来决定的，当选中一个锚点时，除了显示转换锚点的选项外，还显示该锚点的坐标；当选中两个或两个以上锚点后，除了显示转换锚点的选项外，还显示对齐锚点的各个选项。

1. 添加锚点

在路径上使用【钢笔工具】 或者是【添加锚点工具】，单击要添加锚点的地方即可添加锚点，如图 2-34 所示。

如果添加锚点的路径是直线段，则添加的锚点必是直角点；如果添加锚点的地方是曲线段，则添加的锚点必是平滑点。

图 2-34　添加锚点

2. 删除锚点

当选择【删除锚点工具】 后，将光标指向路径中的某个锚点进行单击，这时被单

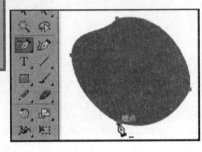
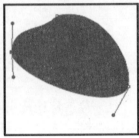

图 2-35　删除锚点

击的锚点被删除，并且图形的路径也发生相应的改变，如图 2-35 所示。

3. 转换锚点类型

选择锚点，使用【转换锚点工具】 ，即可使锚点在平滑与尖角间转换，如图 2-36 所示。

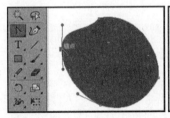

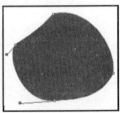

图 2-36　转换锚点

2.5.6　擦除路径

擦除路径的工具包括【橡皮擦工具】 、【路径橡皮擦工具】 ，这两种擦除工具的使用方法相似，都是通过在路径上反复拖动来调整路径形状。

1.【路径橡皮擦工具】

在画板中选择路径，单击【路径橡皮擦工具】 ，在路径上确定起点，单击并拖动穿过路径的一个区域，将会删除所经过的区域，如图 2-37 所示。

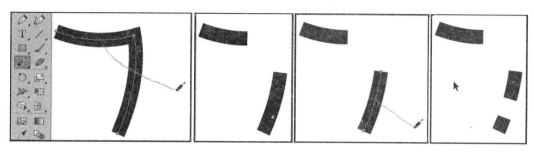

图 2-37   擦除路径的效果

2. 使用【橡皮擦工具】擦除路径

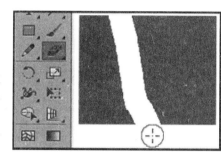

选择路径，单击【橡皮擦工具】 ，单击并拖动该工具穿过路径区域，将会删除在图像上面拖动过的区域，如图 2-38 所示。

图 2-38   擦除路径

双击【橡皮擦工具】按钮 ，在打开的【橡皮擦工具选项】对话框中可以设置其角度、圆度和大小。不论是开放路径还是闭合路径，经过橡皮擦工具擦除的路径都将会变为闭合路径，如图 2-39 所示。

【橡皮擦工具选项】对话框中各个选项的含义，如下所示。

（1）角度：用于指定橡皮擦工具在水平线上的角度。

（2）圆度：用于指定橡皮擦的圆度。

（3）大小：用于指定橡皮擦的笔触大小。

对于封闭性图形对象来说，【橡皮擦工具】 和【路径橡皮擦工具】 的不同之处在于，使用【橡皮擦工具】 擦除过的路径是闭合的，而使用【路径橡皮擦工具】 擦除过的路径则是开放的，如图 2-40 所示。

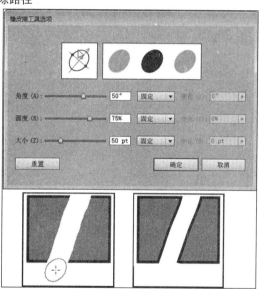

图 2-39   擦除后的效果

2.5.7　编辑路径

除了可以编辑路径上的锚点外，对与锚点相连接的路径也可以编辑。通过【路径】命令中的

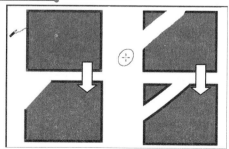

图 2-40   区别效果

子命令，可以对路径进行编辑。

1. 连接路径

无论是同一个路径中的两个端点，还是两个开放式路径中的端点，均可以将其连接在一起。前者能够得到封闭式路径，后者则将两个开放式路径连接成一个开放式路径，而两者的连接方法相同。

当画板中存在一个开放式路径时，使用【直接选择工具】，直接扩展该路径的两个端点。然后在【控制】面板中单击【连接所选终点】按钮，使其进行连接，形成封闭式路径，如图 2-41 所示。

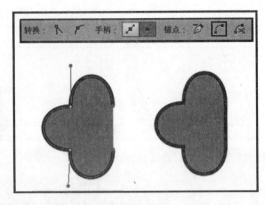

图 2-41　连接路径

2. 简化路径

简化命令可以用来简化所选图形中的锚点，在满足路径造型需要的同时尽量减少锚点的数目，达到减少系统负荷的目的。

选择路径，执行【对象】|【路径】|【简化】命令，通过弹出的【简化】对话框，可以设置【简化】的参数，如图 2-42 所示。其中的选项以及相对应的作用如表 2-1 所示。

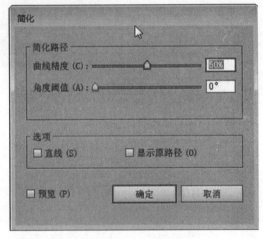

图 2-42　【简化】对话框

表 2-1　【简化】对话框中的选项及作用

选　项	作　用
曲线精度	输入 0%~100% 之间的值设置简化路径与原始路径的接近程度。越高的百分比将创建越多点并且越接近。除曲线端点和角点外的任何现有锚点将忽略
角度阈值	输入 0~180° 间的值以控制角的平滑度。如果角点的角度小于角度阈值，将不更改该角点。如果【曲线精度】值低，该选项有助于保持角锐利
直线	在对象的原始锚点间创建直线。如果角点的角度大于【角度阈值】中设置的值，将删除角点
显示原路径	显示简化路径前的原路径

当在【简化】对话框中设置参数值后，单击【确定】按钮，即可在不影响路径形状的同时，减少所选路径中的多余锚点，如图 2-43 所示。

3. 切割路径

使用【剪刀工具】可以将闭合路径

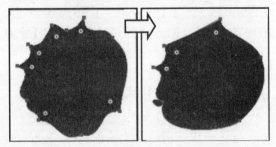

图 2-43　简化路径效果

分裂成为开放路径，也可以将开放路径进一步分裂成为两条开放路径。方法是，选择【剪刀工具】，将鼠标移动到路径上的某点单击即可，如图2-44所示。

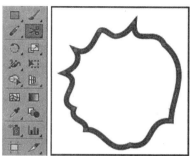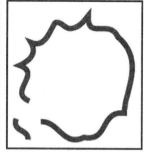

提 示

如果单击的地方为路径，系统便会在单击的地方产生两个锚点；如果单击的是锚点，则会产生新的锚点。

图 2-44 切割路径

4. 偏移路径

【偏移路径】命令可以在现有路径的外部，或者内部新建一条路径。操作方法是，选择路径，执行【对象】|【路径】|【偏移路径】命令，在打开的【偏移路径】对话框中设置参数，如图2-45所示。

5. 轮廓化路径

图形路径只能够描边，不能够填充颜色。要想对路径进行填色，需要将单路径转换为双路径，而双路径的宽度，是根据选择路径描边的宽度来决定的。方法是，选择路径，执行【对象】|【路径】|【轮廓化描边】命令，使路径变为轮廓图形，如图2-46所示。

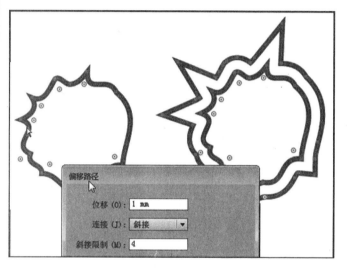

图 2-45 【偏移路径】对话框

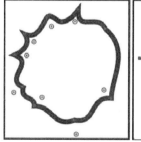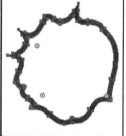

图 2-46 轮廓化路径

提 示

路径中锚点与路径段的编辑，同一效果可以通过不同的工具或者选项来完成。在编辑过程中，要灵活运用路径编辑工具与【控制】面板中的选项，从而快速完成路径的编辑。

2.6 图像描摹

使用图像描摹功能，可快速准确地将照片、扫描图像或其他位图图像转换为可编辑的和可缩放的矢量图形且不失真，从而节约了重新创建扫描绘图所需的时间，还可以使

用多种矢量化选项来交互调整图像描摹的效果。执行【窗口】|【图像描摹】命令，打开【图像描摹】面板，在面板中设置自定义的选项参数，如图 2-47 所示。

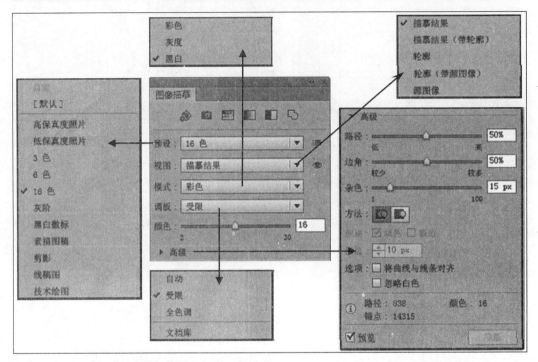

图 2-47　【图像描摹】面板

2.6.1　预设图像描摹

图像描摹是将位图图像打开或将位图置入到 Illustrator 中，然后使用【图像描摹】功能描摹对象。

执行【文件】|【置入】命令，置入需要描摹的位图图像，打开【图像描摹】对话框或单击【控制】面板上的【图像描摹】选项右边的倒三角按钮，从弹出来的下拉列表中选择一种预设来描摹图像，表 2-2 为不同的预设描摹效果。

表 2-2　不同的预设描摹效果

| 原图 | 高保真度照片 | 低保真度照片 | 3色 |

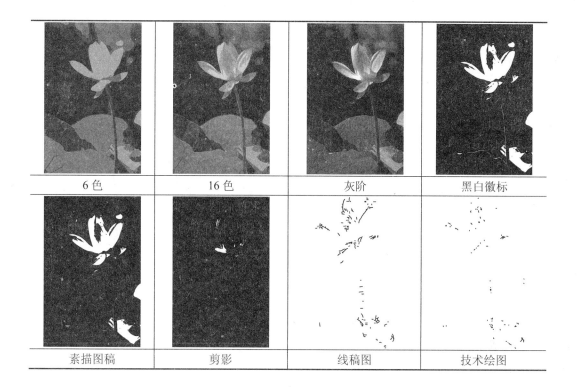

6色	16色	灰阶	黑白徽标
素描图稿	剪影	线稿图	技术绘图

2.6.2 视图选项

【视图】选项是指定描摹对象的视图。描摹对象由以下两个组件组成：原始源图像和描摹结果（为矢量图稿）。当选择某个预设效果后，还可以选择查看描摹结果、源图像、轮廓以及其他选项。表 2-3 所示，为选择预设中的【6 色】选项后的不同视图效果。

表 2-3　视图效果

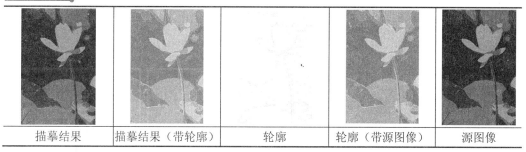

描摹结果	描摹结果（带轮廓）	轮廓	轮廓（带源图像）	源图像

2.6.3 其他选项

除了以上设计，还可以在【描摹选项】对话框中设置其他的选项来控制生成图形的效果，调整其余的选项使输出的效果更加符合需求。

（1）模式：指定描摹结果的颜色模式。

（2）调板：指定用于从原始图像生成颜色或灰度描摹的面板。

39

（3）阈值：指定用于从原始图像生成黑白描摹结果的值。所有比阈值亮的像素转换为白色，而所有比阈值暗的像素转换为黑色。

（4）路径：路径拟合数值越大表示契合越紧密。

（5）边角：控制角强度数值越大表示角越多。

（6）杂色：此参数栏可以设置在颜色或灰度描摹结果中使用的最大颜色数。

（7）填色和描边：在描摹结果中创建填色区域和描边。

（8）描边：这两个参数栏用于指定原始图像中可以描边的特征最大宽度和最小长度。

（9）将曲线与线条对齐：将稍微弯曲的线替换为直线。

（10）忽略白色：将白色填充设置为【无】。

2.7　课堂实例：绘制小萌虎

○ 图 2-48　小萌虎

本实例主要讲解使用基本绘图工具绘制萌萌的小老虎。通过使用【选择工具】、【直接选择工具】、【钢笔工具】等绘制基本图形，最终绘制成"小萌虎"，绘制的过程非常简单有趣，效果如图 2-48 所示。

操作步骤：

1　执行【文件】|【新建】命令，弹出【新建】对话框，在对话框中设置【名称】为"小萌虎"，设置【宽度】为 150mm、【高度】为 100mm，如图 2-49 所示。

2　单击【确定】按钮，新建一个空白档，在工具箱中选择【椭圆工具】 ○，在空白文档中绘制一个椭圆形，如图 2-50 所示。

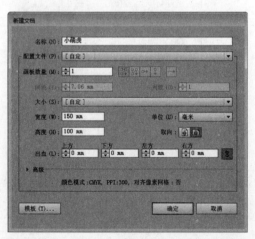

○ 图 2-49　新建文档

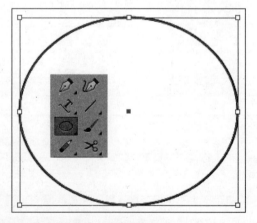

○ 图 2-50　绘制椭圆形

3　使用【添加锚点工具】 ，在椭圆形上添加锚点，配合使用【直接选择工具】 ，选择添加的锚点进行拖动，改变椭圆形的形状，形成小萌虎的脸，如图 2-51 所示。

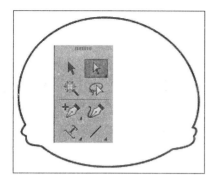

图 2-51　改变椭圆形的形状

4　使用【钢笔工具】 ，绘制小萌虎的耳朵，如图 2-52 所示。

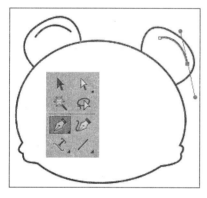

图 2-52　绘制小萌虎的耳朵

5　使用【钢笔工具】 ，绘制小萌虎的身体，并使用【直接选择工具】 和【转换描点工具】 调整路径图形，如图 2-53 所示。

图 2-53　绘制小萌虎的身体

6　重复上面的步骤，使用【钢笔工具】 ，并使用【直接选择工具】 和【转换描点工具】 调整路径图形，绘制小萌虎的尾巴，如图 2-54 所示。

图 2-54　绘制小萌虎的尾巴

7　使用【椭圆工具】 绘制小萌虎的眼睛和鼻子，绘制椭圆形并填充黑色，使用【直接选择工具】 进行调整，形成不规则的椭圆形，如图 2-55 所示。

图 2-55　绘制小萌虎的眼睛和鼻子

8　使用【钢笔工具】 绘制线条，并使用【宽度工具】改变描边宽度，绘制小萌虎的嘴巴，使用【钢笔工具】 绘制不规则的线条当作小萌虎的胡须，如图 2-56 所示。

9　使用【钢笔工具】 ，绘制小萌虎的斑点并填充黑色，完成绘制，如图 2-57 所示。

图 2-56 绘制小萌虎的嘴巴和胡须

图 2-57 绘制小萌虎的斑点

2.8 课堂实例：快速制作矢量图

用 Illustrator 绘制矢量图形，需要从无到有一点一点地绘制。唯一快速绘制矢量图形的方法是将位图转换为矢量图，如图 2-58 所示。

（a）

（b）

图 2-58 示例效果

操作步骤：

1 新建和置入。执行【文件】|【置入】命令新建文档。将位图"花.jpg"导入画板，单击【控制】面板中的【嵌入】按钮 嵌入 ，如图 2-59 所示。

2 描摹图像。单击【控制】面板中【图像描摹】右侧的倒三角，在弹出的下拉菜单中设置

【预设】选项为 3 色，如图 2-60 所示。

3 转换为矢量图形。为了能够得到可以编辑的矢量图形对象，使用【选择工具】选中该图形，单击【控制】面板中的【扩展】按钮 扩展 ，使其转换为路径，如图 2-61 所示。

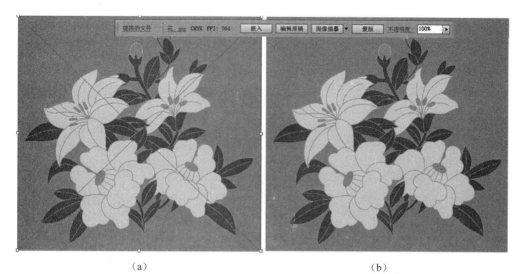

(a)   (b)

图 2-59　置入文件

(a)   (b)

图 2-60　图像描摹效果

图 2-61　将位图图像转换为路径

4 编辑图像，使用【选择工具】 ▶ 选中该图形并右击，在弹出的菜单中单击【取消编组】，图像可分为两大部分，一部分是图像中的图案，这些图案是由单独的几何图形组成的，可以自由编辑，另一部分是图像的背景与图案的轮廓图形，如图 2-62 所示。

图 2-62 取消编组后的图像效果

5 使用【选择工具】 ▶ 选中取消分组后的轮廓图像并右击，在弹出的菜单中选择【释放复合路径】，这时的图像分成同色调的两个部分，图案部分的图形是可单独编辑的图形，效果如图 2-63 所示。

图 2-63 释放路径后的图像效果

提 示

任何一幅位图导入 Illustrator 中，均能够通过【图像描摹】命令转换为不同效果的矢量图，不同效果的矢量图有不同的处理效果，要根据需要选择最快捷、有效的方法达到理想的效果。

2.9 思考与练习

一、填空题

1. 一条路径至少有_____个锚点。

2. 快速绘制弧度线条的工具是_____。

3. 光晕是由_____、末端手柄、_____、光晕、光环 5 个部分组成的。

4. 钢笔工具可任意绘制_____路径和_____路径，并可对路径进行编辑。

5. 使用_____功能可将位图图像快速地转换为可编辑、可缩放的矢量图形。

二、选择题

1. 使用_____能够直接绘制出五角星图形。

    A.【多边形工具】
    B.【星形工具】
    C.【圆角矩形工具】
    D.【光晕工具】

2. 使用_____能够直接绘制出光晕效果。

    A.【多边形工具】
    B.【星形工具】
    C.【圆角矩形工具】
    D.【光晕工具】

3. _____用来选择具有相似属性的一组对象。

    A.【直接选择工具】
    B.【魔棒工具】
    C.【套索工具】
    D.【编组选择工具】

4. 图形锚点的选择使用的是_____。

    A.【选择工具】
    B.【编组选择工具】
    C.【直接选择工具】
    D.【魔棒工具】

5. 使用_____能够将封闭路径擦除为开放式路径。

    A.【删除锚点工具】
    B.【橡皮擦工具】
    C.【剪刀工具】
    D.【刻刀工具】

三、问答题

1. 概述如何绘制宽度与高度分别为 30mm 与 50mm 的矩形工具。

2. 如何绘制正圆图形？

3. 光晕的颜色是根据什么决定的？

4. 简述【路径橡皮擦工具】与【橡皮擦工具】的不同之处。

5. 图像描摹有几种预设效果，分别是什么效果？

四、上机练习

1. 绘制同心星形

同心图形是由相同形状、同一中间点、不同尺寸的若干图形组合而成的，基本的绘制方法是逐一绘制，或者绘制一个图形对象后进行复制与放大。但在这里，则可以通过【偏移路径】命令轻松完成。方法是选中绘制图形对象，单击【对象】|【路径】|【偏移路径】命令，在弹出的【位移路径】对话框中设置【位移】参数值，即可得到同心星形，如图 2-64 所示。

图 2-64 同心星形效果

2. 绘制卡通太阳

太阳是由圆形与多边形组成的，基本的绘制方法是使用【椭圆工具】绘制一个正圆，然后使用【星形工具】绘制一个多边形，把两个图形组合在一起，即可得到一个简单的卡通太阳图形，如图 2-65 所示。

图 2-65 卡通太阳

第3章
编辑图形对象

较为复杂的图形不是单一的绘制就可以完成，还需要一些用于图形对象变换、变形的工具及相应命令，包括对图形进行移动、旋转、镜像、缩放、倾斜、液化操作等，还可以通过使用排列与分布对图像进行合理的放置。

本章主要介绍了图形对象的复制功能、各种变换与变形操作、图形对象之间的运算、封套扭曲以及如何设置透视视图等，使用这些功能与操作，掌握编辑图形对象的方法。

3.1 图形的基本编辑

复制、剪切、粘贴、还原与重做是最简单、常用的操作，通过这些操作对图形进行简单的编辑，可以快捷地得到不同的图形对象，从而与其他图形对象构成复杂的图像。

3.1.1 复制、剪切与粘贴

1. 复制

复制的方式有两种，即使用快捷键复制和多重复制。单击【选择工具】，选择对象，按快捷键Ctrl+C 复制对象，按快捷键 Ctrl+V 粘贴即可。如图 3-1 所示。

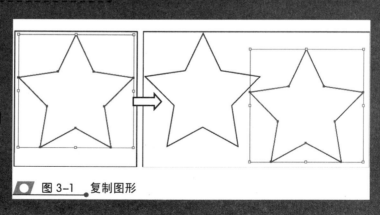

图 3-1 复制图形

选择对象，按 Alt+Shift 键拖动鼠标，可以水平或者垂直复制对象。这时按快捷键

Ctrl+D，即可多重复制属性一致的图形对象，如图 3-2 所示。

提 示

在按快捷键 Ctrl+D 多重复制的时候，是根据上次移动图像的位置进行重制的。

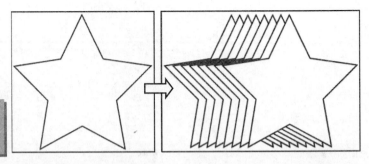

图 3-2 多重复制图形

2. 剪切与粘贴

选中要剪切的对象，选择【编辑】|【剪切】命令，或按 Ctrl+X 键，即可将所选对象剪切到剪贴板中，原位置的对象将消失。选择【文件】|【存储】命令，可以还原操作。但如果关闭了文件又重新打开，则无法再还原。

在对对象进行复制或者剪切操作后，接下来要做的就是粘贴操作。在 Illustrator 中有多种粘贴方式，选择菜单栏中的【编辑】命令可以将复制或剪切的对象进行粘贴，可以将对象贴在前面或后面，也可以进行就地粘贴，还可以在所有画板上粘贴该对象，如图 3-3 所示。

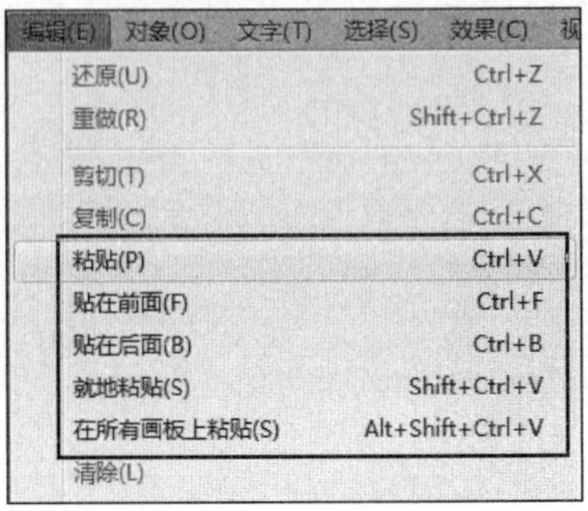

图 3-3 粘贴方式

提 示

剪切和粘贴对象可以在同一文件中或不同文件间进行。

3.1.2 还原与重做

在绘制图形对象的过程中，有时会出现错误，需要退回前一步或者重新操作，这时就需要用到【还原】、【重做】或【恢复】命令，如图 3-4 所示。

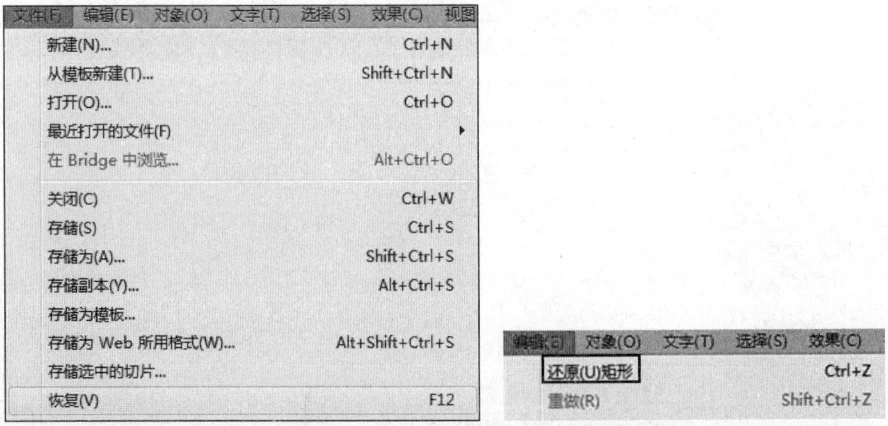

图 3-4 【恢复】、【还原】与【重做】命令

在菜单栏中选择【编辑】按钮，在弹出的下拉列表中单击【还原】命令或按快捷键Ctrl+Z 来退回到上一步，【还原】选项显示当前操作所做的动作。

退回之后，选择【编辑】按钮，在下拉列表中单击【重做】命令或按快捷键 Shift+Ctrl+Z 来撤销还原，恢复到还原操作之前的状态。

在菜单栏中选择【文件】按钮，在下拉列表中单击【恢复】命令，则将文件恢复到上一次存储的版本。

提 示

即使对文件进行过【存储】操作，也可以用【还原】进行操作。但如果关闭了文件又重新打开，则无法再还原。当【还原】命令显示为灰色时，表示该命令不可用。还原操作不限次数，只受内存大小的限制。

3.2 图形对象的变换

在变换对象操作中，特别将旋转、缩放、整形、倾斜、镜像等变换操作单独罗列出来，并且准备了相关的工具与对话框选项，使变换操作更加灵活。在 Illustrator 中，缩放、旋转、镜像、倾斜等可以通过【变换】面板来操作，还可以通过【分别变换】面板进行不同的变换。

3.2.1 缩放对象

缩放是指一个对象沿水平轴、垂直轴，或者同时在两个方向上扩大或缩小的过程。它是相对于指定的缩放中心点而言的，默认情况下缩放中心点是对象的中心点。

在 Illustrator 中有多种缩放对象的方法，用户可以使用最基本的【选择工具】 ，或是【自由变换工具】 和【比例缩放工具】 放大或缩小所选的对象。也可以通过【比例缩放】对话框更为精确地设置对象的缩放比例，并且根据需要确定对象缩放的中心点，如图 3-5 所示。

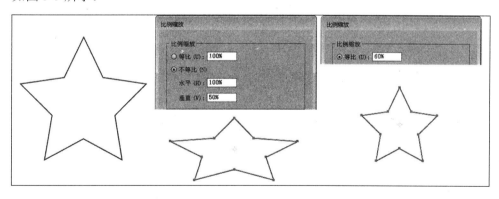

图 3-5　等比与不等比缩放

【选择工具】 或者【自由变换工具】 的使用，只能进行基本的对象旋转。而选择【比例缩放工具】 后，可以在此基础上更改变换中心点的位置，以及精确缩放的尺寸，如图 3-6 所示。

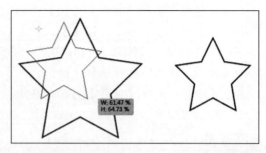

3.2.2 旋转对象

旋转是指对象绕着一个固定的点进行转动，在默认状态下，对象的中心点将作为旋转的轴心，当然也可以根据具体情况重新指定对象旋转的中心。图形对象的旋转分为两种方式，一种是手动旋转，一种是精确旋转。

图 3-6 改变变换中心点的位置进行缩放

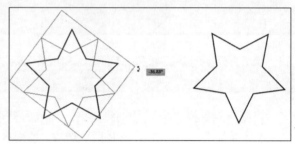

当使用【选择工具】 ▶ 选中图形对象后，将光标指向任意一角的变换点时，单击并拖动光标即可对图形对象进行旋转，如图 3-7 所示。

要想精确地对图形对象进行旋转，那么可以使用【旋转工具】 ↻ 。当选中图形对象后，双击工具箱中的

图 3-7 旋转图像

【旋转工具】 ↻ ，弹出【旋转】对话框。在【角度】文本框中输入数值后，单击【确定】按钮，即可按照设置的角度进行旋转，如图 3-8 所示。

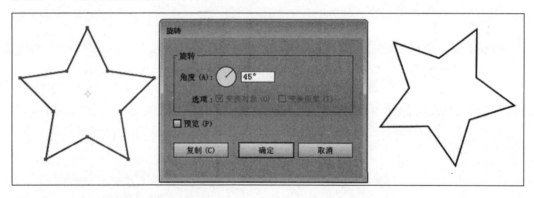

图 3-8 设置参数并旋转

3.2.3 倾斜对象

倾斜效果是模拟两个大小相等、方向相反的平行力作用于同一物体上所产生的变形效果，它将使选择的对象产生一定的扭曲。

虽然【自由变换工具】 ⊠ 是用来缩放与旋转对象的，但是如果配合功能键同样能够进行变形，如选中对象并选择【自由变换工具】 ⊠ 时，画板上弹出选项条，如图 3-9 所示，选择选项条中的选项进行变换时，把光标指向定界框的某个变换点进行拖动，同时配合按 Ctrl 键、Shift 键或 Alt 键可以得到不同的变换效果，如图 3-10 所示。

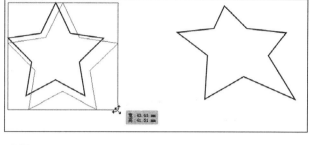

图 3-9　选项条　　　　　　　　　图 3-10　两种变换效果

　　如果选中图形对象后，选择的是【倾斜工具】 ，那么可对选中的对象进行任意的变形。当然，使用【倾斜工具】 还可以重新确定倾斜中心点，从而产生不同形状的倾斜对象，如图 3-11 所示。

　　选择【倾斜工具】 后，在画板单击可以改变倾斜中心点，如果双击【倾斜工具】 ，会弹出【倾斜】对话框。在该对话框中可以进行角度、倾斜中心轴以及倾斜对象等选项的设置，从而得到各种倾斜效果。其中，对话框中的各个选项如图 3-12 所示。

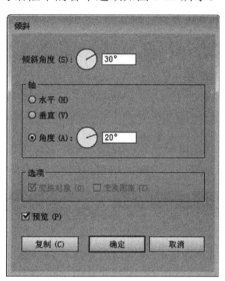

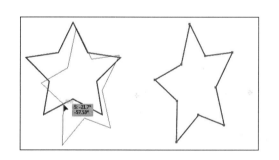

图 3-11　倾斜效果　　　　　　　　图 3-12　【倾斜】对话框

3.2.4　整形对象

　　【整形工具】 是用来改变图形对象路径形状的，对于开放路径与封闭路径的使用具有细微的区别。当画板中绘制的线条路径被选中时，选择【整形工具】 在线条路径上单击并拖动，即可改变其形状，并且在单击位置添加锚点，如图3-13 所示。

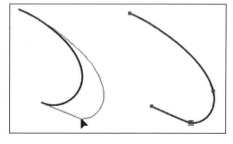

图 3-13　开放路径的整形效果

　　而对于封闭路径则出现两种情况：一种情况是当使用【选择工具】 选中封闭路径

后，选择【整形工具】在封闭路径上单击并拖动，发现封闭路径被移动，并且在单击的位置添加了锚点，如图 3-14 所示。

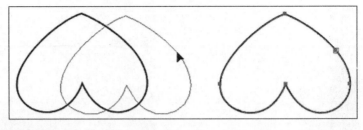

另外一种情况是当使用【直接选择工具】选中封闭路径的某个锚点后，选择【整形工具】在封闭路径上单击并拖动，这时发现所指向的路径被变形，并且在单击位置添加了锚点，如图 3-15 所示。

图 3-14　移动封闭路径

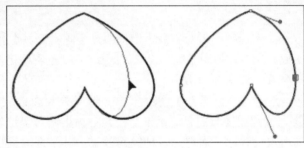

3.2.5　镜像对象

使用镜像效果可以准确地实现对象的翻转效果，它是使选定的对象以一条不可见轴线为参照而进行翻转，用户可以指定轴线的位置，使用工具箱中的【镜像工具】可以实现镜像的操作。方法是，选中图形对象后，选择【镜像工具】。在视图中单击并拖动，可为对象设置镜像效果，如图 3-16 所示。

图 3-15　封闭路径的整形效果

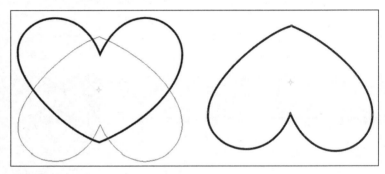

图 3-16　镜像的翻转效果

在使用【镜像工具】镜像对象时，按 Shift 键可使对象按照固定的角度进行镜像操作；在旋转时按 Alt 键，可将镜像效果应用到一个复制的对象中。

双击【镜像工具】，弹出【镜像】对话框。利用该对话框中的选项，可以精确地对对象进行镜像操作。在【轴】选项组中有三个单选按钮，如图 3-17 所示。

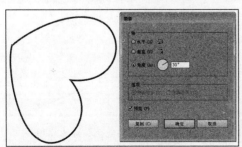

（b）30°

（b）30°

图 3-17　不同角度的镜像效果

（1）水平：可使选定对象沿水平方向产生镜像效果。

（2）垂直：可使选定对象沿垂直方向产生镜像效果。

（3）角度：可在文本框中指定镜像轴的倾斜角度。

提 示

如果图形对象中填充的是图案，那么在【镜像】对话框中，即可设置镜像的对象是对象还是图案。而且在该对话框中单击【复制】按钮，还可以对镜像对象进行复制。

3.2.6　变换与分别变换对象

上述所讲的旋转、缩放、倾斜等均是对图形对象的变换，图形对象的这些变形效果既可以通过上述工具来操作，也可以通过相应的面板来完成。在 Illustrator 中，不仅能够通过【变换】面板来操作，还可以通过【分别变换】面板进行变换。

1.【变换】面板

使用【选择工具】![选择工具]选中图形对象后，选择【窗口】|【变换】命令（快捷键为 Shift+F8），或者单击【控制】面板中的【变换】选项，即可弹出【变换】面板，如图 3-18 所示。单击【变换】面板右上端的三角按钮，通过关联菜单可以对面板的相关选项进行设置。

面板菜单中各命令的作用如下所示。

（1）水平翻转：选定的对象将沿着水平方向翻转。

（2）垂直翻转：选定对象将沿垂直方向进行翻转。

（3）缩放描边和效果：对象的轮廓线将随着对象的缩放而改变宽度。

（4）仅变换对象：在变换时将只使对象发生改变。

（5）仅变换图案：在变换时将只使图案发生改变。

（6）变换两者：选定的对象和填充图案将同时变换。

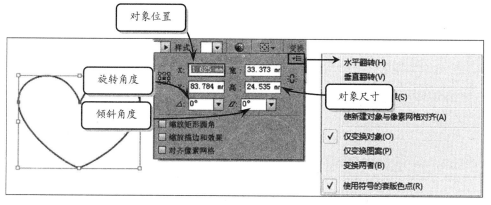

图 3-18　【变换】面板

在【变换】面板中可以设置下列选项。

（1）X：设置参数值可以改变被选对象在水平方向上的位置。

（2）Y：设置参数值可以改变被选对象在垂直方向上的位置。

（3）宽：设置参数值以控制被选对象边界范围的宽度。

（4）高：设置参数值以控制被选对象边界范围的高度。

（5）【旋转】和【倾斜】参数栏：分别用来设置对象的旋转和切变角度。在【变换】面板中，设置【倾斜】参数栏的方法与设置【旋转】参数栏的方法相同。

（6）【参考点】：在【参考点】上的各点上单击，可改变变换的中心点位置。

2．【分别变换】面板

无论选中一个图形对象还是多个图形对象，【变换】面板中的选项所针对的均为一个对象。当选中多个图形对象时，【分别变换】面板可以对多个对象同时进行变换。选择【对象】|【变换】|【分别变换】命令，弹出【分别变换】面板，如图 3-19 所示。

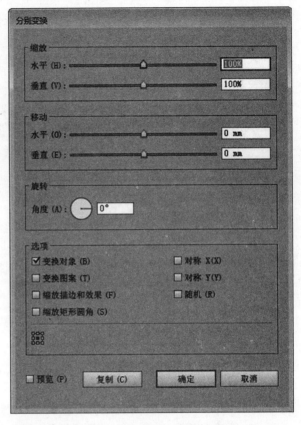

图 3-19　【分别变换】面板

> **提　示**
>
> 在【分别变换】面板中，不仅能够设置缩放的大小，还能够设置移动的位置，以及旋转的角度，并且单击【复制】按钮还能够进行对象复制。

3.3　图形对象的对齐、分布与排列

在绘制图形时，经常需要使用【排列】命令、【分布】命令和【排列】面板中的对齐分布功能对绘制内容的位置进行调整，以使它们的排列更符合工作需求。

3.3.1　对齐图形对象

当创建多个对象，并且要求对象排列精度较高时，单纯依靠鼠标拖动是难以准确完成的。执行 Illustrator 所提供的对齐和分布功能，会使整个绘制工作变得更为便捷。

1．对齐

【对齐】面板集合了多个对齐与分布命令按钮。选择【窗口】|【对齐】命令，即

可打开【对齐】面板，如图 3-20
所示。

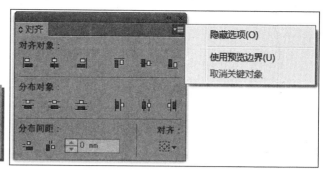

提　示

单击面板名称左侧的三角，或单击面板右上角的三角按钮，执行【显示/隐藏选项】命令，即可显示或隐藏面板中所有的命令按钮。

　　【对齐】面板可使选定的对象沿指定的方向轴对齐：沿着垂直方向轴，可以使选定对象的最右边、中间和最左边的定位点与其他选定的对象对齐；而沿着水平方向轴，可使选定对象的最上边、中间和最下边的定位点与其他选定的对象对齐，如图 3-21 所示。总的来说，这种操作可以分为两类：对齐多个对象，以及对象的准确分布。

◢ 图 3-20　【对齐】面板

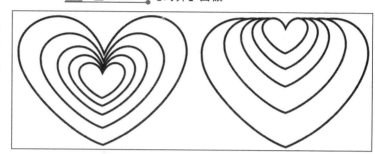

◢ 图 3-21　垂直顶对齐

　　对齐操作可以改变选定对象中某些对象的位置，并按一定的对象为参照进行排列。在对齐命令组中，共有 6 个不同的对齐命令按钮，单击这些命令按钮能够使选定的多个对象按一定的方式对齐，各按钮的名称及作用如表 3-1 所示。

▓▓ 表 3-1　对齐命令按钮的名称及作用

名　　称	作　　用
水平左对齐	每个对象将会以最左边对象的边线为基准向左集中，而最左边对象的位置则保持不变
水平居中对齐	以选定对象的中心作为居中对齐的基准点，对象在垂直方向上保持不变。如果用户选择的是不规则的对象，将会以各对象的中心作为中心点而进行水平方向的中心对齐
水平右对齐	以多个对象中最右边对象的边线对齐排列，最右边对象的位置将不发生变化
垂直顶对齐	以选定对象中最上方对象的上边线作为基准对齐，而处于最上面对象的位置保持不变
垂直居中对齐	使对象垂直居中对齐，对齐后对象的中心点都在水平方向的直线上
垂直底对齐	以选定对象中最下方对象的下边线作为基准进行对齐操作，所有选定的对象都向下集中，而最下面对象的位置将不发生变化

提　示

在进行对齐操作时，也可以根据需要使用多个对齐命令，例如需要将多个对象完全以中心对齐时，先应用水平居中对齐，再应用垂直居中对齐，这样所有对象的中心点将会重叠。

　　对象的分布是自动沿水平轴或垂直轴均匀地排列对象，或使对象之间的距离相等，精确地设置对象之间的距离，从而使对象的排列更为有序，在一定条件下，它会起到与对齐功能相似的作用。在【对齐】面板中，有水平分布对象、垂直分布对象和间隔分布对象三种不同的分布方式。

2．分布

【对齐】面板中的三个水平分布命令按钮分别是【水平左分布】、【水平居中分布】和【水平右分布】按钮，它们的功能较为接近，可使选定的对象沿水平轴以不同的方式均匀分布，这里使用【水平居中分布】命令按钮得到分布效果，如图 3-22 所示。

图 3-22　水平居中分布

【对齐】面板中的三个垂直分布命令按钮分别是【垂直顶分布】、【垂直居中分布】和【垂直底分布】按钮，它们的功能较为接近，可使选定的对象沿垂直轴以不同的方式均匀分布，这里使用【垂直顶分布】命令按钮得到分布效果，如图 3-23 所示。

图 3-23　垂直顶分布

提　示

由于【垂直顶分布】、【垂直居中分布】和【垂直底分布】命令按钮的分布效果较为接近，此处只展示了使用【垂直顶分布】命令按钮分布图形的效果，用户可自行尝试使用其他两个按钮进行分布操作，观察它们的区别。

【对齐】面板中有两个特殊的分布命令按钮，即【垂直间隔分布】和【水平间隔分布】命令按钮。通过这两个按钮可以依据选定的分布方式改变对象之间的分布距离。在设置对象间距时，可在文本框中输入合适的参数值，它的取值范围在-16 384~16 384 磅之间。

当使用【垂直分布间隔】和【水平分布间隔】两个命令按钮进行操作时，需要先从选定的多个对象中选择一个对象，来作为分布的基准对象，否则命令将不能执行，如图 3-24 所示。

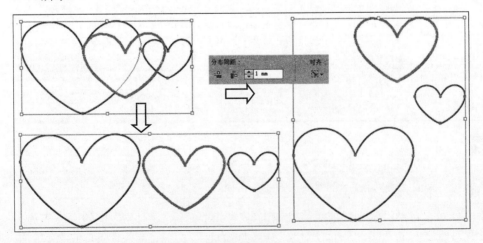

图 3-24　水平间隔分布与垂直间隔分布效果

3.3.2 排列图形对象

所有的绘制对象都是以绘制的先后顺序进行排列的，在实际工作中，会因为绘制工作的需要调整对象的先后顺序，这时就需要使用【排列】功能改变对象的先后顺序。

Illustrator 提供了两种改变对象次序的方法，一种是执行【对象】|【排列】命令下的各个子命令；另外一种方法是右击选定对象，在快捷菜单中执行【排列】命令下的各个子命令。【排列】命令下的各个子命令提供了 4 种更改对象次序的方法，以及相对应的快捷键。

1. 置于顶层

【置于顶层】命令可以将选定的对象放到所有对象的最前面。方法是，选取对象后，选择【对象】|【排列】|【置于顶层】命令（快捷键为 Ctrl＋Shift＋】），可将选定的对象放到所有对象的最前面，如图 3-25 所示。

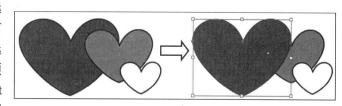
图 3-25　置于顶层

2. 前移一层或后移一层

使用【前移一层】命令（快捷键为 Ctrl＋】）或【后移一层】命令（快捷键为 Ctrl＋【）可将对象向前或向后移动一层，而不是所有对象的最前面或最后面，如图 3-26 所示。

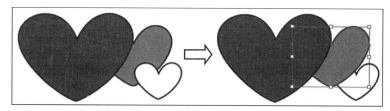
图 3-26　前移一层

3. 置于底层

【置于底层】命令与【置于顶层】命令相反，它可以将选定的对象放到所有对象的最后面，如图 3-27 所示。

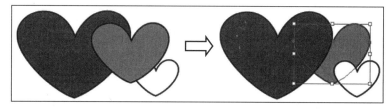
图 3-27　置于底层

3.4　液化工具组

在 Illustrator 中，使用液化工具组能够使对象产生特殊的变形效果。使用这些工具在对象上单击或拖动鼠标，就可以快速地将对象原来的形状改变。展开液化工具栏，其中包括 8 个变形工具，如图 3-28 所示。

在使用这些工具时，只需要在工具箱中选择所需要的工具，然后在对象上拖动鼠标，图形就会产生相应的变形，并且在路径上增加节点的数量。它们适用于各种各样的闭合和开放路径，但是不能用于文本对象、图表图形和符号中。

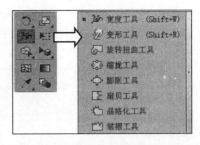

图 3-28　液化工具组

3.4.1　宽度工具

【宽度工具】可改变宽度来绘制笔触，可以快速轻松地在任何点或沿任意一边进行调整。该工具是除【描边】面板中【配置文件】选项外的另外一个可以改变描边宽度的工具，效果如图 3-29 所示。

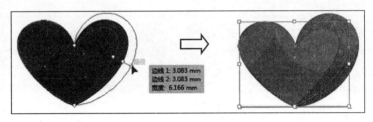

图 3-29　改变描边宽度

3.4.2　变形工具

【变形工具】可以使对象沿绘制方向产生弯曲效果。使用【变形工具】在对象上单击，并向所需要的方向拖动，对象的形状将随着鼠标的拖动而发生变化。

双击【变形工具】，将会弹出【变形工具选项】对话框。在该对话框中，可以对【变形工具】进行一些相应的设置，如改变画笔的大小、角度和强度等，用户可直接在文本框中输入需要的数值，或者单击其后的三角按钮，在弹出的选项中选择相应的参数值，还可以通过微调按钮来进行调节，如图 3-30 所示。

(1) 宽度和高度：用于控制工具指针的大小，即画笔大小。

(2) 角度：指工具指针的方位，即画笔的角度。

(3) 强度：指对象更改的速度，当值越大时，效果应用越快。

(4) 细节：用于设置路径上产生节点之间的

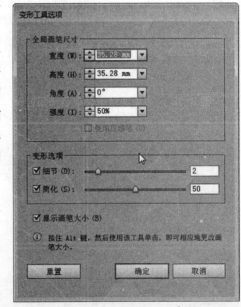

图 3-30　【变形工具选项】面板

距离，其参数值越大，各节点之间的距离越近。

（5）简化：可在不影响整个图形外观的情况下，设置应用效果后减少多余节点的数量。用户可直接在文本框中输入合适的参数值，或者拖动滑块进行调节。

（6）显示画笔大小：控制鼠标指针周围圆圈形状的显示与隐藏。

（7）重置：使对话框中的所有设置恢复到默认状态，此时就可以对【变形工具】选项进行重新设置。

3.4.3 旋转扭曲工具

使用【旋转扭曲工具】可使设置的部位产生顺时针或逆时针的旋转扭曲。选中【旋转扭曲工具】后，根据需要单击或是向不同方向进行拖动，从而改变对象的形状；也可双击【旋转扭曲工具】，在弹出的【旋转扭曲工具选项】对话框中设置参数进行精确编辑，如图 3-31 所示。

3.4.4 缩拢工具

【缩拢工具】可以使画笔范围内的图形向中心收缩，它将移动路径上节点的位置，减少节点的数量，从而使对象产生折叠效果，还可沿曲线拖动鼠标，使对象产生一定的扭曲。用户可直接使用该工具在对象上单击即可实现收缩效果；也可双击【缩拢工具】，在弹出的【收缩工具选项】面板中设置参数进行精确编辑，如图 3-32 所示。

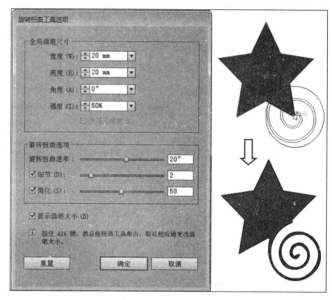

图 3-31　旋转扭曲效果

提 示

使用【缩拢工具】液化对象时，单击停留的时间越长，图形变化的强度就越大。【收缩工具】对话框中的各个选项与前面所讲工具对话框中的选项设置方法相同。

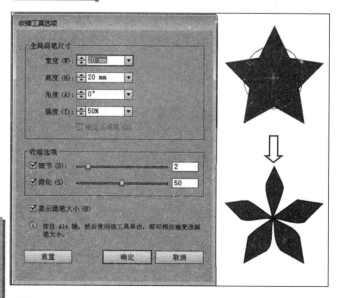

图 3-32　使用【缩拢工具】扭曲效果

3.4.5 膨胀工具

使用【膨胀工具】 可使图形由内向外产生一种扩大的效果。使用【膨胀工具】 后在对象上向任意方向拖动鼠标即可实现变形。当用户从图形的中心向外拖动鼠标时，可增加图形的区域范围；而从外向图形的中心拖动鼠标时，将减少图形的区域范围，如图 3-33 所示。

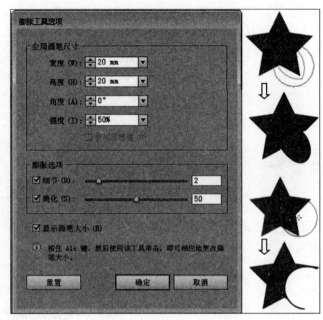

图 3-33 增加、减少图形区域

3.4.6 扇贝工具

使用【扇贝工具】 可以使对象的轮廓变为与毛刺相似的效果。该工具不仅可以改变图形的边缘，而且还可以通过更改对话框中的设置，进而影响到整个图形，如图 3-34 所示。

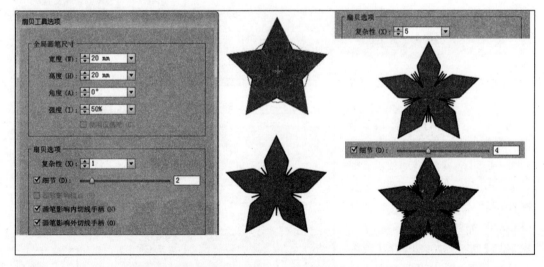

图 3-34 不同参数绘制出的不同图形效果

3.4.7 晶格化工具

使用【晶格化工具】 可使图形的轮廓产生一种晶格化效果，所创建出的图形边缘与使用【扇贝工具】 创建出的对象相似，还可以通过更改对话框中的设置，进而影响到整个图形，如图 3-35 所示。

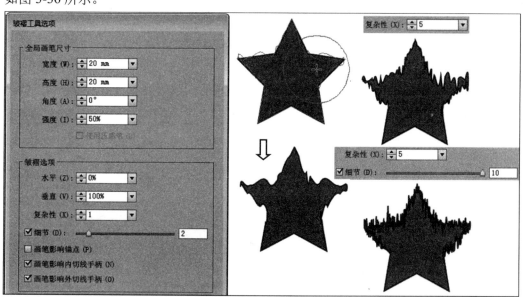

📀 图 3-35　　不同参数绘制出的不同图形效果

3.4.8　皱褶工具

　　【皱褶工具】可以为图形创建褶皱效果。选择【皱褶工具】，在对象上单击或者向任意方向拖动鼠标，还可以通过更改对话框中的设置，影响到绘制图形的效果，如图 3-36 所示。

📀 图 3-36　　不同参数绘制出的不同图形效果

3.5　路径形状

　　图形对象的外形不仅能够通过变形工具与液化工具来改变，还可以通过路径的各种运算或者组合而变化。在路径编辑方式中，【路径查找器】面板是用来进行路径运算的，而复合路径与复合形状则是通过组合的方式来改变图形对象的显示效果。【形状生成器】是直接在画板上直观地合并、编辑和填充形状。

3.5.1 路径查找器

图形对象的外形可以通过简单图形的相加、相减、相交等运算方式来生成比较复杂的图形对象。Illustrator 中通过【路径查找器】面板进行图形组合运算，选择【窗口】|【路径查找器】选项，弹出【路径查找器】面板，如图3-37所示。

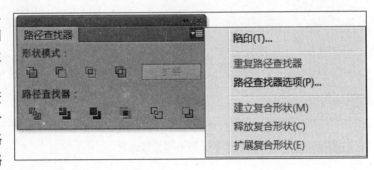

图 3-37　【路径查找器】面板

【路径查找器】面板的选项很多，如表3-2所示展示了【路径查找器】面板中各命令按钮的含义。

表 3-2　命令按钮的名称及功能

名　称	功　能
联集	使用该命令可以合并所选对象
减去顶层	使用该命令可以使上层对象减去和上层所有对象相叠加的部分
交集	使用该命令可以将所选对象中所有的重叠部分显示出来
差集	使用该命令可以将所选对象合并成一个对象，但是重叠的部分被镂空。如果是多个物体重叠，那么偶数次重叠的部分被镂空，奇数次重叠的部分仍然被保留
分割	使用该命令可以把所选的多个对象按照它们的相交线相互分割成无重叠的对象
修边	使用该命令可以使所有前面对象对后面对象进行修剪，删除所有被覆盖的区域
合并	使用该命令可以使所有前面对象对后面对象进行修剪，删除所有被覆盖的区域，修剪后所有轮廓效果都消失，相邻的同色物体会被合并成一体
裁剪	使用该命令可以使被选取对象的最上层对象删除所有对象轮廓之外的部分及本身，再对剩下的对象部分进行修剪优化（删除所有被覆盖的区域，所有轮廓效果都消失）
轮廓	使用该命令可以去掉所有填充，按物体轮廓的相交点，把物体的所有轮廓线切为一个个单独的小线段
减去后方对象	使用该命令可以使最上面的对象减去最下面的对象，并减去两者的相交区域
扩展按钮　扩展	此按钮用于取消编组那些已经使用了【路径查找器】功能的原始对象，得到的路径形成一个新编组

使用【路径查找器】面板中的各个按钮，可以得到不同的图像对象。这里为单击不同功能按钮而得到的相应效果，如图 3-38 所示。

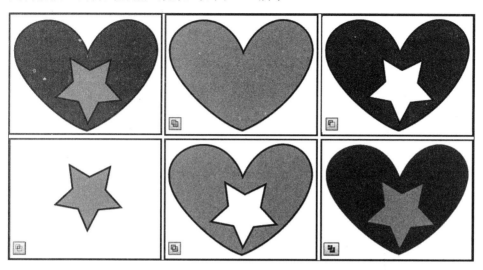

图 3-38 单击面板中各命令按钮后的效果

3.5.2 复合对象

图形对象的加与减均是在两个或两个以上图形对象基础上完成的，也就是说将多个图形对象转换为一个完全不同的图形对象，这样不仅改变了图形对象的形状，也将多个图形对象组合为一个图形对象，这种方式称为复合对象。复合对象中包括复合路径与复合形状。

1. 复合形状

要创建复合形状首先要选择两个或者两个以上的图形对象，然后单击【路径查找器】面板右上角的小三角，弹出关联菜单，执行【建立复合形状】命令，得到【相加】模式的复合形状，如图 3-39 所示。

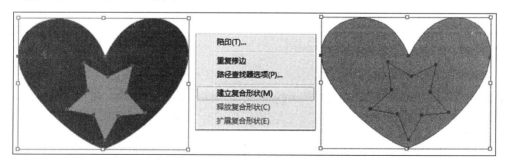

图 3-39 建立复合形状

复合形状是可编辑的图稿，由两个或多个对象组成，每个对象都分配一种形状模式。复合形状简化了复杂形状的创建过程，因此可以精确地操作每个所含路径的形状模式、堆栈顺序、形状、位置和外观。

当图形对象建立成复合形状后，该复合形状就会被看作一个组合对象。这时【图层】面板中的【路径】会变成【复合形状】，如图3-40所示。

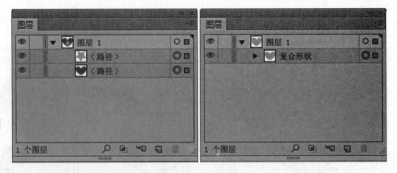

而组合后的复合形状对象，既可以作为一个对象进行再编辑，也可以分别编辑复合形状中的各个路径对象。方法是选择【直接选择工具】，单击复合形状中的某个对象，即可选中该对象进行移动或者变形，如图3-41所示。

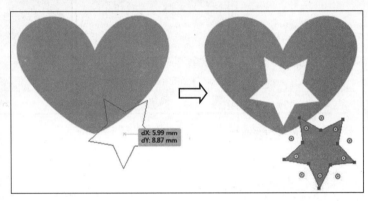

dX: 5.99 mm
dY: 8.87 mm

图 3-41　移动复合形状

复合形状中可以包括路径、复合路径、组、其他复合形状、混合、文本、封套和变形，只是选择的任何开放式路径都会自动关闭。而使用【建立复合形状】命令得到的复合形状，其形状被默认为【相加】模式。

当创建复合形状后，还可以返回原来的图形对象，或者是保持复合形状的外形而转换为图形对象。要返回原来的图形对象，只要选中复合形状后，单击【路径查找器】面板右上角的小三角，弹出关联菜单，执行【释放复合形状】命令即可，如图3-42所示。如果是在保持复合形状外形的同时转换为普通图形对象，可以选择关联菜单中的【扩展复合形状】命令。

陷印(T)...

重复描边

路径查找器选项(P)...

建立复合形状(M)

释放复合形状(C)

扩展复合形状(E)

图 3-42　释放复合形状

2. 复合路径

复合路径包含两个或多个已上色的路径，因此在路径重叠处将呈现孔洞。将对象定义为复合路径后，复合路径中的所有对象都将应用堆栈顺序中最后方对象的上色和样式属性。

选中两个图形对象，执行【对象】|【复合路径】|【建立】命令或按快捷键 Ctrl+8，即可将两个图形对象转换为一个复合路径对象。而对于一个图形对象包含另外一个图形对象的组合，使用【路径查找器】中的功能按钮，同样能够得到复合路径，如图 3-43 所示。

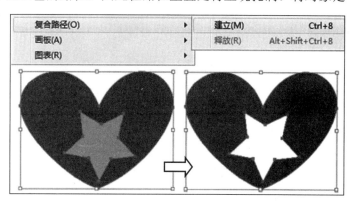

图 3-43 建立复合路径

当建立复合路径后，多个图形对象转换为一个复合路径对象，而【图层】面板中的【路径】则会合并为一个【复合路径】，如图 3-44 所示。

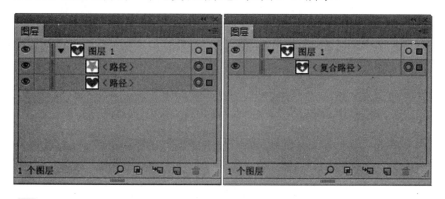

图 3-44 【图层】面板显示【复合路径】

注 意

由于建立复合路径后，多个图形对象就会转换为一个对象，并不是组合对象，所以即使使用【直接选择工具】也不能够将两者分开，只能够调整锚点。

复合路径的建立，将两个图形对象合并为一个对象后，两个图形对象的重叠区域则会镂空。要想使镂空的区域被填充，可以单击【属性】面板中的【使用非零缠绕填充规则】按钮后，单击【反转路径方向（关）】按钮，如图3-45 所示。

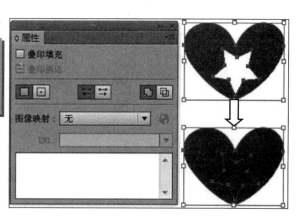

图 3-45 填充镂空区域

创建复合路径后，还可以重新将其恢复为原始的图形对象，只是被改变的图形对象填充与描边样式不会恢复为原始样式。方法是选中复合路径后，选择【对象】|【复合路径】|【释放】命令或按快捷键 Ctrl+Alt+Shift+8，得到如图 3-46 所示的图形对象。

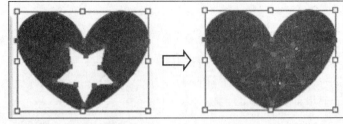

图 3-46　释放复合路径

3.5.3　形状生成器

编辑图形对象形状除了上述命令与面板外，Illustrator CC 2015 还提供了【形状生成器工具】。【形状生成器工具】是一个用于通过合并或擦除简单形状创建复杂形状的交互式工具。使用该工具，无须访问多个工具和面板，就可以在画板上直观地合并、编辑和填充形状。

1. 创建形状

【形状生成器工具】能够直观地高亮显示所选对象中，可合并为新形状的边缘和选区。要使用【形状生成器工具】创建形状，首先绘制图形对象，然后使用【选择工具】，选中需要创建形状的路径。这时选择【形状生成器工具】，并且将光标指向选中图形对象的局部，即可出现高亮显示，如图 3-47 所示。

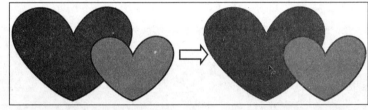

图 3-47　选择【形状生成器工具】

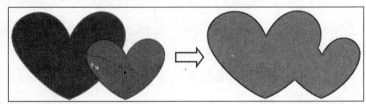

图 3-48　合并并填充对象

使用【形状生成器工具】，在选中的图形对象中单击并拖动光标，

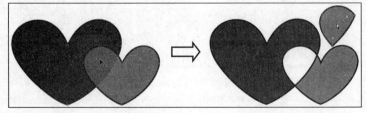

图 3-49　分离并填充对象

即可将其合并为一个新形状，而颜色填充为工具箱中的【填色】颜色，如图 3-48 所示。

使用【形状生成器工具】，在选中图形对象中单击，那么会根据图形对象重叠边缘分离图形对象，并且为其重新填充颜色，如图 3-49 所示。

默认情况下，该工具处于合并模式，允许合并路径或选区。也可以按住 Alt 键切换至抹除模式，以删除任何不想要的边缘或选区。方法是选择【形状生成器工具】后，按住 Alt 键单击选择图形对象中的局部，那么该区域的图形被删除，如图 3-50 所示。

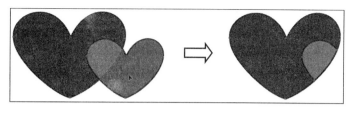

图 3-50 删除所选对象

2. 工具选项

使用【形状生成器工具】，除了能够进行上述形状创建外，还可以通过设置该工具的选项，创建更加复杂的形状。方法是，在进行形状创建之前，双击该工具，弹出如图 3-51 所示的【形状生成器工具选项】对话框。

通过启用或选择不同的选项，从而针对不同的图形对象进行形状创建。

（1）间隙检测：使用【间隙长度】下拉列表设置间隙长度。可用值有小（3点）、中（6点）和大（12点）。如果想要提供精确间隙长度，则启用【自定】复选框。选择间隙长度后，Illustrator 将查找最接近指定间隙长度值的间隙，确保间隙长度值与图形对象的实际间隙长度接近。

（2）将开放的填色路径视为闭合：如果启用此选项，则会为开放路径创建一段不可见的边缘以生成一个选区。单击选区内部，则创建一个形状。

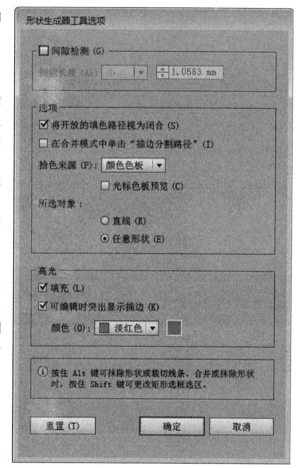

图 3-51 【形状生成器工具选项】对话框

（3）在合并模式中单击"描边分割路径"：启用此复选框后，在合并模式中单击描边即可分割路径。此选项允许将父路径拆分为两个路径。第一个路径将从单击的边缘创建，第二个路径是父路径中除第一个路径外剩余的部分。

（4）拾色来源：可以从颜色色板中选择颜色，或从现有图稿所用的颜色中选择，来给对象上色。使用【拾色来源】下拉菜单选择【颜色色板】或【图稿】选项。

（5）填充：【填充】复选框默认为启用。如果启用此选项，当光标滑过所选路径时，可以合并的路径或选区将以灰色突出显示。如果没有启用此选项，所选选区或路径的外观将是正常状态。

（6）可编辑时突出显示描边：如果启用此选项，Illustrator 将突出显示可编辑的笔触。可编辑的笔触将以【颜色】下拉列表中选择的颜色显示。

3.6 封套扭曲

封套扭曲是对选定对象进行扭曲和改变形状所使用的工具，可以利用对象来制作封套，或使用预设的变形形状或网络作为封套。不同形状的封套类型可以塑造不同的对象形状。

3.6.1 用变形建立

Illustrator 中提供了各种不同的变形封套，通过预设的变形选项，能够直接得到变形后的效果，或者在此基础上继续进行变形。

要为图形对象添加预设变形效果，在工具箱中选择【选择工具】 选中该图形对象。然后单击【对象】|【封套扭曲】|【用变形建立】命令或按快捷键 Ctrl＋Shift＋Alt＋W，弹出【变形选项】对话框，如图 3-52 所示，在该对话框中设置参数即可创建相应的变形效果。

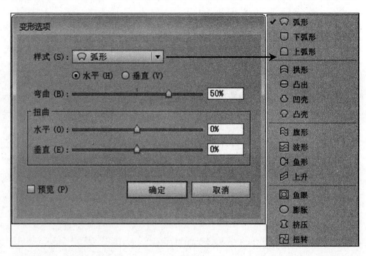

图 3-52 【变形选项】对话框

在该对话框中，选择【样式】下拉列表中不同的样式选项，可以创建不同的封套效果。

其中，【变形选项】对话框中各选项的作用如下。

（1）样式：用于选择封套的类型，在【样式】下拉列表框中提供了 15 种封套类型，用户可根据需要从中选择。

（2）水平和垂直：用来设置指定封套类型的放置位置。

（3）弯曲：设置对象弯曲的程度。

（4）水平和垂直：可以设置应用封套类型在水平和垂直方向上的比例。

选择任意一个样式选项后，均能够得到变形效果，如表 3-3 所示为图形的多种基本变形效果。

▦ 表3-3 15种基本变形效果

效果名称	原图	弧形	下弧形	上弧形
图形效果				
效果名称	拱形	凸出	凹壳	凸壳
图形效果				
效果名称	旗形	波形	鱼形	上升
图形效果				
效果名称	鱼眼	膨胀	挤压	扭转
图形效果				

提 示

可以通过对话框中的【弯曲】、【水平】与【垂直】等选项重新设置变形的参数,从而得到不同的变形效果。

3.6.2 用网格建立

为图形对象变形除了应用预设变形方式外,还可以通过网格方式。选择对象,执行【对象】|【封套扭曲】|【用网格建立】命令或按快捷键Ctrl+Alt+M,弹出【封套网格】对话框,即可创建网格封套,如图3-53所示。

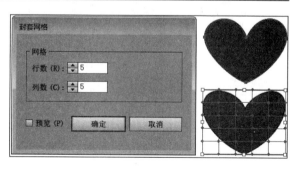

◑ 图3-53 创建网格封套

在【封套网格】对话框中,设置【行数】或者【列数】参数值,可以控制网格数的多少，如图 3-54 所示。

已添加网格封套的对象，可以通过工具箱中的【网格工具】图进行编辑，如增加网格线或减少网格线，以及拖动网格封套等。在使用【网格工具】图编辑网格封套时，单击网格封套对象，即可增加对象上网格封套的行列数。如果按住 Alt 键，单击对象上的网格点或网格线，则减少网格封套的行列数，如图 3-55 所示。

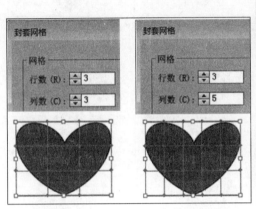

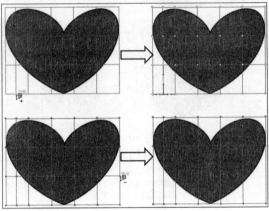

图 3-54　创建不同参数的网格封套

图 3-55　增加与减少网格线

增加与减少网格点只是为了更加精确地调整图形对象，而图形对象的调整则是通过对网格点的编辑来实现的。使用的工具既可以是【网格工具】图，也可以是【直接选择工具】，而调整方法则与路径的调整方法相同，如图 3-56 所示。

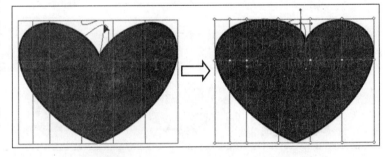

图 3-56　编辑网格点

提　示

无论是通过变形还是网格得到封套，均能够使用【直接选择工具】进行再编辑，从而得到不同的变形效果。

3.6.3　用顶层对象建立

对于一个由多个图形组成的对象，不仅可以使用上述方式进行封套调整，还可以通过顶层图形建立封套。方法是选中一个多图形对象后，将形状放置在该多图形对象的最上方并全部选中，然后选择【对象】|【封套扭曲】|【用顶层对象建立】命令或按快捷键 Ctrl＋Alt＋C，即可以按照最上方图形的形状建立封套，如图 3-57 所示。

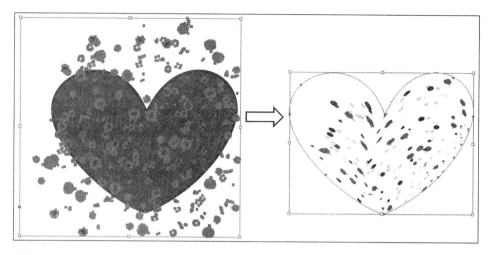

图 3-57　建立顶层封套

3.6.4　编辑内容

建立封套后，虽然进行了简单的网格点编辑，但是对于封套本身或者封套内部的对象还有更为复杂的编辑操作，以及完成封套编辑后，如何处理封套与对象之间的关系。

1. 编辑封套内部对象

首先选中含有封套的对象，然后选择【对象】|【封套扭曲】|【编辑内容】命令，视图内将显示对象原来的边界，如图 3-58 所示。

显示出原来的路径后，就可以使用各种编辑工具对单一的对象或封套中所有的对象进行编辑。使用【扇贝工具】 ![icon] 编辑对象得到的效果，如图 3-59 所示。

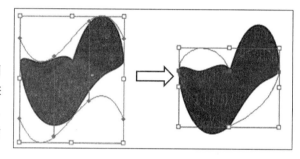

图 3-58　显示原来的边界

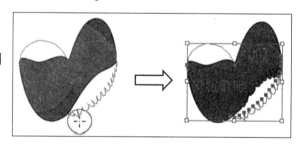

图 3-59　编辑原边界

2. 编辑封套外形

创建封套之后，不仅可以编辑封套内的对象，还可以更改封套类型或是编辑封套的外部形状。首先是更改封套类型，如图 3-60 所示，选中使用自由封套创建的封套对

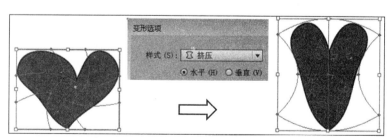

图 3-60　改变封套类型

象，选择【对象】|【封套扭曲】|【用变形重置】或【用网格重置】命令，可将其转换为预设图形封套或网格封套图形。

其次是更改封套的外形，选中封套对象后，使用【直接选择工具】 🔲 或【网格工具】 🖼 可拖动封套上的节点，改变封套的外形，如图 3-61 所示。

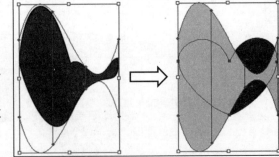

📀 图 3-61　改变封套外形

3.6.5　设置封套选项

通过【封套选项】对话框设置封套，可以使封套更加符合图形绘制的要求。方法是，在画板中选择一个封套对象后，执行【对象】|【封套扭曲】|【封套选项】命令，弹出【封套选项】对话框，如图 3-62 所示。其中，对话框中的选项以及作用如下。

（1）消除锯齿：它可消除封套中被扭曲图形所出现的混叠现象，从而保持图形的清晰度。

（2）剪切蒙版和透明度：在编辑非直角封套时，用户可选择这两种方式保护图形。

（3）保真度：该选项可设置对象适合封套的逼真度。用户可直接在其文本框中输入所需要的参数值，或拖动下面的滑块进行调节。

📀 图 3-62　【封套选项】对话框

（4）扭曲外观：选中该选项后，另外的两个复选框将被激活。它可使封套具有外观属性，如应用了特殊效果对象的效果也随之发生扭曲。

（5）扭曲线性渐变填充和扭曲图案填充：分别用来扭曲对象的直线渐变填充和图案填充。

3.6.6　移除封套

移除封套的方法有两种，一种是将封套和封套中的对象分开，恢复封套中对象的原来面貌。一种是将封套的形状应用到封套中的对象中。

1. 释放封套

选中带有封套的对象，选择【对象】|【封套扭曲】|【释放】命令，可得到封套图形和封套里面对象两个图形。此时拱形和心形都是可以单独编辑的，如图 3-63 所示。

📀 图 3-63　释放封套

2．扩展封套

如果要将封套的外形应用到封套内的对象中，可执行【对象】|【封套扭曲】|【扩展】命令。这时封套的拱形消失，而内部的心形则保留了原有封套的外形，如图 3-64所示。

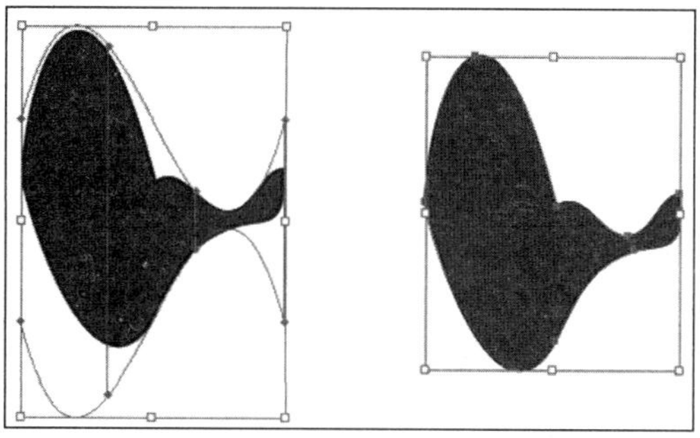

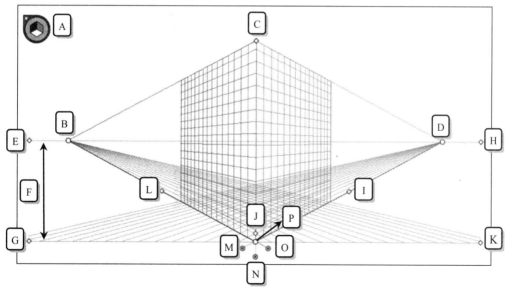

图 3-64　扩展封套

3.7　设置透视视图

Illustrator 主要用于绘制平面的矢量图形，由于透视视图的添加，可以绘制矢量格式的具有三维空间的图形对象，也可以在绘制透视效果时作为辅助工具，使对象以当前设置的透视规则进行变形。

3.7.1　透视图

透视图包括【透视网格工具】█ 和【透视选区工具】█ 。绘制图形对象时，可以在平面构件中设置活动网格，在网格可见时使用线段或矩形工具，绘制三维图形。

1.【透视网格工具】

【透视网格工具】█ 可以在文档中定义或编辑一点透视、两点透视和三点透视。在任何画板中，选择工具箱中的【透视网格工具】█ 或按快捷键 Shift+Ctrl+I，可以在画板中显示透视网格，如图 3-65 所示。

A—平面切换构件；B—左侧消失点；C—垂直网格长度；D—右侧点消失；E—水平线；F—水平高度；G—地平线；H—水平线；I—网格长度；J—网格单元格大小；K—地平线；L—网格长度；M—右侧网格平面控制；N—水平网格平面控制；O—左侧网格平面控制；P—原稿

图 3-65　透视网格

要改变画板中的透视方式，可以选择【视图】|【透视网格】命令中的子命令，在子命令中可以对网格进行显示、隐藏、对齐、锁定等操作，如图 3-66 所示。

隐藏网格(G)	Shift+Ctrl+I
显示标尺(R)	
✓ 对齐网格(N)	
锁定网格(K)	
锁定站点(S)	
定义网格(D)...	
一点透视(O)	▶
两点透视(T)	▶
三点透视(H)	▶
将网格存储为预设(P)...	

图 3-66 【透视网格】命令子菜单

（1）【隐藏网格】：使用该命令可以隐藏透视网格，使用快捷键 Shift+Ctrl+I 也可以隐藏透视网格。

（2）【显示标尺】：使用该命令可沿透视图网格显示标尺刻度，网格线的单位决定了标尺刻度。要在透视网格中查看标尺，可以选择【视图】|【透视网格】|【显示标尺】命令。

（3）【对齐网格】：该命令允许在透视中加入对象并在透视中移动、缩放和绘制对象时对齐网格。

（4）【锁定网格】：该命令可以限制网格移动和使用【透视网格工具】▦进行其他网格编辑，仅可以更改可见性和平面位置。

（5）【锁定站点】：选择该命令时，移动一个消失点将带动其他消失点同步移动。如果未选中，则独立移动，站点也会移动。

调整透视网格的状态，即其透视的角度和区域，可使用透视网格工具拖动透视网格各个区域的控制手柄进行调整。还可以对透视网格的角度和密度进行调整。

2．平面构件

在【平面切换构件】◉上的一个平面上单击即可将所选平面设置为活动的网格平面。活动平面是指绘制对象的平面。按快捷键 1 选中【左侧网格平面】；按快捷键 2 选中【水平网格平面】；按快捷键 3 选中【右侧网格平面】；按快捷键 4 选中【无活动的网格平面】，如图 3-67 所示。

无活动的网格平面

左侧网格平面　　右侧网格平面

水平网格平面

图 3-67 平面构件

双击工具箱中的【透视网格工具】▦，打开【透视网格选项】对话框，在对话框中设置是否显示平面构件或平面构件所在位置，如图 3-68 所示。

3．【透视选区工具】

使用【透视选区工具】▷时，可以在透视网格中加入内容，加入内容时，所选对象的外观和大小会发生更改。在移动、缩放、复制和将对象置入透视时，【透视选区工具】▷将使对象与活动面板网格对齐，如图 3-69 所示。

图 3-68 【透视网格选项】对话框

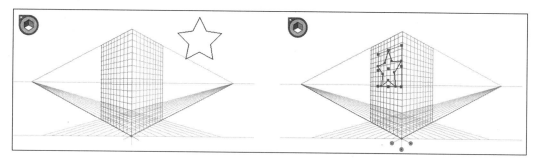

图 3-69　在透视网格中加入对象

在使用【透视网格工具】时按住 Ctrl 键，可以临时切换为【透视选区工具】，按 Shift+V 键则可以切换到【透视选区工具】。

3.7.2　在透视网格中创建对象

要在透视中绘制对象，可以在透视网格开启的状态下使用线段工具或矩形组工具绘制三维图形，所绘制的图形将自动沿网格透视进行变形。在平面切换构件中选择不同的平面时光标也会呈现不同形状，如图 3-70 所示。

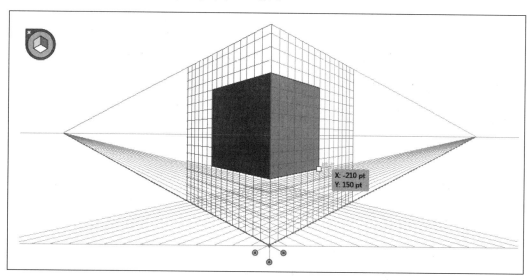

图 3-70　绘制三维图形

3.8　课堂实例：绘制卡通太阳花

本例绘制卡通太阳花效果。背景是使用【椭圆工具】创建的云朵的形状，在绘制花朵时主要使用的是【椭圆工具】绘制椭圆，复制椭圆创建花瓣云形状，并使用【钢笔工具】和【矩形工具】完成整个绘制的过程，效果如图 3-71 所示。

图 3-71　美丽的太阳花

操作步骤:

1　绘制云朵。新建一个 150mm × 150mm 的文档，选择【矩形工具】，绘制与画板尺寸相同的矩形并填充颜色。选择【椭圆工具】，绘制白色云朵图形，如图 3-72 所示。

（a）

（b）

图 3-72　绘制云朵

2　绘制和旋转。选择【椭圆工具】，绘制椭圆并调整形状后复制。选择【旋转工具】，确定轴心位置后，顺时针旋转副本图形对象。使用上述方法，按快捷键 Ctrl+D 连续复制并旋转椭圆对象，形成放射性图形，如图 3-73 所示。

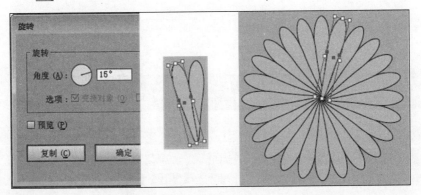

图 3-73　绘制成放射性图形

选中图形对象后按住 Alt 键并单击确定轴心位置，在弹出的对话框中设置参数并复制，或用鼠标直接拖动自由旋转即可。

3　绘制和旋转。使用【弧形工具】绘制花瓣的纹路，然后选定所有花瓣后复制并原位粘贴，再按 Shift+Alt 键拖动鼠标缩放到合适大小，使用【旋转工具】对花瓣进行旋转，如图 3-74 所示。

图 3-74　绘制花瓣纹路并旋转

4　绘制和镜像。使用【椭圆工具】绘制花心，使用【矩形工具】绘制矩形作为花茎。再使用【椭圆工具】与【钢笔工具】绘制叶子，选择【镜像工具】镜像并复制叶子，如图 3-75 所示。

5　复制和排列。选中整个花朵对象，进行复制后成比例缩小或放大副本对象，并且进行排列，完成太阳花的绘制，最终效果如图 3-76 所示。

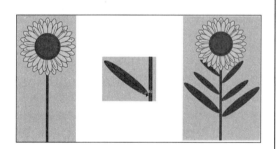

图 3-75　绘制花心、花茎与叶子

叶子的对称可以使用【镜像工具】，也可以使用【变换】命令中的水平翻转。

图 3-76　最终效果

3.9　课堂实例：制作折扇

　　本实例制作的是折扇效果，如图 3-77 所示。在制作过程中，使用【矩形工具】绘制矩形，然后使用封套工具预设变形形状，得到扇形效果；使用【矩形工具】绘制矩形，使用旋转、复制等编辑命令制作出扇骨，得到最终效果。

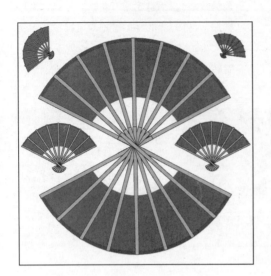

图 3-77　折扇

操作步骤：

1　新建一个 150mm × 150mm 的文档，使用【矩形工具】 ▢ ，在画板上绘制两个宽度一

致的矩形，然后使用对齐工具，将两个矩形对齐，如图 3-78 所示。

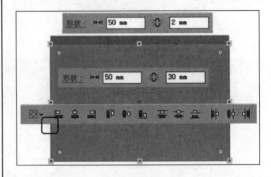

图 3-78　绘制两个矩形

2　制作扇形。同时选中两个矩形，选择【对象】|【封套扭曲】|【用变形建立】，在弹出的对话框中设置参数，得到如图 3-79 所示的图形对象。

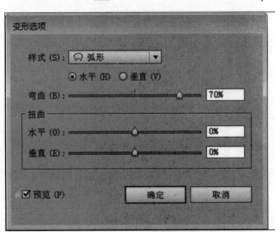

（a）【变形选项】对话框　　　　　　　　（b）图形对象

图 3-79　建立封套图形

提　示

在选择【对象】|【封套扭曲】|【用变形建立】命令弹出的【变形选项】对话框中，单击样式在其下拉框中有多种样式可供选择使用，并且可以调整弯曲及扭曲参数以做出更精确的变形图形。

3　复制与旋转。使用【矩形工具】 ▢ 绘制一个矩形，使矩形与扇形的一边对齐，复制一个矩形并与其对称，选择【旋转工具】 ↻ ，以两个矩形交叉点为中心点，并在弹出的对话框中设置参数并复制，如图 3-80 所示。

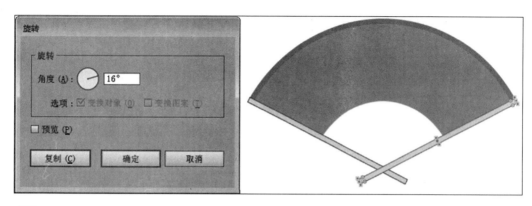

图 3-80 绘制扇骨

4 按快捷键 Ctrl+D 进行重制，即可完成扇骨的绘制，如图 3-81 所示。

图 3-81 折扇效果

5 选中整个折扇，进行复制后成比例缩小或放大副本对象，并且进行排列，完成折扇的绘制，最终效果如图 3-82 所示。

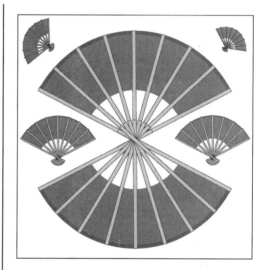

图 3-82 最终效果

3.10 思考与练习

一、填空题

1. 快捷键_____可以将复制的对象粘贴到原图形对象的前面，而按 Ctrl+B 快捷键可将复制的图形粘贴到原图形对象的后面。

2. 使用_____命令，可以将文件恢复到上一次存储的版本。

3. _____是除【描边】面板中【配置文件】选项外的另外一个可以改变描边宽度的工具。

4. 图形对象之间的运算使用的是_____。

5. 图形对象之间的对齐与分布使用的是_____。

二、选择题

1. 按快捷键_____可以对图形对象进行重制。
   A. Ctrl+C
   B. Ctrl+D
   C. Ctrl+V
   D. Ctrl+B

2. _____可使设置的部位产生顺时针或逆时针的旋转扭曲。

A．【变形工具】

B．【旋转扭曲工具】

C．【缩拢工具】

D．【扇贝工具】

3．默认状态下，创建网格封套的行数是_____行。

A．2

B．3

C．4

D．6

4．使用_____命令，可以去除封套，并将封套的形状应用到封套中的对象中。

A．释放

B．封套选项

C．编辑内容

D．扩展

5．使用_____按钮，可以将对象以顶部对齐。

A．垂直顶对齐

B．水平居中对齐

C．垂直底对齐

D．垂直顶分布

三、问答题

1．如何重制图形对象？

2．怎么使用【自由变换工具】 对图形对象进行倾斜操作？

3．同时将多数图形对象进行变换，使用的是什么命令？

4．如何用顶层对象建立封套？

5．简述复合形状与复合路径之间的区别。

四、上机练习

1．绘制风车

放射性图形的绘制，通过旋转、重制等操作即可完成。选择【旋转工具】 后，按住 Alt 键在画板中单击以确定旋转中心点。在弹出的【旋转】对话框中设置参数，单击【复制】按钮即可旋转并复制。然后重复按快捷键 Ctrl+D，即可按照刚才的角度旋转并复制对象，形成风车图形，如图 3-83 所示。

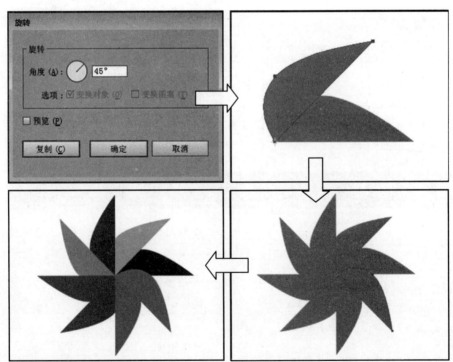

图 3-83　绘制风车

2．绘制花蝴蝶

利用【封套工具】，可以创建出各种各样的

图形，绘制蝴蝶的方法是，绘制对称图形后使用【路径查找器】进行运算，然后选择【对象】|【封

套扭曲】|【用变形建立】命令，创建出蝴蝶的形状并扩展封套，将蝴蝶变为路径，再打开一个多图形对象，将蝴蝶放置在该多图形对象的最上方并全部选中，选择【对象】|【封套扭曲】|【用顶层对象建立】命令或按快捷键 Ctrl＋Alt＋C，即可以最上方图形的形状建立封套，如图 3-84 所示。

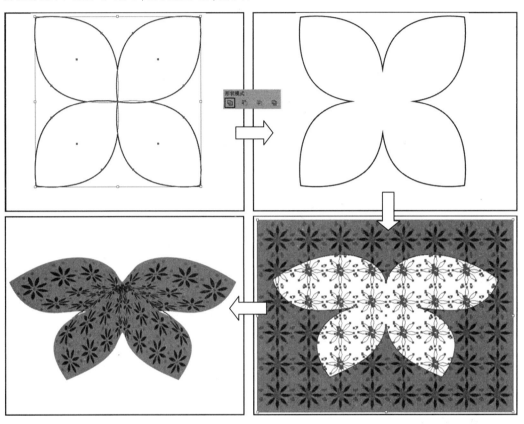

图 3-84　绘制花蝴蝶

第 3 章　编辑图形对象

第 4 章

描边与填充

矢量图形是由描边和填充颜色组合而成的，所以描边与填充对于矢量图形来说非常重要，描边是指图形对象的外部轮廓路径部分，可以改变宽度、颜色，线型等，填充是指可以将颜色或图案应用于整个图形对象的内部。

本章主要讲解描边属性的设置和图形对象的颜色、图案与实时上色等多种填充方式，还讲解了画笔工具的使用方法与艺术效果。

4.1 设置填充与描边

在默认情况下，绘制的图形对象由白色填色与黑色描边组合而成。而工具箱下方的左侧为【填色】色块，右侧为【描边】色块，并且前者在后者上方，处于启用状态，如图 4-1 所示。

●--4.1.1 【拾色器】--

双击工具箱中的【填色】色块，弹出【拾色器】对话框。使用【拾色器】可以通过从色谱中选取，或者通过数字形式定义颜色来选取颜色，如图 4-2 所示。

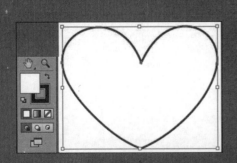

图 4-1 默认的填色与描边

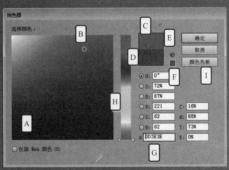

图 4-2 【拾色器】对话框

对话框中的选项以及作用如表 4-1 所示。

表 4-1 【拾色器】对话框中的选项及其作用

字　母	选　项	作　用
A	色彩区域	在该区域中显示颜色范围
B	选取点	在色彩区域中单击得到的选取点即是要设置的颜色
C	当前选取颜色	显示确定的颜色
D	上次选取颜色	显示上次的颜色
E	溢色警告	当选取的颜色不是印刷颜色时会显示该图标,单击该图标颜色转换为最接近该颜色的印刷色
F	Web 颜色警告	当显示区的颜色不是网页颜色时会显示该图标,单击该图标颜色转换为最接近该颜色的网页安全颜色
G	颜色十六进制	颜色的十六进制显示
H	色谱条	单击色谱条可以改变色彩区域中的颜色范围
I	颜色色板	单击该按钮,对话框切换到印刷色(如图 4-3 所示)

通常来说,选择颜色最简单的方法是在【拾色器】对话框中,单击竖直渐变条,选择想要的基本颜色,然后在左边色彩区域中单击并拖动鼠标来选择颜色,如图 4-4 所示。

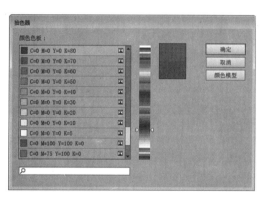

图 4-3 颜色色板

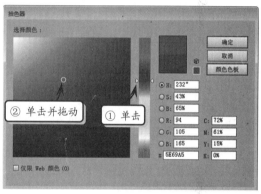

图 4-4 选择颜色

在【拾色器】对话框中,启用左下角的【仅限 Web 颜色】复选框,然后在拾色器中选取的任何颜色,都是 Web 安全颜色。这对于用于网页的图形绘制,能够更好地确定颜色,如图 4-5 所示。

4.1.2 简单填充与描边

当绘制的图形对象被选中时,通过双击【填色】色块弹出【拾色器】对话框后,选取颜色。单击【确定】按钮,即可改变图形对象的填充颜色,如图 4-6所示。

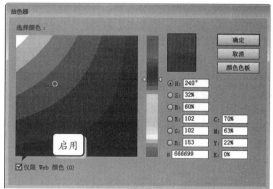

图 4-5 选取 Web 颜色

要想改变图形对象的描边颜色,首先在工具箱下方单击【描边】色块,其显示在【填色】色块上方并被启用。然后双击【描边】色块，弹出相同的【拾色器】对话框，使用上述方法选取颜色，改变描边的颜色，如图4-7所示。

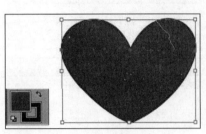

图 4-6　填充颜色

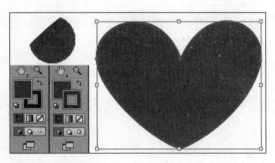

图 4-7　描边

在【填色】色块下方的三个色块，由左至右分别为【颜色】、【渐变】和【无】。当【填色】色块处于启用状态时，单击【无】色块，那么选中的图形对象则会没有填充颜色，如图4-8所示；反之当【描边】色块处于启用状态时，单击【无】色块，那么选中的图形对象则会没有描边颜色，而图形对象只显示路径，如图4-9所示。

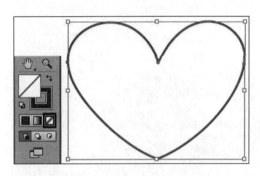

图 4-8　无填充颜色

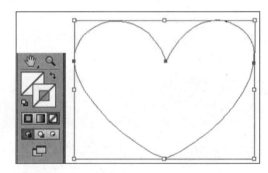

图 4-9　无描边

4.2　描边

图形对象的描边除了能够进行颜色的填充效果外，还能够对其样式进行设置。通过【描边】面板可以实现更改描边的宽度、拐角形状，以及设置线型等操作。

4.2.1　【描边】外观

【描边】面板的主要功能就是控制线条是实线还是虚线、控制虚线次序（如果是虚线）、描边粗细、描边对齐方式、斜接限制以及线条连接和线条端点的样式。描边可以应用于

整个对象，也可以使用实时上色组，并为对象内的不同边缘应用不同的描边。选择【窗口】|【描边】命令，弹出【描边】面板，如图 4-10 所示。

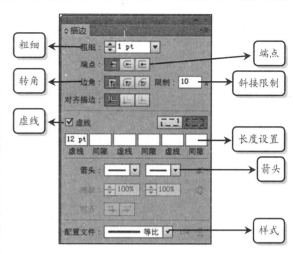

图 4-10 【描边】面板

1. 端点

【端点】面板中的【粗细】选项用来设置轮廓线的宽度，它可以设置的范围为 0.25～1000pt。【斜接限制】选项则可以设置斜角的长度，它将决定轮廓线沿路径改变方向时伸展的长度，其取值范围为 1～500 磅。而【端点】选项是用来指定轮廓线各线段的首端和尾端的形状，它有平端点、圆端点和方端点三种不同的顶角样式，其中平端点是系统默认状态，如图 4-11 所示。

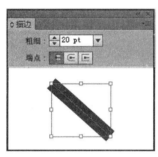
（a）平端点

（b）圆端点

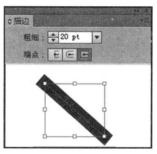
（c）方端点

图 4-11 端点效果

2. 转角

对于封闭式线条图形或者具有拐角的线条图形，【转角】选项用来指定一段轮廓的拐点，也就是轮廓线的拐角形状，它也有三种不同的拐角连接形式，依次为尖角连接、弧度连接和倾斜连接，如图 4-12 所示。

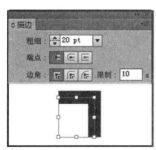
（a）尖角连接

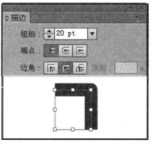
（b）弧度连接

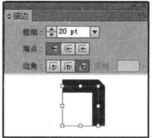
（c）倾斜连接

图 4-12 转角效果

3. 虚线

默认情况下，图形对象的轮廓线为实线。当启用【描边】面板中的【虚线】选项后，通过其下方的【虚线】和【间隔】文本框设置，可以控制虚线的线长、间隔长度。其中，文本框中的数值可以任意设置，如图 4-13 所示。

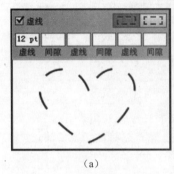
（a）

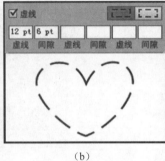
（b）

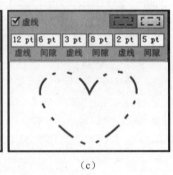
（c）

图 4-13　虚线效果

当启用【虚线】选项后，其右侧的两个功能按钮同时被启用。在默认情况下，右侧按钮被按下，使虚线与边角和路径终端对齐，并调整到适合长度；当按下左侧按钮时，保留虚线和间隙的精确长度，如图 4-14 所示。

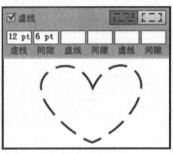

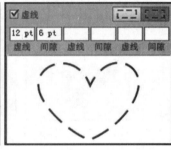

图 4-14　对齐方式

4. 箭头

【描边】面板中的【箭头】选项能够为描边添加不同的箭头效果，并且通过设置不同的子选项来编辑箭头效果。

当选中图形对象后，在【描边】面板中单击左侧的下拉列表，选择一个箭头选项，为图形对象添加路径起点箭头效果。而相对应的下方可以设置该箭头的缩放数值，其中参数范围为 1～1000，如图 4-15 所示。

当为描边设置箭头效果后，不仅能够对该箭头进行放大与缩小的设置，还可以设置箭头在描边中的对齐方式。在默认情况下，箭头的对齐方式为放置于路径终点处。当选中图形对

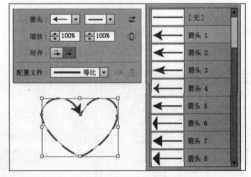

图 4-15　箭头效果

象后，单击【描边】面板的【箭头】选项组中的【将箭头提示扩展到路径终点外】按钮，即可改变箭头在描边中的展示效果，如图 4-16 所示。

4.2.2 描边样式

当选中图形对象时，除了能够在【描边】面板中设置图形对象描边的基本外观外，还可以在【控制】面板或者【描边】面板中设置描边的样式，改变描边的样式效果。首先要选中具有描边效果的图形对象，然后在【控制】面板或者【描边】面板中显示默认描边的样式效果，如图 4-17 所示。

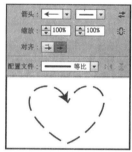

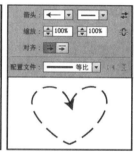

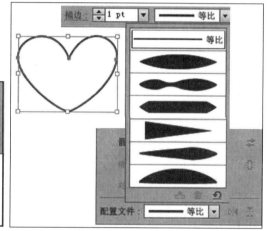

图 4-16　箭头对齐方式　　　　图 4-17　描边样式

选中图形对象，并在【描边】面板中单击【配置文件】下拉按钮，选择其中的某个样式选项，即可改变图形对象的描边样式效果，如图 4-18 所示。

而在选择描边样式的同时，在列表右侧的【纵向翻转】按钮或者是【横向翻转】按钮被启用。当单击不同的按钮后，

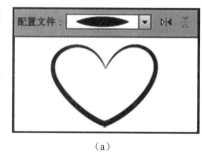

（a）

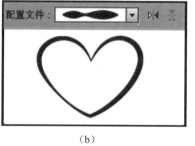

（b）

图 4-18　改变描边样式

图形对象中的描边效果会被相应地翻转，从而改变描边样式效果，如图 4-19 所示。

对于矢量图形的描边效果，不仅能够通过【描边】面板来设置，还能够通过【宽度工具】进行手动调节。在默认情况下，使用【宽度工具】改变的是矢量对象描边两侧的宽度，如图 4-20 所示；要想单独改变描边一侧的宽度，那么在选择该工具后，按住 Alt 键单击并且拖动矢量对象描边的一侧，即可改变所指向的描边边缘宽度，如图 4-21 所示。

（a） （b）

图 4-19 横向翻转效果

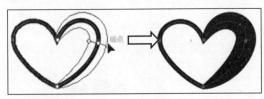 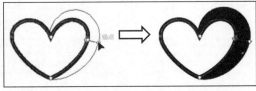

图 4-20 改变描边宽度   图 4-21 改变描边一侧宽度

4.3 单色填充

单色填充是指使用一种色彩对选定的开放路径或闭合路径对象进行着色。单色填充除了可以通过工具箱中的【填色】色块来完成外，还可以通过【颜色】面板以及【色板】面板来进行填充。

4.3.1 使用【颜色】面板

通过工具箱中的【填色】色块虽然可以更改颜色，但是在【颜色】面板中可以更加直接地改变图形中的颜色。在该面板中还可以完成颜色编辑、颜色模式转换等操作。选择【窗口】|【颜色】命令，即可打开【颜色】面板，如图 4-22 所示。在该面板中可以发现，通过面板关联菜单，能够进行不同颜色模式的设置。

> **提　示**
>
> Web 安全 RGB 模式是可用于在网上发布图片的色彩模式。如制作的图形需要在网上发布，使用该颜色，将尽量减少文件的大小，以避免影响文件的正常显示。

1. 精确设置对象颜色

在该面板中，单击【填色】或【描边】按钮，其中某一个按钮的位置位于前方时，拖动滑块可控制位于前方的按钮颜色；而拖动其中的滑块或是在参数栏中输入参数值，均可改变对应的颜色，如图 4-23 所示。

面板下方的位置是色谱条，在该区域显示的颜色上单击，可快速地实现颜色的设置。当鼠标移动到色谱条上时变为【吸管工具】，在所需的颜色上单击即可改变颜色，如图

4-24 所示。

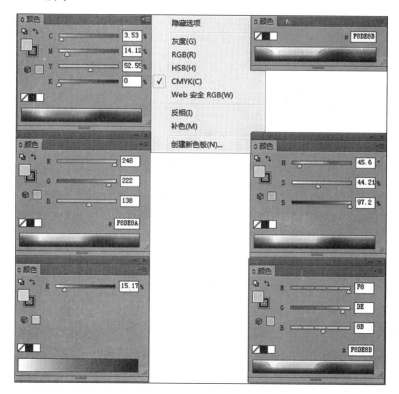

○ 图 4-22　【颜色】面板

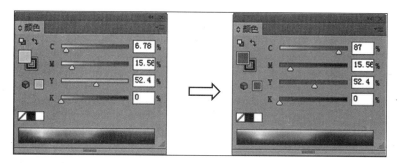

○ 图 4-23　拖动滑块改变颜色

在色谱条的上端有
三个按钮，单击左侧的
【无】按钮，可将当前的
【填色】或【描边】按钮
设置为无色填充，此时
在【无】按钮上方会出
现【最后一个颜色】按
钮，它出示了最后一次
使用的颜色，单击该按

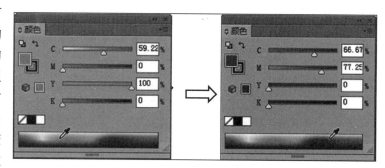

○ 图 4-24　单击色谱条改变颜色

钮，恢复原来的色彩，如图 4-25 所示。

2. 相反与补色命令

当填充一种颜色后，还可以使用【颜色】面板关联菜单中的命令来改变其颜色。方法是，选中某个填充单色后的图形对象，选择【颜色】面板关联菜单中的【相反】命令即可。这时，褐色就

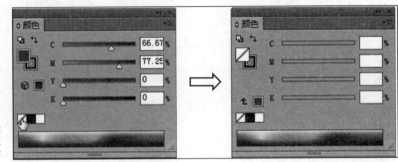

图 4-25　管理颜色填充状态

变成了其相反颜色——天蓝色，如图 4-26 所示。

如果选择的是关联菜单中的【补色】命令，那么得到的是该颜色的补色。褐色的补色为深蓝色，如图 4-27 所示。

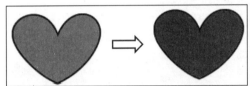

图 4-26　使用【相反】命令

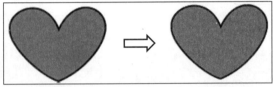

图 4-27　使用【补色】命令

4.3.2 【色板】面板

在【颜色】面板中创建新色板，颜色就会存储在【色板】面板，以方便其他图形的填充。在该面板中，不仅存储了多种颜色样本，还包括简单的渐变样本和图案样本，以适应不同的绘制需求。

1. 创建新色板

在【颜色】色板中，还可以将当前正在编辑的颜色定义为固定的样本存储在【色板】面板之中。方法是，设置颜色，选择关联菜单中的【创建新色板】命令来定义颜色的名称、模式，并继续对颜色进行调整，如图 4-28 所示。

2. 使用面板中的样本

选择【窗口】|【色板】命令，弹出

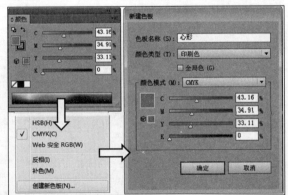

图 4-28　创建新色板

Illustrator CC 2015 中文版标准教程

【色板】面板，如图 4-29 所示。默认状态下，该面板显示一行行的样本方块，它们分别代表颜色、渐变色以及图案。这些颜色以及相应的作用如下。

（1）无色样本：启用该样本，可以将选取对象的内部或轮廓线填充为白色。

（2）颜色样本：单击面板中提供的色样样本，可对选定的对象进行不同的颜色填充和轮廓线填充。

（3）渐变和图案样本：分别用来对对象进行渐变填充和图案填充。渐变样本只对选定的对象进行填充，而图案样本不但可以对选定对象进行填充，同样可以对其轮廓线进行填充。

（4）注册样本：将会启动程序中默认的颜色，即灰度颜色。

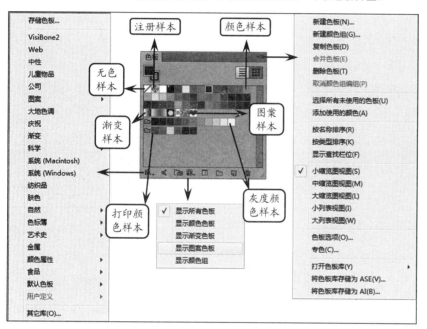

图 4-29 【色板】面板

而【色板】面板的使用方法非常简单，只要选定对象后，直接单击该面板中所需要的填充样本，即可为图形对象进行填充。

提 示

无论图形对象选中与否，只要直接拖动【色板】面板中的样本到对象上并释放鼠标，就可以实现填充效果。

3. 编辑【色板】面板

【色板】面板中的颜色样本只是样本库中的一部分，要想打开更多的颜色样本，可以单击面板底部的【色板库菜单】按钮，选择某个选项后，即可打开一个具有主题的独立色板面板，如图 4-30 所示。

而单击【色板】面板底部的【显示"色板类型"菜单】按钮，则可以在控制面板上显示样本的类别。表 4-2 讲解了各命令的名称及作用。

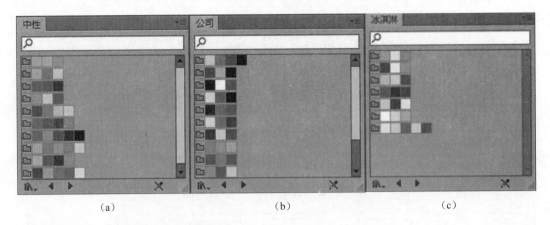

(a)　　　　　　　　　　　(b)　　　　　　　　　　　(c)

图 4-30　各种主题的色板面板

表 4-2　【显示"色板种类"菜单】中命令的名称及其作用

名　称	作　用
显示所有色板	系统的默认状态，可显示颜色、渐变、图案、颜色组，以及颜色库中曾经单击使用过的样本
显示颜色色板	只显示与颜色相关的样本
显示渐变色板	只显示与渐变相关的样本
显示图案色板	只显示与图案相关的样本
显示颜色组	显示不同颜色模式下的颜色组合

　　单击【新建颜色组】按钮，能够通过【新建色组】对话框创建新的颜色组。如图 4-31 所示，如在选中对象的前提下，打开该对话框，可将选中对象的颜色定义到颜色组中。

　　如果直接将选中的对象拖至【色板】面板中，虽然同样创建了新的样本，但是除了颜色，还将

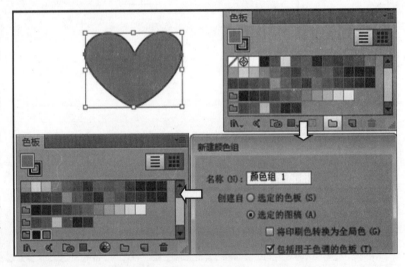

图 4-31　创建新的颜色组

对象的形状定义在【色板】面板中，如图 4-32 所示。而色板的删除，只要将该色板拖至该面板底部的【删除色板】按钮处即可。

提　示

面板底部的【新建色板】按钮是用来创建单个颜色的。方法是，选择对象后单击该按钮，即可将对象的填充效果定义为新的样本，并添加到面板中。

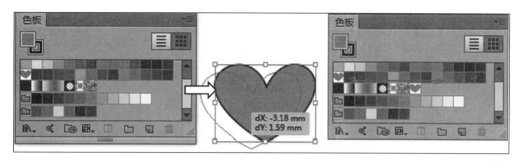

图 4-32 通过拖动对象创建色板

4.4 填充渐变色

在 Illustrator CC 2015 中，工具箱的【填色】下方及【色板】面板中，默认的均是黑白渐变，渐变颜色相对于单色填充更加具有表现力，使图形对象更有真实感。在操作过程中，通过使用专业的填充工具和设置相应面板选项，对图形对象进行渐变填充。

4.4.1 创建渐变填充

在渐变填充效果中最为简单的就是线性渐变与径向渐变，这两种不同类型的填充是通过【渐变】面板来创建与控制的，而渐变填充的创建方法同样包括多种途径。

1. 创建线性渐变

线性渐变填充是指两种或多种颜色，在同一条直线上的逐渐过渡。该颜色效果与单色填充相同，均是在工具箱底部显示默认渐变颜色色块，只要单击工具箱底部的【渐变】按钮 ，即可将单色填充对象转换为线性渐变填充效果，如图 4-33 所示。

2. 渐变面板

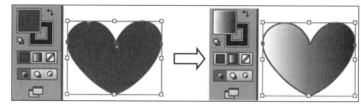

图 4-33 填充渐变效果

【色板】面板中的渐变效果只是几种固定的渐变效果，要想得到丰富的渐变样式，则需要认识【渐变】面板。选择【窗口】|【渐变】命令，弹出【渐变】面板，如图 4-34 所示。

【渐变】面板可以精确地指定渐变的起始颜色和终止颜色，还可以调整渐变的方向。该面板中各部件的作用如下。

（1）渐变显示框：显示当前的渐变状态，单击可为对象设置填充。

（2）渐变类型：可选择【线性】或【径向】选项，以控制渐变类型。

（3）渐变角度：控制线性渐变的角度，其取值范围在-32 768°～+32 767°之间。

（4）位置：精确控制渐变滑块或偏移滑块的位置。

（5）渐变指示条：显示当前设置的渐变颜色。

（6）渐变滑块：控制渐变的颜色。

（7）偏移滑块：控制两个渐变色之间的混合效果。

3.创建径向渐变

径向渐变填充从起始颜色开始以类似于圆的形式向外辐射，逐渐过渡到终止颜色而不受角度的约束。径向渐变同样可以改变它的起始颜色和终止颜色，以及渐变填充中心点的位置，从而生成不同的渐变填充效果。

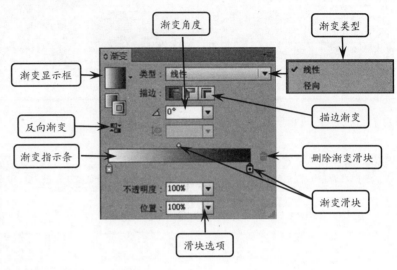

图 4-34 【渐变】面板

径向渐变可以在线性渐变的基础上创建，方法是创建线性渐变后，在【渐变】面板的【类型】下拉列表中选择【径向】选项即可，如图 4-35 所示。

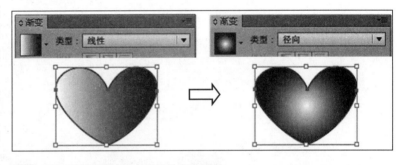

图 4-35 线性渐变转换为径向渐变

如果是从单色填充创建径向渐变，那么选中单色图形对象后，在【色标】面板中单击【径向渐变】色块，即可得到径向渐变填充效果，如图 4-36 所示

4. 创建描边渐变

描边的渐变填充与区域的渐变填充创建方法相同，同样能够创建线性渐变与径向渐变。但是与区域渐变填充不同的是，【渐变】面板中针对描边渐变添加了三个描边选项，但是不同的描边选项，同一个渐变类型能够得到不同的渐变效果。如图 4-37 所示分别为线性渐变

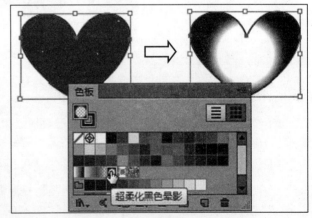

图 4-36 单色转换为径向渐变

Illustrator CC 2015 中文版标准教程

的不同描边渐变效果。

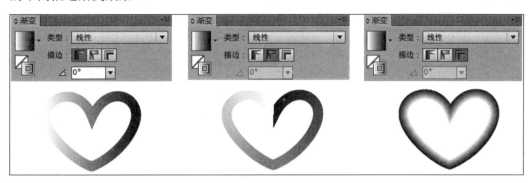

图 4-37 描边渐变效果

4.4.2 改变渐变颜色

无论是线性渐变还是径向渐变，在默认情况下创建的均为黑白渐变效果。而渐变颜色的设置主要是通过【渐变】面板与【颜色】面板相结合而完成的，其中渐变颜色除了能够设置色相和显示位置外，还可以设置其不透明度效果。

以线性渐变为例，改变渐变效果中的颜色。当创建黑白渐变并将其选中后，在【渐变】面板中单击某个【渐变滑块】后，拖动【颜色】面板中的滑块改变颜色参数值，从而改变渐变效果，如图 4-38 所示。

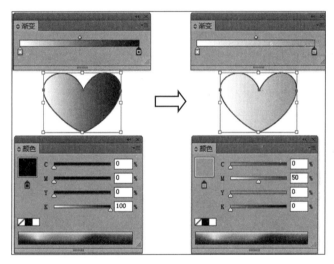

图 4-38 改变渐变颜色

第 4 章 描边与填充

提 示

当双击【渐变】面板中的渐变滑块时，会弹出一个临时面板。该面板在默认情况下以【颜色】面板显示，如果单击左侧的【色板】图标，那么该面板会以【色板】面板显示。

在改变颜色参数值的基础上，还可以在【渐变】面板中分别设置颜色的显示位置，以及渐变颜色之间的偏移效果，如图 4-39 所示。

不透明度的渐变效果需要在有背景图像的上方才能够展示，如果在白色背景中，其效果只是提高了颜色的明度。而不透明度效果的渐变颜色，则可以分别在不同的渐变滑块中设置，如图 4-40 所示。

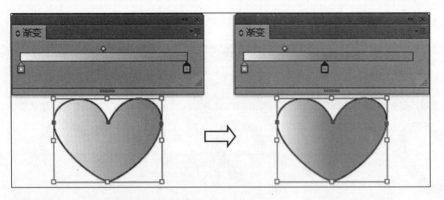

图 4-39 改变渐变颜色位置

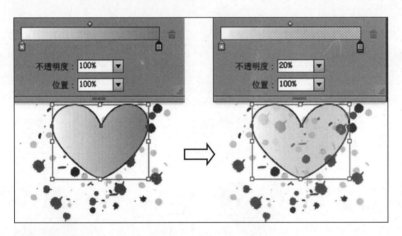

图 4-40 不透明度渐变效果

在默认情况下,线性渐变颜色是从左至右进行渐变的,【渐变】面板中的【角度】参数则为 0°。通过设置该选项的参数值,可以得到 360° 的渐变效果,如图 4-41 所示。

对于多彩色渐变填充效果,是在双色渐变基础上添加【渐变滑块】来完成的。方法是,选中双色渐变图形对象,在【渐变】面板的渐变指示条下方单击添加【渐变滑块】。然后使用上述方法

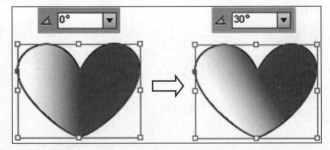

图 4-41 改变渐变角度

改变颜色参数值,即可得到多色渐变效果,如图 4-42 所示。

径向渐变与线性渐变相比,除了上述选项设置外,还可以设置渐变【长宽比】选项,

从而改变径向渐变的显示
范围,如图 4-43 所示。

【渐变】面板中的【长宽比】
选项,其参数值的范围是 0.5～
32 767。

而相对于改变【长宽
比】选项的径向渐变颜色,
【角度】选项的设置,更加
能够显示径向效果的角度变化,如图 4-44 所示。

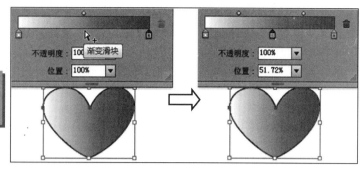

图 4-42　设置多色渐变

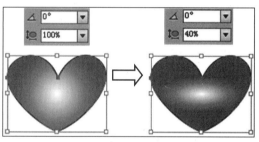

图 4-43　径向渐变的【长宽比】选项

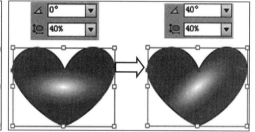

图 4-44　径向渐变的【角度】选项

当【长宽比】选项为 100 时,【角度】选项无论为任何参数值,均不会有任何效果。

4.4.3　调整渐变效果

除了使用【渐变】面板对渐变颜色进行编辑外,还可以通过其他方法更改或调整图形对象的渐变属性。特别是使用【渐变工具】能够灵活地改变渐变效果的显示方向、偏移效果以及颜色参数值的设置等。

1. 使用【渐变工具】调整渐变效果

【渐变工具】■可以改变对象的颜色渐变方向,以及各种颜色之间过渡的程度。使用【渐变工具】■在待渐变效果对象内任意位置单击,可改变径向渐变的中心位置,如图 4-45 所示。

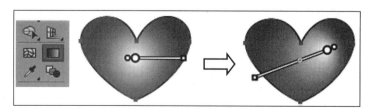

图 4-45　改变径向渐变的中心位置

如果在渐变对象范围之外单击，可使渐变的中心位置颜色和外围渐变颜色挤压混合在一起，需要注意的是，该方法只适用于径向渐变，如图4-46所示。

使用【渐变工具】█在渐变对象上单击并拖动鼠标，可改变渐变色的方向、范围等属性，拖动的方向、位置、长短则决定了最终渐变的效果，如图4-47所示。

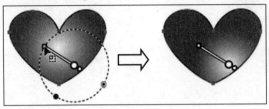 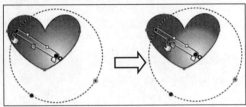

◐ 图4-46 拖拉径向渐变　　　◐ 图4-47 改变渐变属性

如果选中多个渐变对象，使用【渐变工具】█可同时在选中的图形对象中填充一个渐变效果。而在使用【渐变工具】更改渐变填充颜色的方向时，拖动鼠标的同时按下Shift键，可约束选定的对象以固定的45°为比例应用渐变填充，如图4-48所示。

2. 使用【吸管工具】调整渐变效果

【吸管工具】✐可以为对象吸取视图中已有的渐变颜色，并添加到其他图形对象中。方法是，选中带渐变的对象，使用【吸管工具】✐在其他渐变对象上单击即可，如图4-49所示。

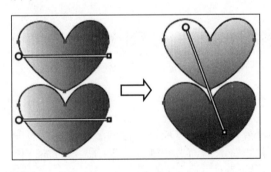 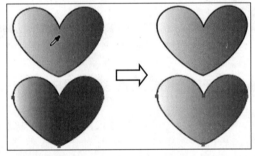

◐ 图4-48 在多个对象中使用同一个渐变颜色　◐ 图4-49 填充相同渐变颜色

当选中渐变颜色的图形对象时，工具箱中的【填色】色块为渐变颜色。这时如果按住Alt键，使用【吸管工具】✐单击画板中未选中的图形对象，那么可以将选中对象的渐变效果添加到其他未被选中的对象中，如图4-50所示。

4.4.4　网格渐变填充

网格渐变填充是为对象添加的一种

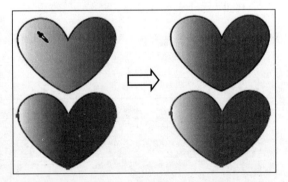

◐ 图4-50 为未选中的图形填充相同渐变颜色

填充方式，它使用【网格工具】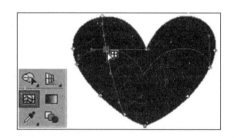来为对象创建特殊的渐变填充效果，它能够从一种颜色平滑地过渡到另一种颜色，使对象产生多种颜色混合的效果。

1. 为对象添加网格渐变效果

使用工具箱中的【网格工具】，或执行【对象】|【创建渐变网格】命令都可以创建网格填充对象。使用【网格工具】，直接在对象上单击，可创建出网格，如图4-51所示。

保持添加的网格点为选中状态，在【颜色】面板中设置颜色，即可实现渐变效果，如图4-52所示。

图 4-51   添加网格点

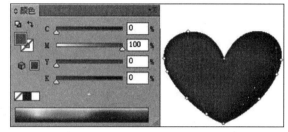

图 4-52   改变网格点颜色

继续使用【网格工具】，在图形对象中单击，可将带有颜色属性的网格快速添加到对象中。然后继续使用【颜色】面板改变网格点中的颜色，如图4-53所示。

选择【对象】|【创建渐变网格】命令，通过【创建渐变网格】对话框，可以控制网格的数量、渐变的方式等内容，各选项解释如下所示。

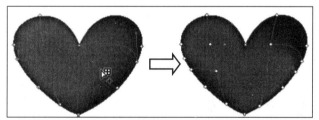

图 4-53   继续添加网格点

（1）行数：用来控制水平方向网格线的数量。

（2）列数：用来控制垂直方向网格线的数量。

（3）外观：包括【平淡色】、【至中心】、【至边缘】子选项，用来控制网格渐变的方式。

（4）高光：用于控制高光区所占选定对象的比例，它可设置的参数值在 0%～100% 之间，参数值越大，高光区所占对象的比例就越大。

不同的选项设置可以产生不同的渐变网格效果。该对话框与【网格工具】相比，可创建出渐变位置较为精确的渐变网格。而使用【创建渐变网格】命令为对象添加渐变网格填充后，不能再使用该命令对渐变效果进行调整，如图4-54所示。

除了配合 Shift 键选中多个网格点以调整其颜色以外，还可以直接使用【直接选择】单击选中一个或多个网格面片，然后通过【填色】按钮、【吸管工具】、【颜色】或者【色板】面板调整颜色，如图4-55所示。

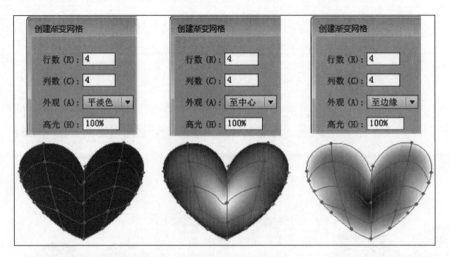

图 4-54　使用命令创建网格渐变

2. 编辑网格渐变填充

当创建了一个网格渐变填充
对象后，还可以通过调整对象中
的网格或网格线来进一步编辑该
对象，以使其颜色过渡更为自然。

1）增加网格线

无论该网格渐变对象是使用
【网格工具】🔲还是【创建网格渐
变】命令创建的，均可以使用【网
格工具】🔲在网格渐变对象上增

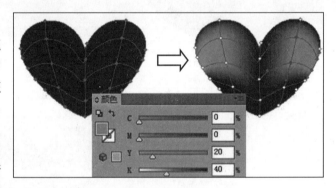

图 4-55　改变网格面片颜色

加网格线。在网格面片的锚点处单击，改变锚点的渐变色，然后在其他网格线上单击，
可增加一条网格线和具有渐变效果的锚点，如图 4-56 所示；如果改变锚点的渐变色后，
在网格面片的空白处单击，可增加纵向和横向两条网格线，添加的锚点同样填充了渐变
效果，如图 4-57 所示。

图 4-56　添加一条网格线

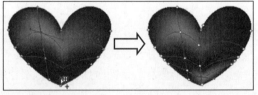

图 4-57　添加两条网格线

2）移动网格

使用【网格工具】🔲或【直接选择工具】▶单击并拖动网格面片，可移动其位置；
使用【直接选择工具】▶拖动网格单元，可调整区域位置。同时，按下 Shift 键，使用
【直接选择工具】▶选中多个网格点并拖动鼠标，可同时移动选中的网格点，颜色变化

效果如图 4-58 所示。

3）调整网格线

使用【直接选择工具】[image]选中网格点后，可拖动四周的调节杆，调整控制线的形状，以影响渐变色，如图 4-59 所示。

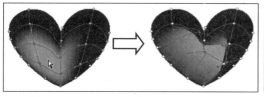

图 4-58　移动网格效果

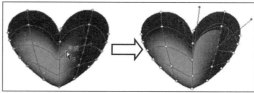

图 4-59　改变网格线弧度效果

提　示

无论是移动网格线或改变网格线弧度，移动的同时，渐变位置也会随之移动。

4.5　填充图案

图形对象不仅可以填充单色与渐变效果，还可以填充图案效果。通过【色板】能够填充预设图案，也可以自定义现有图案及设计图案，还可以根据【图案选项】面板中的选项制作出无缝拼贴。

4.5.1　填充预设图案

在【色板】面板中，除了单色填充效果外，还包括个别图案选项。图案填充的方式与单色填充方式相同，均是选中图形对象后，单击【色板】面板中的图案色块，即可将该图案填充至选中图形对象中，如图 4-60 所示。

单击【色板】面板底部的【"色板库"菜单】按钮[image]，在弹出的关联菜单的【图案】命令中，包括【自然图形】、【自然】和【装饰】子命令，并且在相应的子命令中还包括不同的分类，如图 4-61 所示。

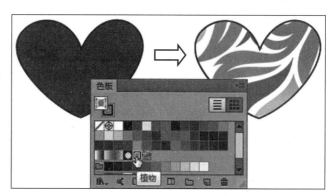

图 4-60　填充图案

如果直接将预设图案从面板中拖至图形对象中，或者选中图形对象后，单击面板中的图案色块，那么该图形对象就会被该图案填充。同时，【色板】面板中会添加被填充的图案，如图 4-62 所示。

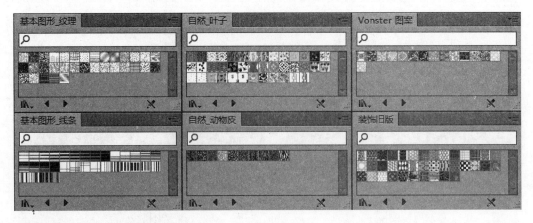

图 4-61　预设图案面板显示

4.5.2　创建图案色板

　　虽然在预设图案面板中包含多种不同主题的图案，但是未必符合绘图效果，这时就可以自定义图案。自定义图案包括两种方式，一种是从外部打开现有的图形对象，将其选中后，执行【对象】|【图案】|【建立】命令。在弹出的 Adobe Illustrator 对话框中单击【确定】按钮，然后在【图案选项】对话框中输入【名称】，单击【完成】按钮即可在【色板】面板中添加图案，如图 4-63 所示。

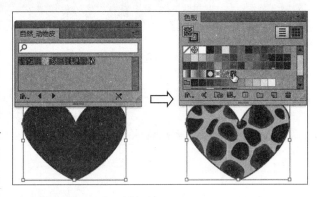

图 4-62　填充预设图案

图 4-63　自定义现有图形为图案

　　【图案选项】面板中的所有选项并不是能够同时设置的，而是通过不同的拼贴类型显示相应的设置选项，如图 4-64 所示。这些选项及相应的作用如下。

（1）名称：该选项用来设置图案的名称。

（2）拼贴类型：选择该选项下拉列表中的不同子选项，显示相应的拼贴效果，如图 4-65 所示。

（3）砖形位移：当选择砖形拼贴的类型后，该选项被启用。在该选项下拉列表中可以选择不同的位移参数，例如 1/4、1/3、1/2、2/3、3/4、1/5、2/5、3/5、4/5，如图 4-66 所示。

（4）宽度与高度：默认情况下，该选项参数值为图案图形的尺寸。通过设置该选项参数值，能够控制拼贴效果中的图案显示范围，如图 4-67 所示。

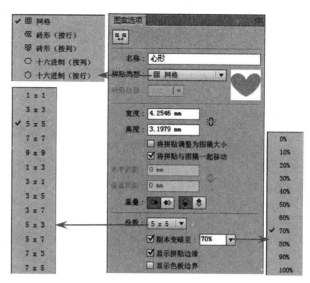

🔵 图 4-64　【图案选项】面板

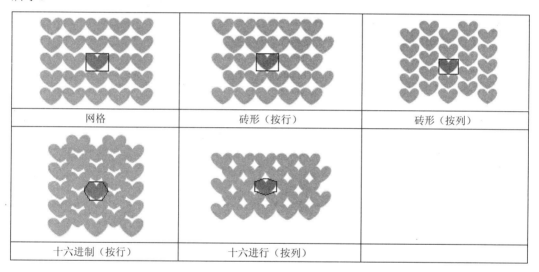

网格	砖形（按行）	砖形（按列）
十六进制（按行）	十六进行（按列）	

🔵 图 4-65　拼贴类型

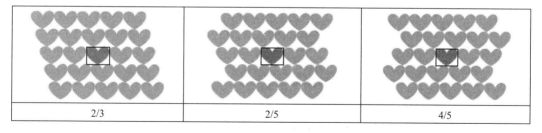

2/3	2/5	4/5

🔵 图 4-66　不同砖形位移效果

（5）将拼贴调整为图稿大小：若启用该选项，则【宽度】与【高度】选项被禁用，而【水平间距】与【垂直间距】选项被启用。

（6）将拼贴与图稿一起移动：若启用该选项，拼贴效果与图稿同时移动。

（7）水平间距与垂直间距：该选项用来设置图案之间的相隔距离，如图 4-68 所示。单击选项后方的【保持间距比例】按钮，能够设置相同的间距效果。

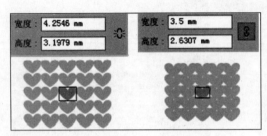

图 4-67 不同显示范围　　　　　　图 4-68 不同间距效果

（8）重叠：当设置的拼贴图案相重叠时，可以通过单击不同的功能按钮来实现相应的重叠效果，如图 4-69 所示。当然 4 种重叠方式可以任意组合。

（9）份数：该选项用来设置重复数量。在下拉列表中能够选择不同选项设置，从而得到不同重复效果显示。而在该选项下方还包括辅助【份数】选项的子选项，启用或禁用会影响拼贴显示效果，如图 4-70 所示。

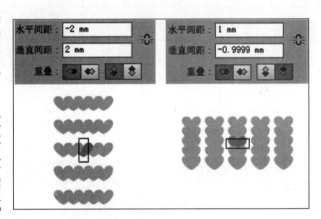

图 4-69 不同的重叠效果

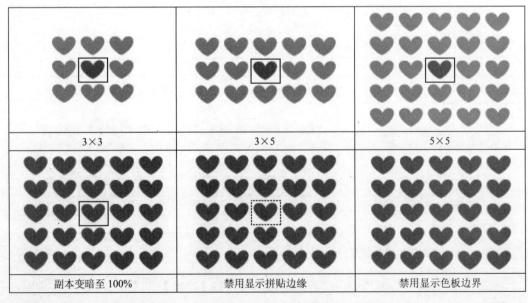

3×3	3×5	5×5
副本变暗至 100%	禁用显示拼贴边缘	禁用显示色板边界

图 4-70 不同显示效果

自定义图案的另外一种方式，是通过绘制图形对象进行图案定义。方法是，使用绘制工具绘制想要的图形对象，选中图形对象后直接拖入【色板】面板中，即可在【色板】面板中添加图案，如图 4-71 所示。

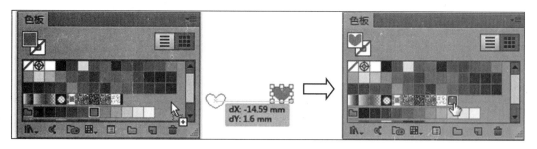

图 4-71　在【色板】面板添加图案

对于没有保留原图形对象的自定义图案，或者是没有原图形的预设图案，可以通过编辑图案得到新的图案效果。方法是，当确保画板没有选中任何对象时，将【色板】面板中要编辑的图案拖至画板中，如图 4-72 所示。

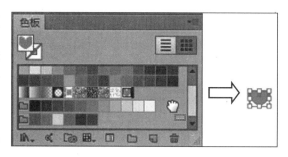

然后执行【对象】|【取消编组】命令（快捷键为 Ctrl+Shift+G），将其解组进行调整。完成后按照自定义图案的方法重新定义图案，如图 4-73 所示。

图 4-72　导出图案对象

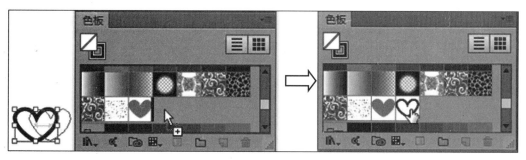

图 4-73　重新定义图案

4.6　实时上色

实时上色是一种创建彩色图画的直观方法。通过这种方法，可以使用 Illustrator 的所有矢量绘画工具，并且将绘制的全部路径视为在同一平面上，没有任何路径位于其他路径之后或之前。路径将绘画平面分割成几个区域，可以对其中的任何区域进行着色，同在铅笔稿上上色相似，如图 4-74 所示。

4.6.1 创建实时上色组

通过将对象转换为实时上色组，可以对其进行着色处理，就像对画布或纸上的绘画进行着色一样。在实时上色过程中，虽然可以有路径的交叉，在不同的区域中进行上色，但是区域上色与边缘上色的方法不同。

1. 关于实时上色组

实时上色组中可以上色的部分称为边缘和表面。边缘是一条路径与其他路径交叉后，处于交点之间的路径部分；表面是一条边缘或多条边缘所围成的区域，如图 4-75 所示。

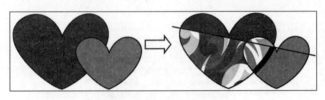

图 4-74　图形实时上色前后对比

图 4-75　实时上色边缘与表面

填色和上色属性附属于实时上色组的表面和边缘，而不属于定义这些表面和边缘的实际路径，在其他 Illustrator 对象中也是这样。因此，某些功能和命令对实时上色组中的路径或者作用方式有所不同，或者是不适用。

适用于整个实时上色组（而不是单个表面和边缘）的功能和命令如下。

（1）透明度；

（2）效果；

（3）【外观】面板中的多种填充和描边；

（4）对象中的封套扭曲；

（5）【对象】|【隐藏】命令；

（6）【对象】|【栅格化】命令；

（7）【对象】|【切片】|【建立】命令；

（8）建立不透明蒙版命令；

（9）画笔（如果使用【外观】面板将新描边添加到实时上色组中，则可以将画笔应用于整个组）。

不适用于实时上色组的功能如下。

（1）渐变网格；

（2）图表；

（3）【符号】面板中的符号；

（4）光晕；

（5）【描边】面板中的【对齐描边】选项；

（6）魔棒工具。

不适用于实时上色组的对象命令如下。

（1）轮廓化描边；

（2）扩展（可以改用【对象】|【实时上色】|【扩展】命令）；

（3）混合；

（4）切片；

（5）【剪切蒙版】|【建立】命令；

（6）创建渐变网格。

2．图形对象的实时上色

图形对象的实时上色，并不是直接使用【实时上色工具】 就可以进行操作的，还
需要建立实时上色组。方法是，选中一个或多个对象，执行【对象】|【实时上色】|【建立】命令或按快捷键 Ctrl+Alt+X，将对象创建为实时上色组，如图 4-76 所示。

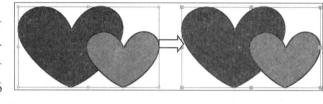

图 4-76　图形对象转换为实时上色组

这时选择【实时上色工具】 ，并且设置工具箱中【填色】颜色值，即可在其中任意一个区域内单击填色，并且发现颜色的填充是根据路径的交叉来进行的，如图 4-77 所示。

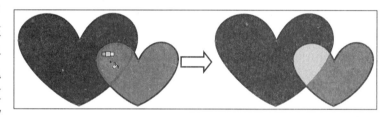

图 4-77　使用【实时上色工具】进行填充

提　示

在图形区域内部，除了能够填充单色外，还可以填充图案，只要【填色】色块中设置为图案即可。

3．为边缘实时上色

当图形对象转换为实时上色组后，使用【实时上色工具】 并不能为图形对象的边
缘设置描边颜色。这时选择【实时上色选择工具】 ，单击实时上色组中的某段路径将
其选中，即可在【控制】面板中，设置描边的【颜色】与【描边粗细】选项，如图 4-78
所示。

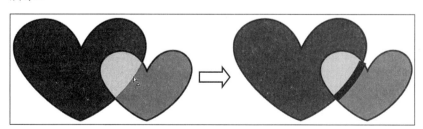

图 4-78　设置边缘颜色

4.6.2 编辑实时上色组

建立实时上色组后，每条路径都会保持完全可编辑，并且可以继续对填充属性进行调整。

1. 在实时上色组中调整路径

要想改变实时上色组中的路径位置，只要选择【直接选择工具】，选中某个锚点或者路径，改变其位置即可，如图 4-79 所示。

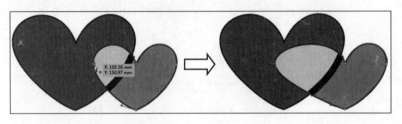

图 4-79 改变锚点位置

如果要删除实时上色组中的某段路径，同样选择【直接选择工具】。单击该路径中间的锚点，按 Delete 键即可。同时发现填充效果被合并，如图 4-80 所示。

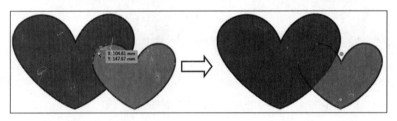

图 4-80 删除路径

要是在实时上色组中添加路径，同时选中该线条对象与实时上色组对象后，单击【控制】面板中的【合并实时上色】按钮 合并实时上色，即可将普通图形对象添加至实时上色组中，如图 4-81 所示。

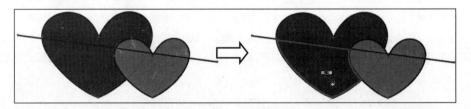

图 4-81 添加路径

2. 扩展和释放实时上色

【释放】和【扩展】命令可将实时上色组转换为普通路径。选择实时上色组后执行【对象】|【实时上色】|【释放】命令，可转换为对象的原始形状，所有内部填充被取消，只保留轮廓宽度为 1px 的黑色描边，如图 4-82 所示。

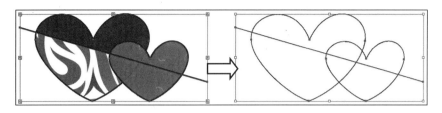

图 4-82 释放实时上色组

当执行【对象】|【实时上色】|【扩展】命令后，可将每个实时上色组的表面和轮廓转换为独立的图形，并划分为两个编组对象，所有表面为一个编组。解散编组后即可查看各个单独的对象，如图 4-83 所示。

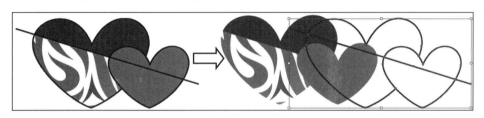

图 4-83 扩展实时上色组

3．封闭实时上色组中的间隙

单击【控制】面板中的【间隙选项】按钮，通过【间隙选项】对话框，可以检测并封闭间隙。

（1）间隙检测：选择此选项时，Illustrator 将识别实时上色路径中的间隙，并防止颜料通过这些间隙渗漏到外部。在处理较大且非常复杂的实时上色组时，可能会使 Illustrator 的运行速度变慢。在这种情况下，可以选择【用路径封闭间隙】选项，帮助加快 Illustrator 的运行速度。

（2）上色停止在：设置颜色不能渗入的间隙的大小。

（3）自定：指定一个自定的【上色停止在】间隙大小。

（4）间隙预览颜色：设置在实时上色组中预览间隙的颜色。可以从菜单中选择颜色，也可以单击色块来指定自定颜色。

（5）用路径封闭间隙：将在实时上色组中插入未上色的路径以封闭间隙。由于这些路径没有上色，即使已封闭了间隙，也可能会显示仍然存在间隙。

（6）预览：将当前实时上色组中检测到的间隙显示为彩色线条，所用颜色根据选定的预览颜色而定。

通过执行【视图】|【显示实时上色间隙】命令，可以根据当前所选实时上色组中设置的间隙选项，突出显示在该组中发现的间隙。

4.7 【画笔工具】的应用

使用【画笔工具】可以创建出带有不同轮廓填充风格的路径效果，使用【画笔】

面板可以对这些路径进行编辑和管理。

4.7.1 画笔工具

画笔可以绘制具有不同风格的路径，也可以将画笔描边应用于现有的路径。如图4-84所示为选择【画笔工具】，在画板中自由地绘制带手绘风格的路径效果。

　　图 4-84　使用画笔

【斑点画笔工具】也可以在画板中自由地绘制，但得到的是填充效果，而【画笔工具】得到的是路径线条，如图 4-85 所示。其中，【斑点画笔工具】使用与书法画笔相同的默认画笔选项。

当画板中存在同时具有描边与填充效果的图形对象时，使用【斑点画笔工具】绘制图形，得到的仅是具有填充效果的图形，如图4-86所示。

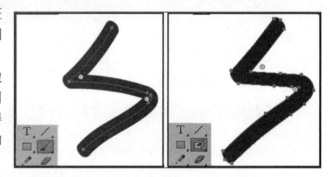

　　图 4-85　不同画笔效果

当面板中存在只有填充而没有描边效果的图形对象时，选择【斑点画笔工具】后，使用相同颜色绘制图形。这样不仅能够得到具有填充效果的图形，当两者重叠时，还能够合并为一个图形对象，如图 4-87 所示。

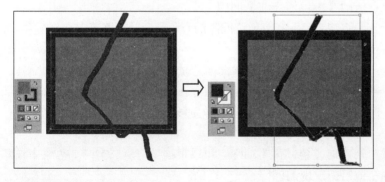

　　图 4-86　填充效果

提 示

【斑点画笔工具】绘制的图形可以与具有复杂外观的图形对象进行合并，条件是，图形对象没有描边并且斑点画笔设置为在绘制时使用完全相同的填充和外观设置。

4.7.2 画笔面板

双击【画笔工具】 ，通过【画笔工具选项】对话框可以控制画笔的绘制效果，如图 4-88 所示。

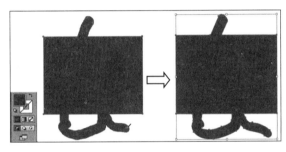

图 4-87　合并其他图形　　　　　　　图 4-88　【画笔工具选项】面板

（1）保真度：保真度控制工具的平滑量，范围在精确与平滑之间。保真度越精确，复杂程度越高，会添加锚点；保真度越平滑，复杂程度越小。

（2）填充新画笔描边：将填色应用于路径，该选项在绘制封闭路径时最有用。

（3）保持选定：确定绘制出一条路径后，Illustrator 是否将该路径保持选定。

（4）编辑所选路径：确定是否可以使用【画笔工具】 改变一条现有路径。

（5）范围：控制鼠标或光笔与现有路径相距多大距离之内，才能使用【画笔工具】 来编辑路径。此选项仅在选择了【编辑所选路径】选项时可用。

使用【画笔工具】 只是能够绘制出线条图形对象，而使用【画笔】面板才可以改变画笔描边的效果。在面板中单击一种样本选项，即可为选中的路径添加对应的画笔效果，如图 4-89 所示。

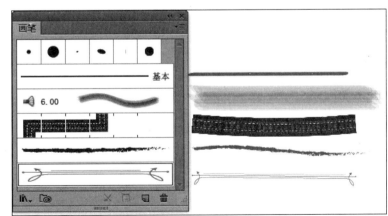

图 4-89　画笔样式

使用【画笔】面板底部的按钮可以对画笔效果进行管理。

（1）画笔库菜单：单击该按钮，选择相应的菜单命令，可以将画笔库中更多的画笔效果载入。

（2）移去画笔描边：将路径的画笔描边效果去除，恢复路径原先的颜色和轮廓宽度。

（3）所选对象的选项：选中绘制的画笔，单击该按钮，通过打开对应的对话框，可控制画笔的大小、变化角度等选项。该对话框与【书法/图案/艺术/散点画笔选项】对话框相似，不同画笔选项的设置内容，将在"画笔类型"小节中详述。

（4）新建画笔：可创建出不同类型的新画笔，具体的操作内容，将在"新建画笔和斑点工具"小节中详述。

单击【画笔】面板右上角的三角按钮，通过面板菜单可以控制面板的显示状态，以及实现对画笔的复制、删除等操作。

（1）新建画笔：新建画笔样本，与【新建画笔】按钮功能相同。

（2）复制画笔：复制面板中的画笔。

（3）删除画笔：删除面板中的画笔。

（4）移去画笔描边：去除已添加的画笔描边。

（5）选择所有未使用的画笔：可选择面板中未使用的画笔样本。

（6）显示书法画笔：只显示书法画笔。

（7）显示散点画笔：只显示散点画笔。

（8）显示图案画笔：只显示图案画笔。

（9）显示艺术画笔：只显示艺术画笔。

（10）缩览图视图：以缩览图的形式查看面板。

（11）列表视图：以列表的形式查看面板。

（12）所选对象的选项：打开所选画笔的设置对话框，控制画笔效果。

（13）画笔选项：控制当前所选类型的画笔效果。

（14）打开画笔库：可选择众多的画笔预设。

（15）存储画笔库：将当前的画笔库存储，以便下次使用。

4.7.3 画笔类型

Illustrator 中包含 5 种画笔类型：书法画笔、图案画笔、艺术画笔、散点画笔和毛刷画笔，针对每一种画笔类型都可以进行细致的控制。

1. 书法画笔

默认情况下，在【画笔】面板中包括 6 种书法画笔样本，使用这些样本可以创建出不同效果的画笔，如图 4-90 所示。

在面板中双击任意书法画笔，弹出【书法画笔选项】对话框。在该对话框中能够对画笔样本的角度、大小和圆度进行编辑，如图 4-91 所示。

其中，【书法画笔选项】对话框中的各个选项以及作用如下。

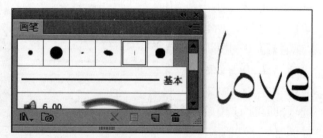

图 4-90 书法画笔

Illustrator CC 2015 中文版标准教程

（1）名称：定义画笔的名称。

（2）角度：决定画笔旋转的角度。可拖移预览区中的箭头，控制角度变化。

（3）圆度：决定画笔的圆度。将预览中的黑点朝向或背离中心方向拖移，【圆度】参数值越大，圆度就越大。

（4）大小：决定画笔的直径。

可通过每个选项的弹出列表来控制画笔形状的变化，各选项的作用如下。

（1）固定：创建具有固定角度、圆度或直径的画笔。

（2）随机：创建角度、圆度或大小含有随机变量的画笔。在【变量】文本框中输入一个值，来指定画笔特征的变化范围。

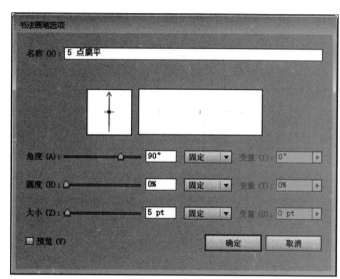

图 4-91 【书法画笔选项】对话框

（3）压力：当有绘图板时，才能使用该选项。根据绘图光笔的压力，创建不同角度、圆度或大小的画笔。此选项与【直径】选项一起使用非常有用。控制【变量】参数变化，可指定画笔特性将在原始值的基础上有多大变化。

（4）光笔轮：当具有可以检测钢笔倾斜方向的绘图板时，才能使用。根据光笔轮的操纵情况，创建具有不同直径的画笔。

（5）倾斜：当具有可以检测钢笔倾斜方向的绘图板时，才能使用。根据绘图光笔的倾斜角度，创建不同角度、圆度或大小的画笔。此选项与【圆度】一起使用非常有用。

（6）方位：当具有可以检测钢笔垂直程度的图形输入板时，才能使用。根据绘图光笔的压力，创建不同角度、圆度或大小的画笔。此选项对于控制书法画笔的角度（特别是在使用像笔刷一样的画笔时）非常有用。

（7）旋转：当具有可以检测这种旋转类型的图形输入板时，才能使用。根据绘图光笔尖的旋转角度，创建不同角度、圆度或大小的画笔。此选项对于控制书法画笔的角度（特别是在使用像平头画笔一样的画笔时）非常有用。

2．图案画笔

图案画笔是绘制图案状画笔，该图案由沿路径重复的各个拼贴组成。双击任意图案画笔，弹出【图案画笔选项】对话框，如图4-92所示。

其中，【图案画笔选项】对话框中的各个选项以及作用如下。

（1）设置图案样式：在对话框的左上端共有5个窗口，从左到右依次显示图案画笔样本的边线、外角、内角、开始和末端图案。可将不同的图案应用于线条的不同部分。对于要定义的拼贴，单击【拼贴】按钮，并从滚动列表中选择一个图案色板。重复此操作，以根据需要把图案色板应用于其他拼贴。如果用户需要恢复原来的样本图案，选择【原稿】；若选择【无】选项，选择的图案窗口将不显示图案。

（2）缩放：用来指定路径中图案样本各部分的缩放比例，它可设置的参数值在 1%～10000% 之间。

（3）间距：该选项用来控制图案样本中各部分之间的距离。

（4）横向翻转或纵向翻转：改变图案相对于线条的方向。

（5）适合：决定图案适合线条的方式。使用【伸展以适合】可延长或缩短图案，以适合对象。该选项会生成不均匀的拼贴。【添加间距以适合】会在每个图案拼贴之间添加空白，将图案按比例应用于路径。【近似路径】会在不改变拼贴

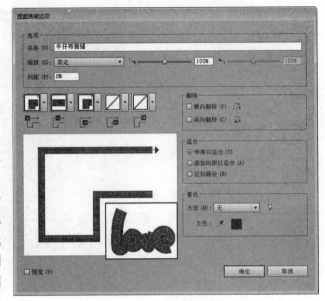

图 4-92　【图案画笔选项】对话框

的情况下使拼贴适合于最近似的路径。该选项所应用的图案，会向路径内侧或外侧移动，以保持均匀的拼贴，而不是将中心落在路径上。

3．艺术画笔

艺术画笔是沿路径长度均匀拉伸画笔形状或对象形状，双击任意【艺术画笔】样本，弹出【艺术画笔选项】对话框，如图 4-93 所示。

【艺术画笔选项】对话框中的各个选项以及作用如下。

（1）方向：决定图稿相对于线条的方向。单击箭头以设置方向。单击向左箭头，将描边端点放在图稿左侧；单击向右箭头，将描边端点放在图稿右侧；单击向上箭头，将描边端点放在图稿顶部；单击向下箭头，将描边端点放在图稿底部。

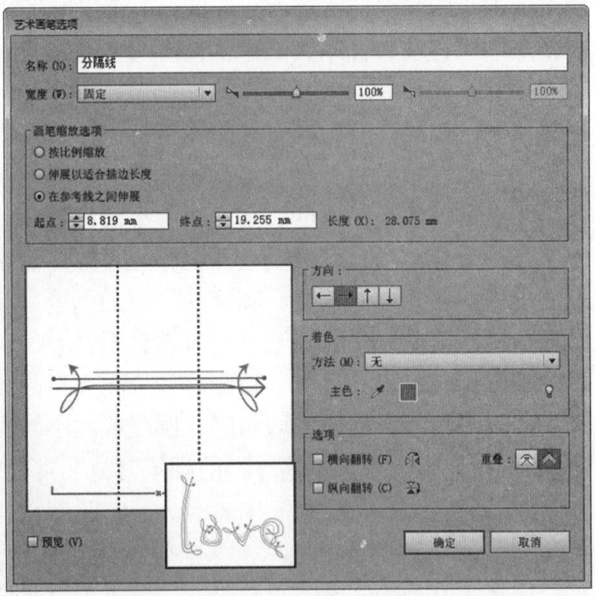

（2）宽度：相对于原宽度调整图稿的宽度。

图 4-93　【艺术画笔选项】对话框

（3）比例：在缩放图稿时保留比例。

（4）横向翻转或纵向翻转：改变图稿相对于线条的方向。

4．散点画笔

散点画笔是将设定好的图案沿路径分布，双击任意【散点画笔】样本，弹出【散点画笔选项】对话框，如图4-94所示。

【散点画笔选项】对话框中的各个选项以及作用如下，部分选项与【书法画笔选项】对话框中的作用相同。

（1）大小：该选项用来控制对象大小。

（2）间距：用来控制对象的间距。

（3）分布：用来控制路径两侧对象与路径之间的接近程度。数值越大，对象距路径越远。

（4）旋转：用来控制对象的旋转角度。

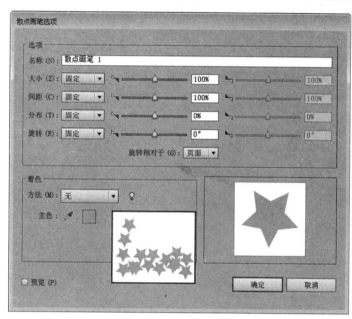

● 图4-94　【散点画笔选项】对话框

（5）旋转相对于：设置散布对象相对页面或路径的旋转角度。选择【页面】选项，当 0°旋转时，则对象将指向页面的顶部；选择【路径】选项，当选择 0°旋转时，则对象将与路径相切。

5．毛刷画笔

毛刷画笔可创建具有自然毛刷画笔所画外观的描边。使用该画笔样式，可以创建自然、流畅的画笔描边，模拟使用真实画笔和纸张绘制的效果。双击任意毛刷画笔样式，弹出【毛刷画笔选项】对话框，如图4-95所示。

【毛刷画笔选项】对话框中的各个选项以及作用如下。

（1）名称：毛刷画笔的名称。画笔名称的最大长度可以为 31 个字符。

（2）形状：从十个不同画笔模型中选择，这些模型提供了不同的绘制体验和毛刷画笔路径的外观。

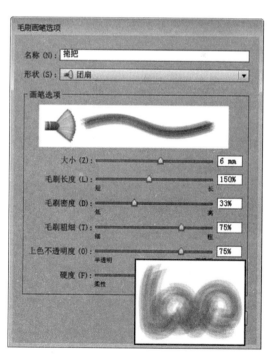

● 图4-95　【毛刷画笔选项】对话框

（3）大小：画笔大小指画笔的直径。如同物理介质画笔，毛刷画笔直径从毛刷的笔端（金属裹边处）开始计算。使用滑块或在变量文本框中输入大小指定画笔大小。范围可以从 1～10 mm。

（4）毛刷长度：毛刷长度是从画笔与笔杆的接触点到毛刷尖的长度。与其他毛刷画笔选项类似，可以通过拖移【毛刷长度】滑块或在文本框中指定具体的值（25%～300%）来指定毛刷的长度。

（5）毛刷密度：毛刷密度是在毛刷颈部的指定区域中的毛刷数。可以使用与其他毛刷画笔选项相同的方式来设置此属性。范围在 1%～100% 之间，并基于画笔大小和画笔长度计算。

（6）毛刷粗细：毛刷粗细可以从精细到粗糙（从 1%～100%）。如同其他毛刷画笔设置，通过拖移滑块，或在文本框中指定厚度值，设置毛刷的厚度。

（7）上色不透明度：通过此选项，可以设置所使用的画图的不透明度。画图的不透明度可以是 1%（半透明）～100%（不透明）。指定的不透明度值是画笔中使用的最大不透明度。

（8）硬度：硬度表示毛刷的坚硬度。如果设置较低的毛刷硬度值，毛刷会很轻便。设置一个较高值时，它们会变得更加坚硬。毛刷硬度范围在 1%～100% 之间。

6. 画笔选项

散点画笔、艺术画笔或图案画笔所绘制的颜色取决于当前的描边颜色和画笔的着色处理方法。各【画笔选项】对话框中着色选项组选项的作用如下。

（1）无：显示【画笔】面板中画笔的颜色。选择【无】时，可使画笔与【画笔】面板中的颜色保持一致。

（2）淡色：以浅淡的描边颜色显示画笔描边，图稿的黑色部分会变为描边颜色，不是黑色的部分则会变为浅淡的描边颜色，白色依旧为白色。如果使用专色作为描边，选择【淡色】则生成专色的浅淡颜色。

（3）淡色和暗色：以描边颜色的淡色和暗色显示画笔描边。【淡色和暗色】会保留黑色和白色，而黑白之间的所有颜色则会变成描边颜色从黑色到白色的混合。当【淡色与暗色】与专色一起使用时，由于添加了黑色，可能无法印刷到单一印版。

（4）色相转换：使用画笔图稿中的主色，如【主色】框中所示（默认情况下，主色是图稿中最突出的颜色）。画笔图稿中使用主色的每个部分都会变成描边颜色。画笔图稿中的其他颜色，则会变为与描边色相关的颜色。【色相转换】会保留黑色、白色和灰色。为使用多种颜色的画笔选择【色相转换】。若要改变主色，需单击【主色】吸管，将吸管移至对话框中的预览图，然后单击要作为主色使用的颜色。

（5）提示：单击该按钮，用户可以得到一些着色的相关帮助信息。

4.7.4 新建画笔和斑点工具

虽然【画笔】面板中的主题画笔样式多种多样，但是还是可以根据自己的需要来自定义新的书法画笔、散点画笔、艺术画笔或者图案画笔。如果要自定义散点画笔和艺术画笔,则必须先选中或创建一个图形。

方法是,在画板中选择一个可以创建为画笔的图形对象,单击【画笔】面板底部的【新建画笔】按钮 ,或执行【新建画笔】命令,弹出【新建画笔】对话框。启用某个类型的画笔选项后,可打开相应的【书法/图案/艺术/散点画笔选项】对话框。根据前面讲述的对话框设置方法,设置出所需的画笔类型,即可将所选择的图形作为画笔样本添加到【画笔】面板中,如图 4-96 所示。

使用鼠标拖动视图中的图形,到【画笔】面板中释放鼠标,可打开【新建画笔】对话框,使用和上面相同的操作,即可实现新画笔的创建。

图 4-96　创建新画笔

4.8　课堂实例:绘制心形

本实例绘制的是心形图案效果,如图 4-97 所示。在该效果中,不仅运用了网格渐变来实现心形的凹凸效果,还运用了网格渐变来制作边缘渐变效果。该心形图案效果在绘制过程中,主要运用了钢笔工具与网格渐变工具来完成。

图 4-97　心形效果

操作步骤:

1 新建一个 150mm × 150mm 的空白文档。选择【矩形工具】 ▯ ,设置【填色】和【描边】,绘制与画板大小相同的矩形,如图 4-98 所示。

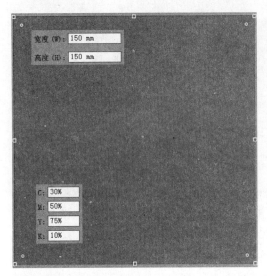

图 4-98　绘制矩形

2 选择【网格工具】 ▨ ,分别在四角建立网格点后设置网格点颜色,如图 4-99 所示。

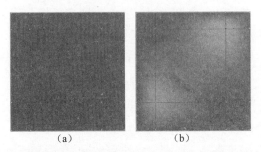

（a）　　　　　　（b）

图 4-99　设置背景

3 选择【画笔工具】 ✎ 面板的【画笔库菜单】|【装饰】|【装饰-散布】画笔,配合【转换锚点工具】 ⌐ 绘制心形,如图 4-100 所示。

4 使用【钢笔工具】 ✐ 绘制心形,配合【转换锚点工具】 ⌐ 调整形状,并填充为粉色,如图 4-101 所示。

5 禁用心形图形描边,并使用【网格工具】 ▨ ,在心形上建立网格点,配合【直接选择工具】

▸ 在不同的网格锚点设置不同的浅粉色,效果如图 4-102 所示。

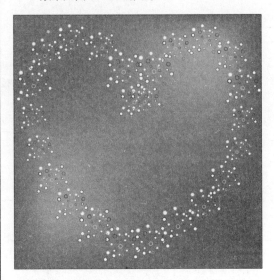

图 4-100　绘制心形

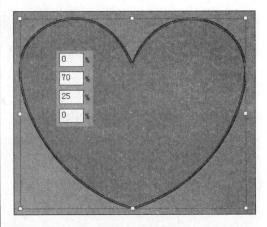

图 4-101　绘制粉色心形

图 4-102　填充网格渐变

6 选择【钢笔工具】 ✐ ,沿心形图形边缘建立路径。设置【描边颜色】为红色和【描边粗细】为5pt，如图4-103所示。

7　沿心形图形边缘绘制简易花朵路径，转化为图形后复制旋转使花朵排列在心形左侧边缘，如图4-104所示。

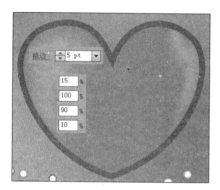

图 4-103　绘制心形路径

图 4-104　绘制花朵并排列

8　绘制弧线。使用【钢笔工具】首先沿花朵内边缘建立弧线，使所有花朵图形对象连接成一体。然后继续在其内部绘制弧线，如图4-105所示。

图 4-105　绘制弧线

9　使用【钢笔工具】，绘制心形图形内部花朵图形后进行编组并复制，选择【镜像工

具】垂直翻转并将其放置在心形图形对象的右侧边缘位置，如图4-106所示。

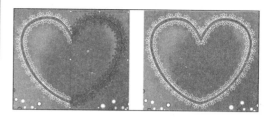

图 4-106　镜像效果

10　镜像完成后，在花边相接处绘制单个花瓣，并调整整体路径的相接，完成心形花边的绘制，如图4-107所示。

图 4-107　心形效果

11　将花边与心形进行编组，然后进行复制并旋转心形，得到最终效果，如图4-108所示。

图 4-108　最终效果

一、填空题

1. _____面板是按照颜色模式进行颜色设置的。

2. _____工具可以将绘画分割成几个区域，并可以对其中的任何区域进行着色，就好像在铅笔稿上上色一样。

3. 渐变填充分为_____和径向渐变。

4. 使用_____工具可以控制对象渐变的中心位置、方向、位置等属性。

5. 画笔共有 5 种类型，包括书法画笔、_____、艺术画笔、图案画笔和_____。

二、选择题

1. 在【颜色】面板中，不能够设置_____颜色模式的颜色。

A. RGB

B. CMYK

C. HSB

D. Lab

2. 使用_____命令，可以将实时上色组转换为只有轮廓的原始图形对象。

A. 建立

B. 扩展

C. 合并

D. 释放

3. 默认状态下，创建的渐变效果是_____渐变。

A. 曲线

B. 线性

C. 径向

D. 点

4. 在_____面板中，可以设置图形对象描边的渐变效果。

A. 控制

B. 颜色

C. 描边

D. 渐变

5. 使用_____工具，可以自由地绘制出带有画笔效果的路径。

A. 画笔

B. 渐变

C. 贝塞尔

D. 铅笔

三、问答题

1. 如何快速填充肤色系的颜色？

2. 使用实时上色功能可以创建出什么样的绘画效果？

3. 简述快速填充相同渐变颜色的方法。

4. 如何改变描边宽度？

5. 怎样将图形对象轮廓设置为虚线？

四、上机练习

制作水晶按钮

水晶效果是通过各种同色系的渐变颜色组成的。可以通过双色径向渐变、双色线性渐变，以及图形对象堆叠形成水晶按钮，如图 4-109 所示。

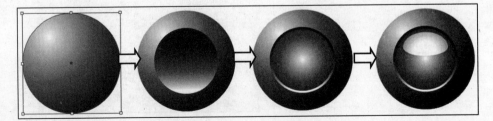

图 4-109　水晶按钮效果

第5章

创建与编辑文本

　　图文结合是表达信息内容最直观的方式，所以除了图形对象外，文字内容也是不可或缺的内容。Illustrator CC 2015 不仅可以绘制精美的图形对象，还具有强大的文字功能。除一般的文字创建与编辑功能外，还具有排版功能，使图形对象与文字内容更加完美地结合在一起。

　　本章主要讲解在 Illustrator CC 2015 中创建、编辑文字及段落文本的方法与技巧，还介绍了制表符的应用以及为文字添加特殊效果等。

5.1　创建文本

　　在 Illustrator CC 2015 中，有多种创建文本的方法，可以使用不同的文本工具创建不同的文本；同一种文本工具也有多种不同的使用方法，创建的文本效果也不同。

5.1.1　使用文本工具

　　Illustrator 中的文本工具包括【文字工具】T 和【直排文字工具】IT，使用这两个工具，可以在工具箱中按住【文字工具】按钮 T 不放或单击鼠标右键，然后从弹出的子面板中选择相应的工具，如图 5-1 所示。在 Illustrator 中，使用【文字工具】T 主要可以创建两种类型的文字，即点文本和文本块。

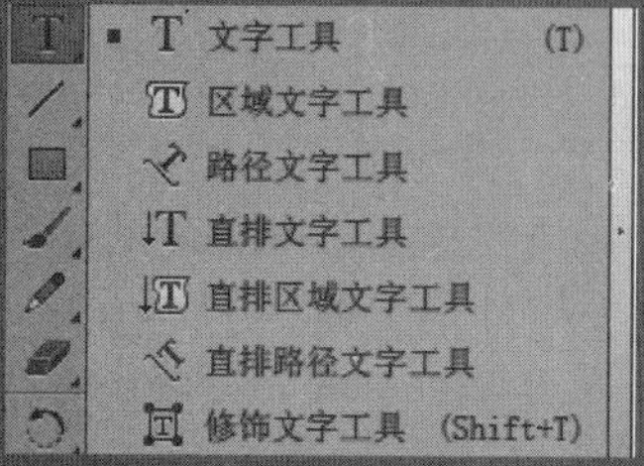

T ▪	T 文字工具	(T)
/	T 区域文字工具	
▢	✧ 路径文字工具	
✎	IT 直排文字工具	
✐	IT 直排区域文字工具	
✐	✧ 直排路径文字工具	
↻	☶ 修饰文字工具	(Shift+T)

　　图 5-1　文字工具组

1. 创建点文本

　　点文本是指从单击位置开始，随着字符输入而扩展的横排或直排文本。创建的每行文本都是独立的，对其编辑时，该行将扩展或缩短，但不会换行，这种方式非常适用于在文件中输入少量文本的情形。

　　选择【文字工具】 T ，然后在画板中单击并输入文字。结束文字的输入后，切换成其他工具以完成文本的创建，或者按快捷键 Ctrl+Enter，结束文本的创建，如图 5-2 所示。

　　当需要创建直排文字时，在工具箱中单击【直排文字工具】按钮 T ，并在【字符】面板的右上端单击小三角按钮，选择【标准垂直罗马对齐方式】命令，此时所创建的点文本将从上而下地进行文字排列，如果按下回车键，在第一列文字的左边开始新的一列文字。当选中文本时，基线沿着字母的中心向下，如图 5-3 所示。

图 5-2　创建点文本

图 5-3　创建直排文字

2. 创建区块文本

　　对整段文字来说，文本块比点文本更有用，文本块有文本框的限制，能够简单地通过改变文本框的宽度来改变行宽。创建的方法是，选择【文字工具】 T 或者【直排文字工具】 T 在视图中单击并拖出一个文本框，输入文本，如图 5-4 所示。

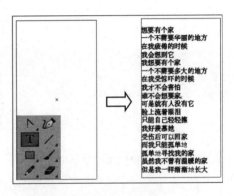

图 5-4　创建区块文本

5.1.2　使用区域文本工具

　　区域文本工具包括两种工具：【区域文字工具】 T 和【直排区域文字工具】 T ，使用这两种工具可以将文字放入特定的区域内部，来形成多种多样的文字排列效果。双击任意区域文字工具按钮，弹出【区域文字选项】对话框，如图 5-5 所示，通过该对话框设置文本效果。

1. 创键区域文字

　　在选定要作为文本区域的路径对象后，使用【区域文字工具】 T 在图形上单击，当出现插入点时，输入文字。如果文本超出了该区域所能容纳的数量，将在该区域底部附近出现一个带加号的小方框，如图 5-6 所示。

2. 创建直排区域文字

　　创建直排区域文字可以将文字很好地安排在一个特定的区域内，方便对文字的整体进行调整，通过改变区域的形状来改变文字的排列。首先绘制区域，选择【直排区域文

字工具】输入文字，如图 5-7 所示，然后选择【窗口】|【文字】|【字符】或按快捷键 Ctrl+T，弹出【字符】面板，选择面板右上角的三角按钮，选择菜单中的【标准垂直罗马对齐方式】命令，如图 5-8 所示。

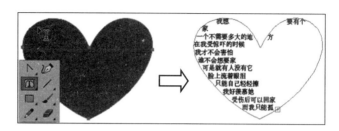

图 5-5 【区域文字选项】对话框 图 5-6 创建区域文字

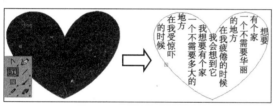

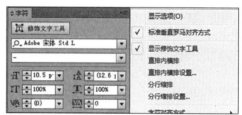

图 5-7 创建直排区域文字 图 5-8 【字符】面板

5.1.3 使用路径文本工具

路径文字是指沿着开放或封闭的路径排列的文字，路径文本工具包括【路径文字工具】和【直排路径文字】两种，使用路径文本工具来创建文本，文本会沿路径的形状来排列。

1. 创建路径文字

绘制一条路径，选择【路径文字工具】单击路径，然后在出现的插入点后输入文本，文字将沿着路径的形状排列，而文字的排列会与基线平行，如图 5-9 所示。

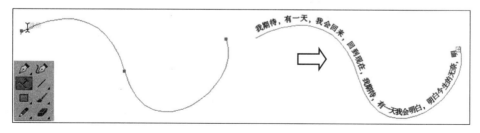

图 5-9 创建路径文字

如果选择的是【直排路径文字】 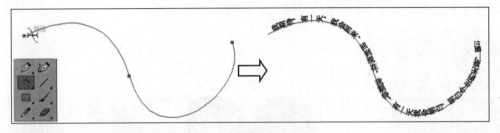 ，然后在出现的插入点后输入文本，那么文字将沿着路径的形状排列。这时，文字的排列会与基线垂直，如图 5-10 所示。

⬤ 图 5-10　创建直排路径文字

2. 翻转路径文字

翻转路径文字可以使文字改变方向，通过在【路径文字选项】对话框中启用【翻转】复选框来达到效果。方法是，选中路径文件后，选择【文字】|【路径文字】|【路径文字选项】命令，弹出【路径文字选项】对话框，启用【翻转】复选框，如图 5-11 所示。

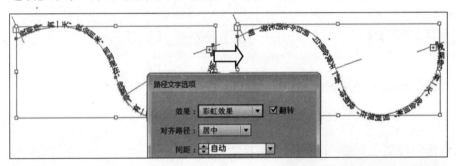

⬤ 图 5-11　翻转路径文字

5.1.4　置入文本

在 Illustrator 中，除了可以使用文本编辑工具来创建文本，还可以通过置入文本的方式来创建文本。Illustrator 可以读取两种格式的文本文件：纯文本格式和.etf 格式。

如果想要将文本置入新文件，选择【文件】|【打开】命令，并找到想要使用的文本文件，然后单击【打开】按钮，如图 5-12 所示。

为现有的文件置入文本，按照以下步骤操

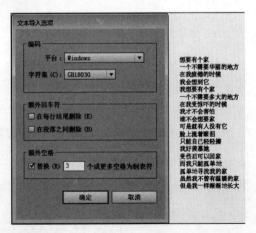

⬤ 图 5-12　【文本导入选项】对话框

作：用【文字工具】 T 在想插入文本的地方单击或者拉出一个文本框，执行【文件】|
【置入】命令，找到想要置入的文件，单击【置入】按钮。

5.2 设置文本格式

在 Illustrator 中，可以通过【字符】面板设置文本的属性，即设置文本格式。通过【字
符】面板，可以将同一词组的不同字符和同一段中的不同词组设为不同的字体，还可以
设置文字的对齐方式等。

5.2.1 选择文本

选择文本包括选择字符、选择文字对象以及选择路径对象。而选中文本后，可以在
【字符】面板中对该选中文本进行编辑。

1. 选中字符

要选择字符，首先要选择相应的文本工具，然后拖动一个或多个字符将其选中；按
住 Shift 键并拖动鼠标，以扩展或缩小字符范围；或者选择一个或多个字符，然后执行【选
择】|【全部】命令，以将文字对象中的所有字符选中，如图 5-13 所示。

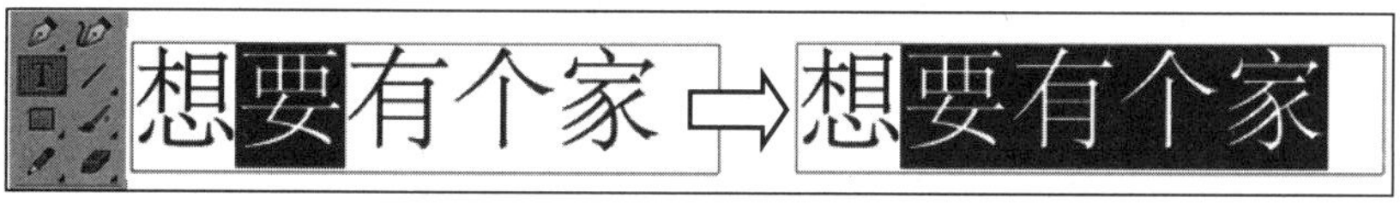

想要有个家 ⇨ 想要有个家

图 5-13　选中字符

选择文字或段落时，可以将光标置于文字上，然后双击以选择相应的文字；或者将
光标放在段落中，然后连续两次双击以选择整个段落。

2. 选中文本

选择某个文字对象后，将在文档窗口中该对象周围显示一个边框，并在【外观】面
板中显示文字对象。使用以下两种方法可以实现选择文本。

一种是在文档窗口中，使用【选择工具】 或者【直接选择工具】 单击文字，
或者按住 Shift 键并单击，可选择额外的文字对象，如图 5-14 所示。

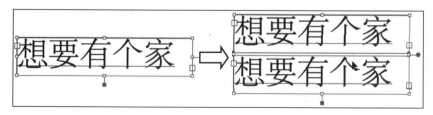

图 5-14　选中一个或多个文本

另外一种是在【图层】面板中，找到要选择的文字对象，然后单击目标按钮即可。

3. 选中路径文本

对于创建后的路径文本，只要使用【选择工具】 选中路径对象，即可选中路径中的文本对象，如图 5-15 所示。

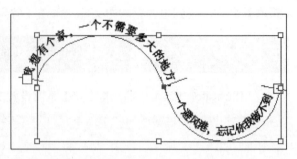

图 5-15 选中路径文本

5.2.2 ### 5.2.2 【字符】面板

在【字符】面板中可以改变文档中的单个字符设置，当文字工具处于使用状态时，还可以通过单击【控制】面板中的【字符】选项来设置字符格式。选择【窗口】|【文字】|【字符】面板，如图 5-16 所示。

1. 字体与字号

在默认情况下，输入的文字大小为 12pt。要改变文字大小，首先要选中输入的文字，然后在面板相应位置进行更改，如图 5-17 所示。或者在【文字】|【字形】命令和【大小】命令的子菜单中修改，也可以选择单个字符进行修改。

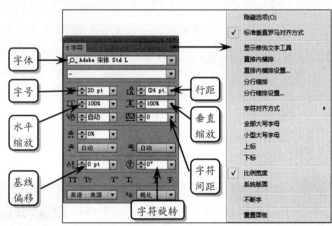

图 5-16 【字符】面板

提示

文本的颜色设置无法通过【字符】面板设置，只能通过工具箱中的【填色】色块或者【控制】面板中的【填色】选项来设置。

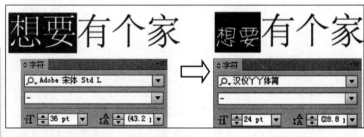

图 5-17 改变字体与字号

2. 字距与行距

通过字距微调和字距调整两种方式来设置字距。字距微调是增加或减少特定字符间距的过程。字距调整是调整所选文本或整个文本块中字符之间间距的过程。

选中输入的文字，可以在【字符】面板中相应的位置进行整体或单个的改动，数值为正时，间距加大；数值为负时，间距减小，设置字距效果如图 5-18 所示。

各文字行间的垂直间距称为行距。测量行距时，计算的是一行文本的基线到上一行文本基线的距离。默认的自动行距选项将行距设置为字体大小的 120%，使用自动行距时，【字符】面板的【行距】下拉列表内显示行距值，如图 5-19 所示。

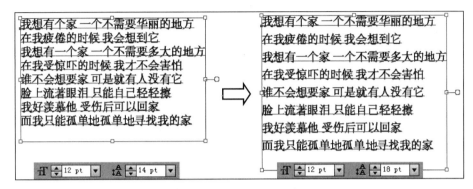

图 5-18 　设置字距

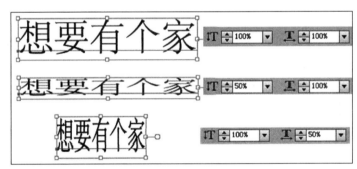

图 5-19 　设置行距

3. 立平与垂直缩放

是指相对于字符的原始宽度和高度来指定文字高度和宽度的比例。未缩放字符的值为 100%。有些字体系列包括真正的扩展字体，这种字体设计的水平宽度要比普通字体样式宽一些。缩放操作会使文字失真，因此通常最好使用已紧缩或扩展的字体。而要自定义文字的宽度和高度，可以选择文字，然后在【字符】面板中设置，如图 5-20 所示。

图 5-20 　缩放文字效果

4. 基线偏移

【基线偏移】命令可以相对于周围文本的基线上下移动所选字符，以手动方式设置分数字或调整图片与文字之间的位置时，基线偏移尤其有用。

选择要更改的字符或文字对象，在【字符】面板中，设置【基线偏移】选项。输入正值会将字符的基线移到文字行基线的上方；输入负值则会将基线移到文字基线的下方，如图 5-21 所示。

5. 旋转文字

通过调整【字符旋转】选项栏的数值可以改变文字的方向。如果要将文字对象中的字符旋转特定的角度，选择要更改的字符或文字对象，然后在【字符】面板【字符旋转】

选项栏的下拉菜单中设置数值即可，如图 5-22 所示。

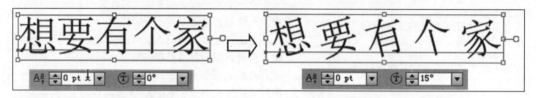

🔘 **图 5-21** 基线偏移效果

🔘 **图 5-22** 字符旋转效果

想要使横排文字和直排文字互相转换，首先选择文字对象，然后执行【文字】|【文字方向】|【水平】命令，或者执行【文字】|【文字方向】|【垂直】命令。

如果要旋转整个文字对象，则选择文字对象，使用【自由变换工具】 🔲、【旋转工具】 🔄 或执行【对象】|【变换】|【旋转】命令来实现文字对象的旋转。

5.2.3 字形

在 Illustrator 中，通过设置【字形】面板可以选择特殊的字符，如图 5-23 所示。除键盘上可以看到的字符之外，字体中还包括许多特殊字符。根据字体的不同，这些字符可能包括连字、分数字、花饰字、装饰字、序数字、标题和文体替代字、上标和下标字符、变高数字和全高数字。

🔘 **图 5-23** 【字形】面板

打开【字形】面板有两种方法：一是执行【文字】|【字形】命令；二是执行【窗口】|【文字】|【字形】命令来查看字体中的字形。

在文档中插入特定的字形，首先执行【窗口】|【文字】|【字形】命令，在【字形】面板中选择需要的字符，双击所选字符，如图 5-24 所示。

🔘 **图 5-24** 插入特殊字符

要想替换字符，可以使用【文字工具】T选中要替换的文字，打开【字形】面板中双击要替换的字符，即可替换选中的文字，如图 5-25 所示。

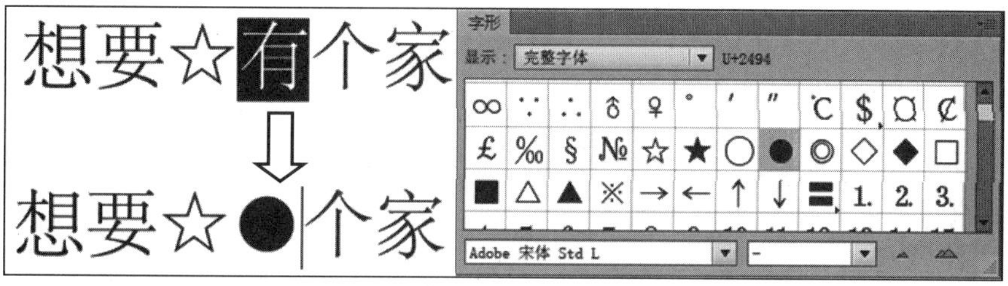

图 5-25 替换字符

5.2.4 字符样式

通过使用【字符样式】面板可以了解、创建、编辑字符所要应用的字符样式，使用【字符样式】面板可以节省时间并确保格式一致。

【字符样式】面板是许多字符格式属性的集合，可应用于所选的文本范围，如图 5-26 所示。通过【字符样式】面板来创建、应用和管理字符要应用的样式，只需选择文本并在其中的一个面板中单击样式名称即可。如果未选择任何文本，则会将样式应用于所创建的新文本。

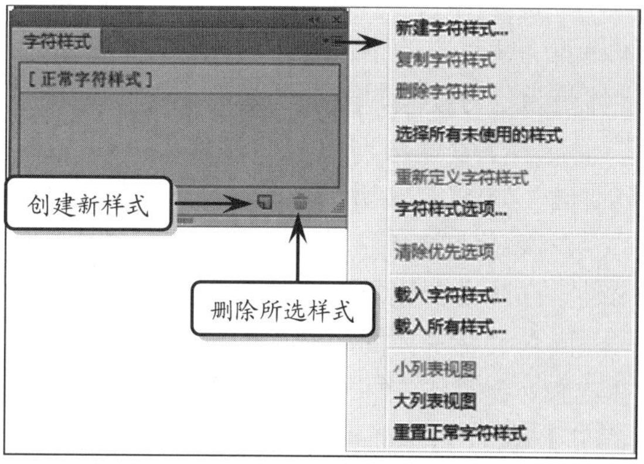

图 5-26 【字符样式】面板

1. 创建字符样式

在现有文本的基础上创建新样式，首先选择文本，执行【窗口】|【文字】|【字符样式】命令，弹出【字符样式】面板。使用默认名称创建新样式，直接单击【创建新样式】按钮；使用自定义名称创建新样式，在面板菜单中选择【新建样式】命令，输入一个名称即可，如图 5-27 所示。

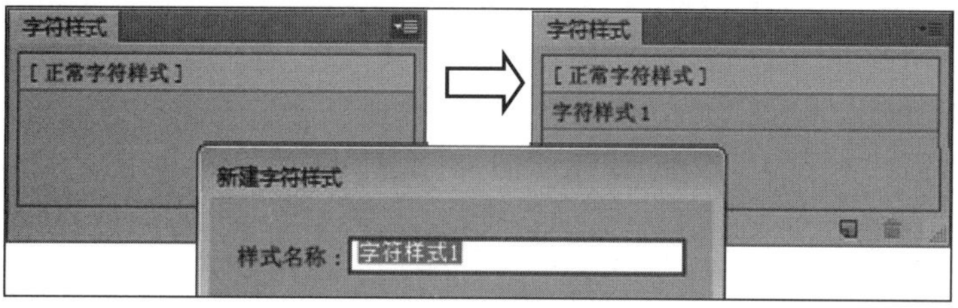

图 5-27 创建字符样式

2. 编辑字符样式

编辑字符样式可以更改默认字符的定义，也可以更改所创建的新样式。在更改样式定义时，使用该样式设置格式的所有文本都会发生更改，以与新样式定义相配。

编辑字符样式，在【字符样式】面板中选择该样式，然后在【字符样式】面板菜单中执行【字符样式选项】命令，也可以双击样式名称。

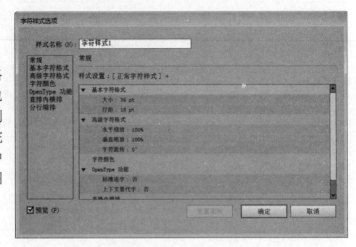

选择了要编辑的样式后，在对话框的左侧，选择一个格式设置选项，并设置它们，也可以选择其他类别以切换到其他格式，以设置选项组。完成设置后，在【常规】选项中显示设置的选项参数，如图5-28所示。

图 5-28　编辑字符样式

3. 复合字体

复合字体可以将日文字体和西文字体中的字符混合起来，复合字体显示在字体列表的起始处。通常，创建复合字体是为了方便编辑复杂的混合字符。复合字体必须基于日文字体。通过执行【文字】|【复合字体】命令，打开【复合字体】对话框，如图5-29所示。

在该对话框中，单击【新建】按钮，打开【新建复合字体】对话框，输入复合字体的名称，即可新建一个复合字体文件。此时，单击【存储】按钮，可以将此"复合字体"文件保存起来。如果此前存储了一些复合字体，则可以从中选择一种复合字体，将其作为新复合字体的基础，选择字体类型。复合字体中的字体类型共包含6种，如下所示。

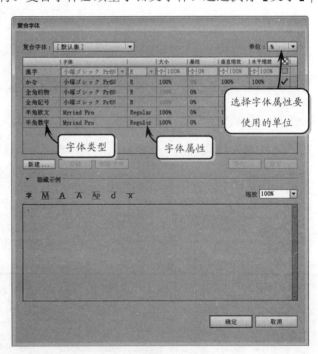

（1）日文汉字：该字符是复合字体的基础字体。其他字符的大小和基线都根据此处指定的大小和基线而设定。

（2）假名：该字符是日文平假名和片假名字符所用的字体。

图 5-29　【复合字体】对话框

（3）标点符号：该字符是标点符号所使用的字体。

（4）符号：该字符是符号所使用的字体。

（5）罗马字：该字符是半角罗马字符所使用的字体。

（6）数字：该字符是半角数字所使用的字体，通常使用罗马字体。

5.3 段落格式

段落格式的设置可以通过【段落】面板的【段落】功能来实现,设置段落格式将影响整个文本的段落,而不是一次只针对一个字母或一个字。通过执行【窗口】|【文字】|【段落】命令,打开该面板来更改行和段落的格式,如图 5-30 所示。当选择了文字或【文字工具】T 处于可用状态时,也可以使用【控制】面板选项来设置段落格式。

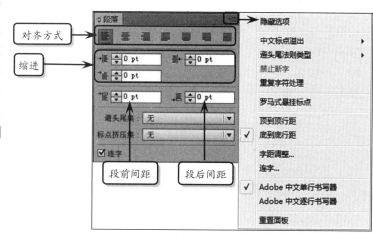

对齐方式
缩进
段前间距
段后间距

隐藏选项
中文标点溢出
逃头尾法则类型
禁止断字
重复字符处理
罗马式悬挂标点
✓ 顶到顶行距
✓ 底到底行距
字距调整...
连字...
✓ Adobe 中文单行书写器
Adobe 中文逐行书写器
重置面板

📀 图 5-30 【段落】面板

提 示

要对单独一个段落使用设定段落格式选项,不需要在段落里作一个选区。要对整个文本进行段落格式设定,和文字格式一样,使用【选择工具】▶ 选中文本块即可。

5.3.1 段落对齐方式

区域文字和路径文字可以与文字路径的一个或两个边缘对齐,通过调整段落的对齐方式使段落更加美观整齐。

【段落】面板中提供了 7 个选项,具体对齐方式及其功能见表 5-1。打开【段落】面板,可以选择段落的对齐方式。

表 5-1

对 齐 方 式	功 能
左对齐	使用该对齐方式使段落向左对齐
居中对齐	使用该对齐方式使段落文本向中间对齐
右对齐	使用该对齐方式使段落向右对齐
两端对齐末行左对齐	使用该对齐方式使段落文本左右两端都对齐,最后一行向左对齐
两端对齐末行右对齐	使用该对齐方式使段落文本左右两端都对齐,最后一行向右对齐
两端对齐末行居中对齐	使用该对齐方式使段落文本左右两端都对齐,最后一行向中间对齐
全部两端对齐	使用该对齐方式使段落文本左右两端全部都对齐

了解段落对齐方式的种类后,下面介绍如何使用对齐方式来编辑段落。首先选择文字对象,或者在要更改的段落中插入光标,然后在【段落】面板中分别单击【左对齐】按钮▤和【右对齐】按钮▤,如图 5-31 所示。

5.3.2 段落间距

通过在【段落】面板中设置段落的间距和行距等属性，可以调整段落的结构。行距是一种字符属性，表示可以在同一段落中应用多种行距，一行文字中的最大行距将决定该行的行距。

指定间距选项分为【段前间距】和【段后间距】两种，【段前间距】设置可以在两段之间增加额外间距，设置的效果与在段落第一行的某一个字母处增加行距是一致的。首先选择文字，然后在【段落】面板中调整【段前间距】的数值，如图 5-32 所示为中间段落添加间距。

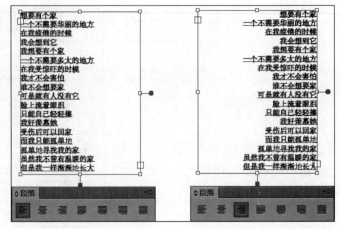

图 5-31　对齐效果

5.3.3 缩进与悬挂标点

在【段落】面板中，通过调整段落缩进的数值和使用悬挂缩进来编辑段落，可以使段落边缘显得更加对称。

缩进是指段落或单个文字对象边界间的间距量，段落缩进分为左缩进和右缩进两种，缩进只影响选中的段落，因此可以很容易地为多个段落设置不同的缩进。选择文字后打开【段落】面板，调整段落左右缩进的数值，如图 5-33 所示。

如果只是设置段落的第一行文字缩进，只要选中段落，在【段落】面板中设置【首行缩进】选项，即可实现该效果，如图 5-34 所示。

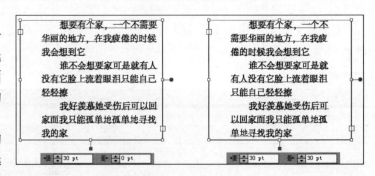

图 5-32　段落间距效果

图 5-33　段落缩进效果

悬挂标点可以通过将标点符号移至段落边缘之外的方式，让文本边缘显得更加对称。它包含三种对齐方式，即【罗马式悬挂标点】、【视觉边距对齐方式】、【标点溢出】命令。

Illustrator CC 2015中文版标准教程

5.3.4 段落样式

【段落样式】面板与【字符样式】面板的作用相同，均是保存与重复应用文字的样式，这样在工作中可以节省时间并确保格式一致。段落样式包括段落格式属性，可应用于所选段落，也可应用于段落范围。可以使用【段落样式】面板来创建、应用和管理段落样式，如图 5-35 所示。

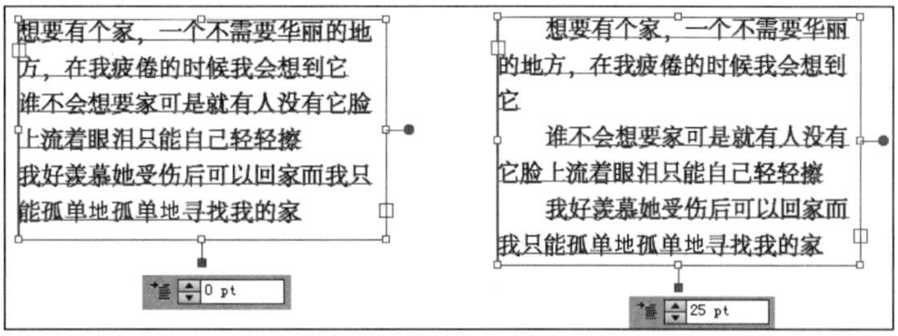

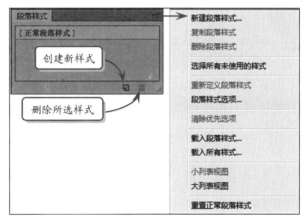

图 5-34 首行缩进

如果要在现有文本的基础上创建新样式，首先选择文本，在【段落样式】面板中，如果要使用默认名称创建新样式，可以单击【创建新样式】按钮；如果要使用自定名称创建新样式，则需要选择面板关联菜单中的【新建段落样式】命令，并在相应对话框中输入名称，如图 5-36 所示。

图 5-35 【段落样式】面板

要编辑段落样式，可以在【段落样式】面板中选择该样式，然后从【段落样式】面板菜单中选择【段落样式选项】命令，也可以双击样式名称，在弹出的【段落样式选项】对话框中设置选项，从而改变段落样式效果，如图 5-37 所示。

图 5-36 新建段落样式

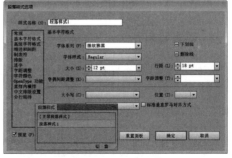

图 5-37 编辑段落样式选项

5.4 制表符

在文本段落中，使用不同宽度的字母或多个空格插入会使文本的对齐不均匀，因为

大多数字体都是成比例地留空，所以，这时就需要使用制表符来使文本对齐。通过【制表符】面板可以控制制表符的停顿处，执行【窗口】|【文字】|【制表符】命令，打开【制表符】面板，如图 5-38 所示。

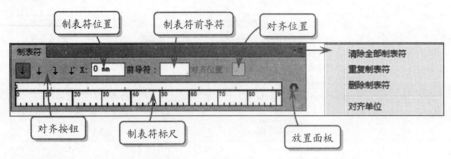

图 5-38　【制表符】面板

5.4.1　创建制表符

在【制表符】面板中可以通过设置制表符定位点、对齐和停顿等选项来创建制表符。想要创建制表符，首先使用【选择工具】选中想要加制表符的文本块，或者使用光标选中特定段落，执行【窗口】|【文字】|【制表符】命令，通过【制表符】面板可以实现制表符的创建，以及制表符的选项设置。

1. 设置定位点

制表符定位点可应用于整个段落。在设置第一个制表符时，会自动删除其定位点左侧的所有默认制表符定位点，设置更多的制表符定位点时，会删除所设置制表符间的所有默认的制表符，如图 5-39 所示。

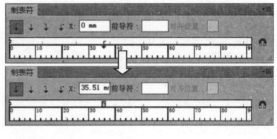

图 5-39　设置定位点

2. 制表符对齐

在段落中插入光标，或选择要为对象中所有段落设置制表符定位点的文字对象。在【制表符】面板中，单击一个对齐按钮，以指定如何相对于制表符位置来对齐文本。各对齐按钮及其作用如表 5-2 所示。

表 5-2　【制表符】面板中对齐按钮名称及其功能

名　　称	功　　能
左对齐制表符	选择该对齐按钮使横排文本靠左对齐，右边距可因长度不同而参差不齐
居中对齐制表符	选择该对齐按钮使制表符标记居中对齐文本
右对齐制表符	选择该对齐按钮使横排文本靠右对齐，左边距可因长度不同而参差不齐
底对齐制表符	选择该对齐按钮使直排文本靠下边缘对齐，上边距可参差不齐
顶对齐制表符	选择该对齐按钮使直排文本靠上边缘对齐，下边距可参差不齐
小数点对齐制表符	选择该对齐按钮将文本与指定字符对齐放置

当选中文本段落时，在【制表符】面板中向右拖动制表符标尺下方定位点，能够缩进段落中首行以外的文字。反之，如果向右拖动制表符标尺上方定位点，那么就会对段落的首行进行缩进，如图 5-40 所示。

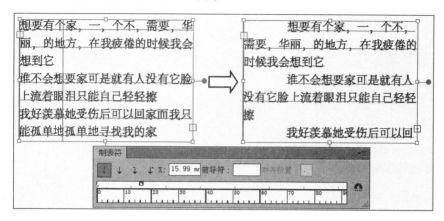

图 5-40　缩进首行文字

提　示

单击定位标尺上的某个位置以放置新的制表位，在【X】框或【Y】框中插入一个位置，然后按回车键，选定 X 或 Y 值，按上下键以增加或减少制表符的值。

5.4.2　制表符的设置

制表符的设置包括【重复制表符】、【移动制表符】、【删除制表符】以及【增加制表前导符】，通过对制表符的设置可以实现对段落的编排。

【重复制表符】命令是根据制表符与左缩进或前一个制表符定位点间的距离创建多个制表符的。

在【制表符】面板中，首先从标尺上选择一个制表位，然后在【X】框中（适用于横排文本）或【Y】框中（适用于直排文本）输入一个新位置，并按回车键，将制表符拖动到新位置，如图 5-41 所示。

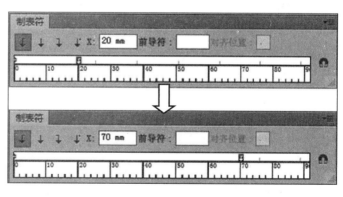

图 5-41　移动制表符

提　示

将制表符拖离制表符标尺，选择制表符，然后在面板菜单中执行【删除制表符】命令。要恢复为默认制表位，在面板菜单中执行【清除全部】命令。

在【制表符】面板的制表符标尺上，创建或选择一个小数点制表符，执行【对齐位置】命令，输入要对齐的字符，可以输入或粘贴任何字符，确保进行对齐的段落中包含指定的字符。如果在制表符后的文本中没有包含任何圆点，小数点制表符将以左对齐方式工作。

制表前导符是制表符和后续文本之间的一种重复性字符模式，【前导符】面板最多可输入 8 个字符。在段落文字间按 Tab 键插入字符并选中，然后在【制表符】面板中从标尺上选择一个制表位，在【前导符】面板输入字符，在制表符的宽度范围内，将重复显示所输入的字符，如图 5-42 所示。

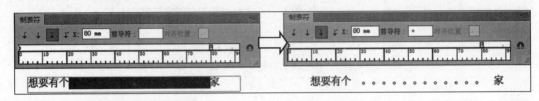

图 5-42 输入前导符效果

如果要更改制表前导符的字体或其他格式，在文本框中选择制表符字符，然后使用【字符】面板或【文字】菜单来应用格式。

5.5 添加文本效果

在 Illustrator 中对文本的修饰很重要，作为矢量绘图软件，能够通过对文本填加效果、转换文本为路径、设置图文混排等方法来设计出漂亮的文本效果。

5.5.1 填充效果

为文本添加效果可以是单色填充，也可以是图形样式和文字效果的填充，整段的文字可以改变颜色，个别字符也可以改变颜色。通过为文本填加颜色和图形样式，创建多种文字的特殊效果。

对文字填充颜色可以使整体的文字改变颜色。首先选择【文字工具】T输入文字，然后在【色板】面板中单击某个颜色色块，即可改变文本的颜色，如图 5-43 所示。

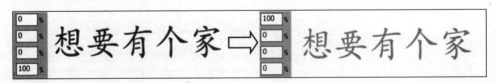

图 5-43 改变文字颜色

也可以对个别的文字调整颜色，创建出五颜六色的字体。输入文字，使用【文字工具】T选择要更改颜色的文字，设置不同的颜色，如图 5-44 所示。

对整段的文本填充颜色可以使文本更加漂亮，通过【文字效果】面板也可以对文本添加文字效果。选中文本，选择【窗口】|【图形样式库】|【文字效果】命令，在【文字效果】面板中单击，选择需要的效果，如图 5-45 所示。

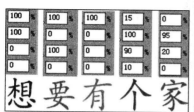

图 5-44 单个文字填充

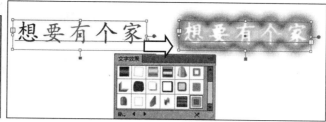

图 5-45 添加文字效果

5.5.2 转换文本为路径

文本可以通过应用路径文字效果,创建一些字体效果。也可以将文本转换为轮廓从而创建文字路径,对文字进行编辑。

要对路径文字添加效果,首先绘制路径创建路径文字,可以在【文字】|【路径文字】的子菜单中直接选择效果,也可以执行【文字】|【路径文字】中的【路径文件选项】命令,然后从【效果】下拉列表中选择效果,路径文字效果分为【彩虹效果】、【倾斜】、【3D 带状效果】、【阶梯效果】和【重力效果】,如图 5-46 所示。

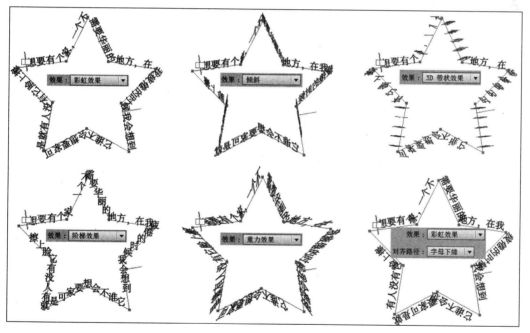

图 5-46 路径文字效果

将文字转换为一组复合路径或轮廓,对其进行编辑和处理。和编辑任何其他图形对象一样,当创建文本轮廓时,字符会在当前位置转换,这些字符仍保留着所有的图形格式,如描边和填色。

选择【文字工具】T输入文字,然后执行【文字】|【创建轮廓】命令或按快捷键 Ctrl+Shift+O,将文字图形化,如图 5-47 所示。对文字进一步编辑,可为文字图形填充渐变,如图 5-48 所示。

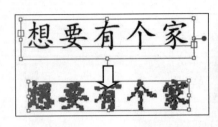

图 5-47　将文字转换为图形　　　图 5-48　为文字图形填充渐变

转为图形对象后发现渐变颜色是以
单个字符为单位进行填充的，要对所有
文本进行填充，首先选中文本图形对象，
选择【渐变工具】█。然后在图形对象
上单击并拖动，以改变渐变填充效果，
如图 5-49 所示。

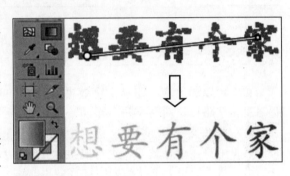

图形化的文字上将出现一些可编辑
的锚点，在工具箱中选择【直接选择工
具】█，拖动想要调整的锚点，可以改
变字母的形状，如图 5-50 所示。

图 5-49　改变渐变色

5.5.3　文本显示与绕排

调整文字的方向对排版有很重要的作
用，在 Illustrator 中，不仅能够改变文字的方
向位置，还能够设置图形对象与文本之间的
显示关系。

图 5-50　改变文字轮廓

1. 文本的显示方向

文本的显示方向既可以在创建初期通过文本工具来决定，也可以通过命令来改变现
有文本的显示方法。方法是，选中创建后的文本，执行【文字】|【文字方向】|【水平】
或【垂直】命令，来实现文本的方向操作，如图 5-51 所示。

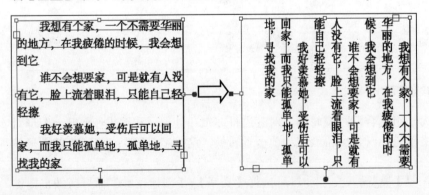

图 5-51　文字显示方向

2. 文本绕排

绕排是由对象的堆叠顺序决定的，可以在【图层】面板中单击图层名称旁边的三角形以查看其堆叠顺序。要在对象周围绕排文本，绕排对象必须与文本位于相同的图层，并且在图层层次结构中位于文本的上方，可以在【图层】面板中将内容向上或向下拖移以更改层次结构。

输入文本，导入需要的位图并放置在文字上，同时选中文本和图片，执行【对象】|【文本绕排】|【建立】命令，如图 5-52 所示。

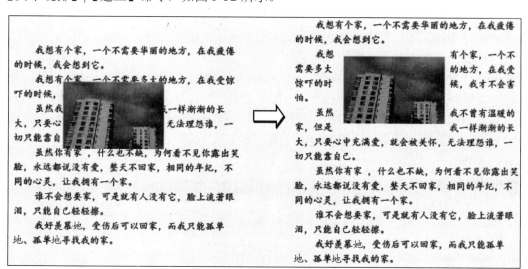

图 5-52 文字绕排

区域文本绕排的对象包括文字对象、导入的对象以及在 Illustrator 中绘制的对象。如果绕排对象是嵌入的位图图像，Illustrator 则会在不透明或半透明的像素周围绕排文本，而忽略完全透明的像素，如图 5-53 所示。

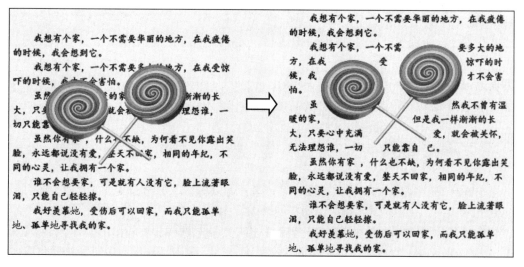

图 5-53 文字绕排半透明图片

可以在绕排文本之前或者之后设置绕排选项，首先选择绕排对象，执行【对象】|【文本绕排】|【文本绕排选项】命令，然后指定以下选项。

（1）位移：指定文本和绕排对象之间的间距大小。

（2）反向绕排：围绕对象反向绕排文本。

如果想要使文本不再绕排在对象周围，首先选择绕排对象，然后执行【对象】|【文本绕排】|【释放】命令使文本不再绕排在对象周围。

5.5.4　链接文字

在创建链接文本时可以在文本放入文本框之前或之后建立链接，链接的文本框可以是任意的文本容器，各文本框的链接顺序可以随意更改。

使用【文字工具】[T]拖动鼠标绘制文字容器，输入文字从而创建文本块，接着再绘制一个文本框，把这两个文本框都选中，执行【文字】|【串接文本】|【创建】命令来链接文本框。这时一个文本框里溢出的任何文本都会移到第二个文本框里，这样一直移到这一系列链接的最后一个文本框里，如图 5-54 所示。

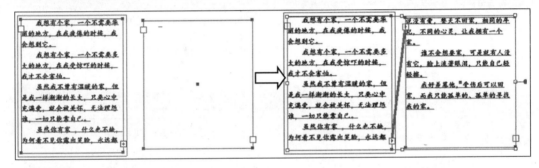

图 5-54　串接文本

> **提　示**
>
> 绘制任意形状的图形，均通过执行【文字】|【串接文本】|【创建】命令来链接文本框。但是，不能链接点文本和路径文本。

文本框链接的顺序由堆叠顺序确定，放在下面的为最先的，可以通过执行【排列】命令转换各个文本框的顺序。如果要解除各文本框的链接，执行【文字】|【串接文本】|【释放所选文字】命令，这个命令不能从文本框中移走文本。

5.5.5　导出文本

在 Illustrator 中将文本输出的方式很多，除了可以将文本导出到文本文件外，还可以导出到 Flash 中，将文本作为静态、动态或输入文本导出。

将文本导出到文本文件中，首先使用【文字工具】[T]选中想要输出的文本，执行【文件】|【导出】命令，选择文件位置并输入文件名，然后单击【导出】按钮。格式包含文本格式和图像格式两种，图为选择文本格式（TXT）作为文件格式，在【名称】文本框

中输入新文本文件的名称，如图 5-55 所示。

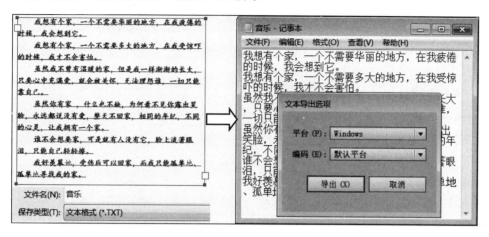

图 5-55　导出文字为记事本格式

　　Flash 文本可以包含点文本、区域文本以及路径文本，所有文本将以 SWF 格式转换为区域文本。定界框保持不变，将以 SWF 格式保留它们所应用的任何变换，串接文本对象是单独导出的，如果要标记和导出串接中的所有对象，确保选择并标记每个对象。溢流文本将导入到 Flash Player 中，并且保持不变。

　　可以使用多种不同的方法，将文本从 Illustrator 导出到 Flash 中，可以将文本作为静态、动态或输入文本导出。导出方法是，执行【文件】|【导出】命令，选择文件类型为 Flash（.*SWF）选项，即可创建 Flash 文件，如图 5-56 所示。

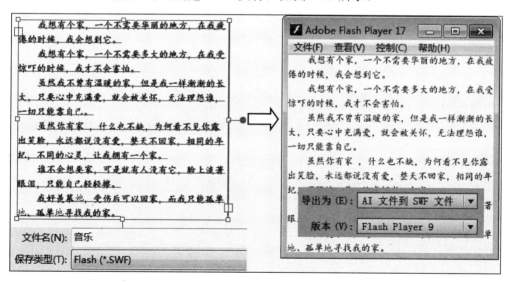

图 5-56　导出文本为动画格式

提　示

在 Illustrator 中，对文本添加标记或者取消标记并不会更改原始文本，可以随时更改标记，而不会改变原始文本。

5.6 课堂实例：制作艺术字

本实例制作的是手绘艺术字效果，使用【文字工具】T，在画板中输入"舞动青春"四个字。在【字符】面板中设置其字体相同，并分别设置其字体的大小。全部选中文字，在【变换】面板中，设置【倾斜】参数。使用【钢笔工具】绘制图形并与字体衔接，使用【直接选择工具】，调整路径锚点和手柄，可以修改图形形状，然后设置描边并渐变填充，如图 5-57 所示。

图 5-57　艺术字效果

操作步骤：

1 新建文档并使用【文字工具】T，在画板中输入"舞动青春"四个字，在【字符】面板中设置其字体相同，并分别设置其字体的大小，如图 5-58 所示。

图 5-58　设置字体字号

2 选中全部文字，在【变换】面板中，设置【倾斜】参数，如图 5-59 所示。

图 5-59　设置倾斜度

3 执行【文字】|【创建轮廓】，将文字轮廓化，然后进行描边，填充渐变色，如图 5-60 所示。

4 复制文字并原位粘贴，禁用描边，填充白色，然后选中底层文字，执行【对象】|【路径】|【轮廓化描边】，将文字变为轮廓图形，如图 5-61 所示。

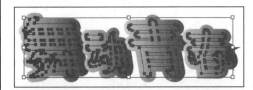

图 5-60　轮廓化后描边的效果

图 5-61　复制文字并重新设置描边与填色

5 选中轮廓图形右击，在列表菜单中选择【取消编组】，将"舞动青春"轮廓填充不同的渐变，如图 5-62 所示。

图 5-62　取消编组并填充渐变

6 使用【钢笔工具】绘制图形，配合使用【直接选择工具】，调整路径锚点和手柄，可以修改图形形状。将绘制好的图形复制并原位粘贴，选择底层图形并进行【轮廓化描边】操作，并填充与"舞"字的轮廓化图形一样的渐变，并将上层的路径描边填充为白色，如图 5-63 所示。

🔘 图 5-64　绘制与字体相衔接的图形

🔘 图 5-63　绘制图形并设置描边

🔘 图 5-65　投影效果

7 重复步骤（6）的操作，绘制与其他字体相衔接的图形，并设置描边与填色，如图 5-64 所示。

8 选中所有白色字体与图形，执行【效果】|【风格化】|【投影】命令，在弹出的对话框中设置投影参数，如图 5-65 所示。

9 选中所有白色字体与图形，打开【透明度】面板，设置混合模式为【变亮】，调整透明度，得到最终效果，如图 5-66 所示。

🔘 图 5-66　设置混合模式与透明度

5.7　课堂实例：创建图形文字

　　本实例制作的是蜗牛形状的文字创建效果。蜗牛形状文字的创建非常简单，只要建立蜗牛图形路径，使用【路径文字工具】✓在蜗牛图形路径上单击并输入文字即可，如图 5-67 所示。文字的颜色、字体、大小都可以在创建前或者创建后进行设置。

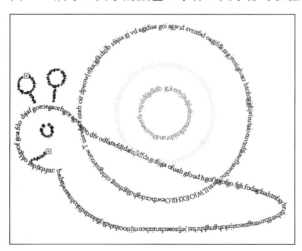

🔘 图 5-67　蜗牛图形文字效果

操作步骤:

1 新建文档,使用【椭圆工具】 ⬭ ,在画板上绘制大小不一的正圆形作为蜗牛的壳,如图 5-68 所示。

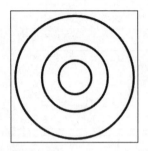

■ 图 5-68   绘制路径形状

2 使用【钢笔工具】 ✒ 绘制蜗牛的身体,然后使用【椭圆工具】 ⬭ 绘制眼睛,如图 5-69所示。

■ 图 5-69   蜗牛形状效果

3 在工具箱中选择【路径文字工具】 ✓ ,首先在蜗牛的壳的路径上单击并输入文字,如图 5-70 所示。

4 重复步骤(3)的操作,对其他路径也输入路径文字,如图 5-71 所示。

5 使用【文字工具】 T ,选中路径中的文字,

可改变文字的字体、字号,也可以填充不同的颜色,如图 5-72 所示。

■ 图 5-70   部分路径文字效果

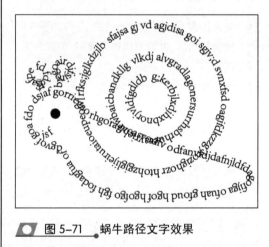

■ 图 5-71   蜗牛路径文字效果

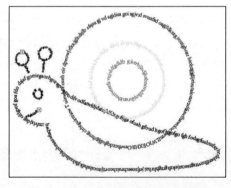

■ 图 5-72   改变路径文字的属性

5.8   思考与练习

一、填空题

1.【文本工具】包括 6 种工具,分别为【文字工具】、_____、【区域文字工具】、【直排区域文字工具】还有【路径文字工具】、【直排路径文字工具】。

2. 外部的文本信息可以通过【打开】或者____命令显示在 Illustrator 中。

3. 使用____工具，可以只改变文本框的大小。

4. 在【段落】面板中段落的对齐方式有 7 种，分别是左对齐、右对齐、____、两端对齐末行左对齐、两端对齐末行右对齐、两端对齐末行居中对齐以及全部两端对齐。

5. 在创建文本绕排后，执行____命令才能使文本不再绕排在对象周围。

二、选择题

1. 在创建路径文字时，使用____工具创建出的文字排列会与基线垂直。

    A. 直排路径文字

    B. 路径文字工具

    C. 直排区域文字工具

    D. 区域文字工具

2. 默认的自动行距选项将行距设置为字体大小的____%。

    A. 100

    B. 120

    C. 140

    D. 80

3. 使用____工具，能够创建出竖直排列的文字。

    A. 【文字工具】

    B. 【区域文字工具】

    C. 【直排文字工具】

    D. 【路径文字工具】

4. 图形化的文字上将出现一些可编辑的锚点，在工具栏中选择____，拖动一个锚点。

    A. 【选择工具】

    B. 【套索工具】

    C. 【钢笔工具】

    D. 【直接选择工具】

5. 执行【文字】|【____】|【创建】命令，能够将一个文本框里溢出的任何文本修饰到另外一个文本框里。

    A. 路径文字

    B. 文字方向

    C. 串接文本

    D. 创建轮廓

三、问答题

1. 如何在某个图形区域内创建文字？

2. 字符样式与段落样式的作用是什么？

3. 如何改变段落之间的间距？

4. 如何改变排字的方向？

5. 怎么才能够创建渐变文字？

四、上机练习

1. 绘制特效字

绘制一个商场促销的广告牌，以简洁鲜明的文字，突出主题，吸引大众。在绘制 POP 文字过程中，首先输入文字，将文字转化为路径轮廓，注意输入的文字的字体尽量粗，这样方便编辑；复制并原位粘贴，对底层的文字进行特效编辑，然后制作阴影，并使用【钢笔工具】绘制出高光效果，如图 5-73 所示。

图 5-73　POP 文字效果

2. 制作爱心效果字

本练习制作的是有爱心效果的字，如图 5-74 所示，其中文字效果是通过字母的输入，转换为路径并调整其路径形状来实现的。制作过程中，主要通过【本文工具】与【钢笔工具】来绘制，配合使用【直接选择工具】调整锚点与路径，最后填充颜色完成制作。

图 5-74　爱心效果字

Illustrator CC 2015 中文版标准教程

第6章

符号与图表

Illustrator 中的图形对象越多，其文件容量越大。对于相同形状的图形对象，可以将其定义为符号，使用符号进行重复运用，可以减少文件容量体积。如果遇到较为复杂的信息，可以使用 Illustrator 中的图表功能，对这些复杂的信息以可视方式进行统计。

本章详细介绍了符号与图表的创建、编辑与应用及符号在图表中的应用等操作，使用户能够熟练地掌握两者的操作方法，从而制作出效果更加丰富的图形效果。

6.1　管理与运用符号

使用图案可以绘制相同形状的图形对象，但是图案的运用只能够应用在固定的图形填色中，无法在画板中任意绘制。而将图形对象定义为符号，使用符号图形对象进行重复运用，不但可以节省绘制时间而且可以减小文件大小，并且每个符号实例都链接到【符号】面板中的符号或者符号库。

6.1.1　符号面板

Illustrator 中的【符号】工具使得绘制多个重复图形变得更加简单。在【符号】面板中包括大量的符号，还可以自己创建和编辑符号。通过执行【窗口】|【符号】命令，打开【符号】面板，如图 6-1 所示。

单击面板底部的【符号库菜单】按钮 ，或者选择管理菜单中的【打开符号库】命令，选择其中的命令即可打开各种类型的符号面板，如图 6-2 所示。

在【符号】面板中，可以实现更改符号的显示、复制符号和重命名符号的操作，打开【符号】面板，其中包含多种预设符号，可以从符号库或创建的库中添加符号。

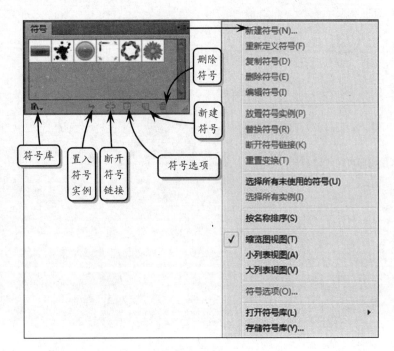

图 6-1 【符号】面板

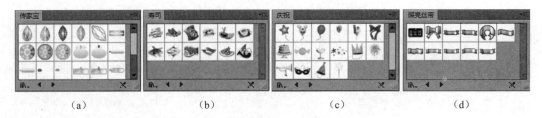

（a）　　　　　　（b）　　　　　　（c）　　　　　　（d）

图 6-2 符号类型面板

1. 更改面板中符号的显示

符号的显示可以通过在面板菜单中选择视图选项来调整，从面板菜单中选择视图选项：选择【缩览图视图】选项显示缩览图；选择【小列表视图】选项显示带有小缩览图的命名符号的列表；选择【大列表视图】选项，则显示带有大缩览图命名符号的列表，如图 6-3 所示。

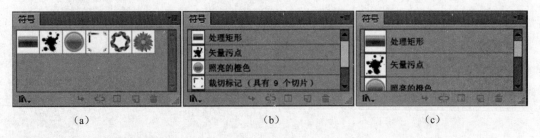

（a）　　　　　　　（b）　　　　　　　　　（c）

图 6-3 符号的显示方式

可以将符号拖动到不同位置，当有一条黑线出现在所需位置时，松开鼠标。在【符号】面板菜单中执行【按名称排序】命令以按字母顺序列出符号。

2．复制面板中的符号

通过复制【符号】面板中的符号，可以很轻松地基于现有符号创建新符号。方法是，在【符号】面板中，选择一个符号并在面板菜单中执行【复制符号】命令，如图 6-4 所示。

也可以选择一个符号实例，在【控制】面板中单击【复制】按钮，还可以直接将此符号拖动到【新建符号】按钮  上进行复制。

图 6-4　复制符号

3．重命名符号

重命名符号方便以后编辑符号，可以在【符号】面板中单击【符号选项】按钮 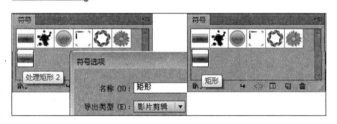，从而打开【符号选项】对话框，输入名称来实现重命名。也可以选择视图中的符号实例，然后执行面板菜单中的【符号选项】命令，在【名称】文本框中输入新名称确定即可，如图 6-5 所示。

图 6-5　为符号重命名

● 6.1.2　符号的应用

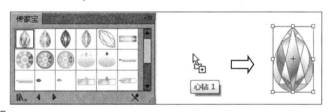

图 6-6　拖动符号至画板

在符号库中单击某个缩览图后，该符号添加至【符号】面板中，这时就可以开始应用该符号。符号的应用包括两种方式，一种是单击并拖动【符号】面板中的缩览图；一种是使用符号工具。

在【符号】面板中，单击并拖动符号缩览图至画板中，即可将该符号应用在画板中，如图 6-6 所示。

无论是拖入还是单击【符号】面板或者符号库，都只是建立一个符号图案。要

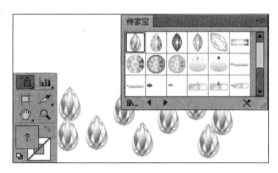

图 6-7　创建符号组

想建立符号组，则需要使用【符号喷枪工具】。当选中某个符号后，选择工具箱中的【符号喷枪工具】，在画板中单击并拖动光标，即可得到符号组，如图 6-7 所示。

如果在【符号】面板中选中其他符号，继续使用【符号喷枪工具】，在画板中单击并拖动光标，那么会在现有的符号组中添加新的符号，如图 6-8 所示。

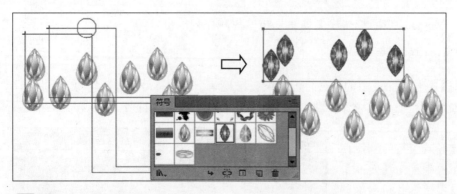

图 6-8 添加新符号

要想删除符号组中的某个符号实例，首先在【符号】面板中选中该符号缩览图，然后使用【符号喷枪工具】 ，按住 Alt 键，在符号组中的符号实例上方单击，即可删除相应的符号实例，如图 6-9 所示。

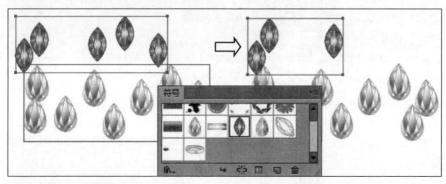

图 6-9 删除符号

6.1.3 编辑符号实例

在画板中建立符号或者符号组后，还可以按照操作其他对象相同的方式，对符号或符号组进行简单的操作，并且还能够使符号或符号组形成普通的图形对象。

1. 修改符号

在画板中建立符号实例后，可以对其进行移动、缩放、旋转或倾斜等操作。如图 6-10 所示为应用旋转符号组的效果。

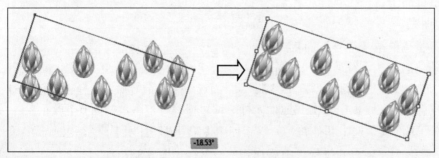

图 6-10 旋转符号组

2．复制符号

当对符号实例进行操作后，就会与再次建立的符号实例有所不同。要想得到相同效果的符号实例，需要通过复制画板中的符号实例来实现。方法是按住 Alt 键，单击并拖动符号实例，如图 6-11 所示为应用复制符号组的效果。

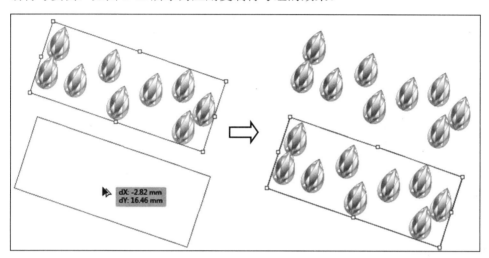

图 6-11 复制符号组

注 意

无论是缩放还是复制符号实例或符号组，并不会改变符号本身，只是改变符号在画板中的显示效果。

3．扩展符号实例

在画板中建立的符号实例均与【符号】面板中的符号相连，如果修改符号的形状或颜色，那么画板中的符号实例同时被修改。

要想独立编辑符号实例，或者与【符号】面板中的符号分离，可以选中画板中的符号实例，单击【符号】面板底部的【断开符号链接】按钮 ，即可将符号实例转换为普通图形，如图 6-12 所示。

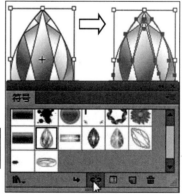

图 6-12 断开符号链接

技 巧

选中符号实例后，单击工具选项栏中的【断开】按钮，或者执行【对象】|【扩展】命令，同样能够将其与符号断开链接。

4．替换符号实例

当在画布中编辑符号实例后，又想更换实例中的符号，那么选中该符号实例，单击工具选项栏中【替换】右侧的小三角 ，选择其他符号即可改变实例中的符号，如图 6-13 所示。

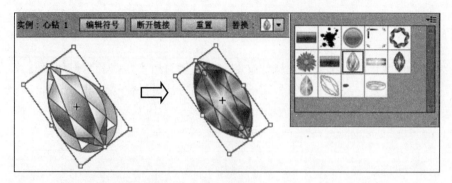

图 6-13　替换符号实例

6.2　编辑管理符号

符号实例可以使用【选择工具】进行简单的编辑，另外，Illustrator 还具有专门编辑符号的工具组，通过这些工具，能够更加精确地编辑符号实例。例如，可以对符号实例进行创建、位移、旋转、着色等操作，达到理想的效果。

6.2.1　符号工具的设置

【符号喷枪工具】是用来创建符号组的工具，而通过对该工具的设置，可以得到不同的符号组效果。双击【符号喷枪工具】，选择并弹出【符号工具选项】对话框，如图 6-14 所示。

通过默认的选项参数，得到 S 始符号组效果。其中，对话框中的各个选项作用如下。

（1）直径：指定工具的画笔大小。

（2）强度：指定更改的速率，值越高，更改越快。

（3）符号组密度：指定符号组的吸引值（值越高，符号实例堆积密度越大）。此设置应用于整个符号集。如果选择了符号集，将更改集中所有符号实例的密度，不仅仅是新创建的实例密度。

（4）方法：指定【符号紧缩器】、【符号缩放器】、【符号旋转器】、【符号着色器】、【符号滤色器】和【符号样式器】工具调整符号实例的方式。

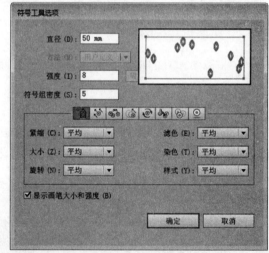

图 6-14　【符号工具选项】对话框

（5）显示画笔大小和强度：启用该选项，使用工具时显示大小。

更改对话框中【直径】与【强度】参数值后，再次创建符号组，即可得到不同的效果，如图 6-15 所示。

Illustrator CC 2015 中文版标准教程

使用【符号喷枪工具】![icon]，创建的都是大小、方向相同的符号，可以通过不同的符号编辑工具来调整符号以达到所需的效果。在【符号工具选项】对话框中，单击不同的工具按钮，即可更改符号的大小、方向、颜色等属性，如图 6-16 所示。

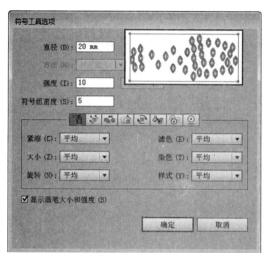

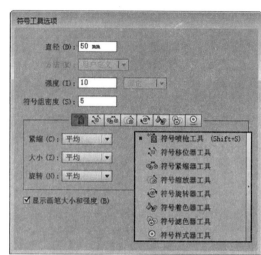

图 6-15　改变参数效果　　　　　　　　图 6-16　符号编辑工具选项

（1）【符号位移器工具】![icon]：通过该工具，可以调整已选中符号的位置，调整该工具对话框中的设置，可以改变要更改符号的范围，如图 6-17 所示。

（2）【符号紧缩器工具】![icon]：改变这些选项可以改变要紧缩符号的范围，如图 6-18 所示。

（3）【符号缩放器工具】![icon]：可以改变符号的大小，调整选项可以调整缩放符号的范围，如图 6-19 所示。

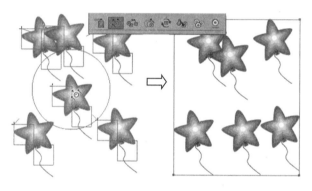

图 6-17　调整符号位置

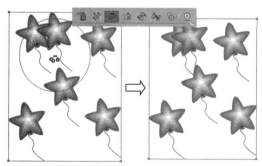

图 6-18　调整符号范围

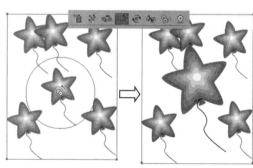

图 6-19　调整符号大小

（4）【符号旋转器工具】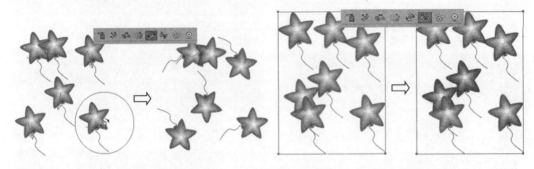：可以改变符号的方向，调整选项的数值来调整所要改变符号的范围，如图 6-20 所示。

（5）【符号着色器工具】：可以改变颜色的范围，同时配合【填色】按钮，通过改变选项来调整着色符号的范围，如图 6-21 所示。

图 6-20　调整符号方向　　　　　图 6-21　调整符号颜色

（6）【符号滤色器工具】：调整选项可以改变符号透明度的范围，如图 6-22 所示。

（7）【符号样式器工具】：调整该选项的数值改变添加样式的范围，配合【图形样式】面板可以为符号添加样式，如图 6-23 所示。

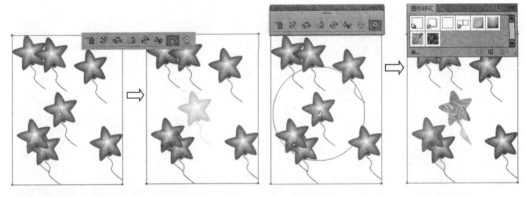

图 6-22　调整符号透明度　　　　　图 6-23　为符号添加图形样式

注　意

无论使用何种符号工具进行编辑，除了要选中画板中的符号实例外，还必须在【符号】面板中选中该符号的缩览图，否则将无法进行编辑。

6.2.2　创建符号

当符号库中的符号无法满足制作需要时，可以将绘制的图形转换为符号，Illustrator 能够将路径、复合路径、文本对象、栅格图像、网格对象和对象组对象转换为符号，但是不能针对链接的位图或一些图表组进行转换。

创建新符号的方法是，选中绘制完成的图形后，单击【符号】面板底部的【新建符号】按钮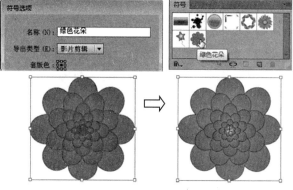，即可在弹出的【符号选项】面板中创建符号，并且将图形转换为符号实例，如图 6-24 所示。

图 6-24 创建符号

【符号选项】对话框除了能够设置符号【名称】、【类型】选项外，还能够通过启用选项来达到预期的效果。

（1）名称：在该文本框中输入设置符号名称。

（2）类型：该选项包括【影片剪辑】与【图形】两个子选项，其中【影片剪辑】在 Illustrator 中是默认的符号类型。

（3）套版色：在"注册"网格上指定要设置符号锚点的位置。锚点位置将影响符号在屏幕坐标中的位置。

（4）启用 9 格切片缩放的参考线：如果要在 Flash 中使用 9 格切片缩放，则需要启用该选项。

（5）对齐像素网格：启用该选项，以对符号应用像素对齐属性。

6.2.3 编辑符号

符号也是由图形组成的，所以符号的形状也能够进行修改。如果符号的形状被修改，那么与之相关的符号实例会随之被更改。

当画板中存在符号实例时，既可以通过双击【符号】面板中的符号进行编辑，也可以通过双击该符号实例，或者单击工具选项栏中的【编辑符号】按钮 编辑符号，进入符号编辑模式，如图 6-25 所示。

这时，使用图形的编辑方式编辑该符号形状，即可改变符号。如图 6-26 所示为删除符号形状的局部的效果。

单击【退出隔离模式】按钮，即可发现画板中同一个符号的实例以及【符号】面板中的符号均发生变化，如图 6-27 所示。

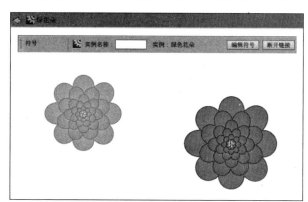

图 6-25 进入符号编辑模式

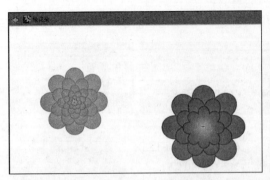

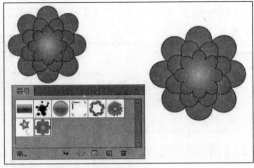

图 6-26　删除符号形状的局部　　　　　图 6-27　返回画板

如果在创建符号时，启用了【启用 9 格切片缩放的参考线】选项。那么进入符号编辑模式后，会发现画板中显示了 9 格切片缩放的参考线，如图 6-28 所示。

当创建的符号启用了【启用 9 格切片缩放的参考线】选项后，在画板中放大或缩小符号实例，会发现符号实例的图形是按照 9 格切片进行缩放的，如图 6-29 所示。

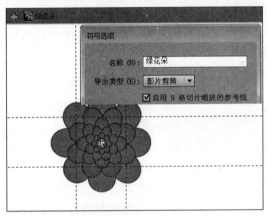

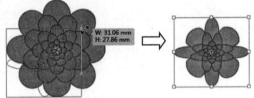

图 6-28　显示 9 格切片的参考线　　　　图 6-29　缩小符号实例

6.2.4　重新定义符号

画板中的图形既可以创建为新符号，还可以将其替换为现有符号。也就是说，使用其他图形重新定义符号的形状。

方法是，选中画板中的图形后，选中【符号】面板中将要被替换的符号。选择该面板关联菜单中的【重新定义符号】命令，即可将其替换为选中符号中的图形，并且转换为符号实例，如图 6-30 所示。

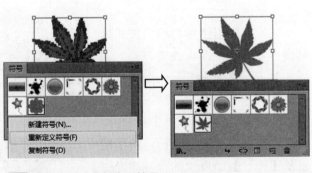

图 6-30　重新定义符号

提 示

想将图形替换为符号中的形状，而又保持图形的属性，如果不将其转换为符号实例，那么可以按住 Shift 键，选择【重新定义符号】命令即可。

6.3 创建图表

在 Illustrator 中，除了能够绘制精美的矢量图形外，还可以制作统计表，并且是以可视方式显示统计信息。在绘制图表过程中，统计信息可以使用几何图形显示、符号显示及外部图形显示。

6.3.1 图表类型

在 Illustrator 中，能够创建 9 种不同类型的图表，可以根据所要表达的信息来决定图表工具的应用。双击工具箱中的任意一个图表工具，通过在【图表类型】对话框中设置参数来创建图表，如图 6-31 所示。

创建图表过程基本相同，只是显示效果不同。

（1）【柱形图工具】 ：以垂直柱形来比较数值，如图 6-32 所示。

（2）【堆积柱形图工具】 ：创建的图表与柱形图类似，只是它将各个柱形堆积

图 6-31　【图表类型】对话框

起来，而不是互相并列。这种图表类型可用于表示部分和总体的关系。

（3）【条形图工具】 ：创建的图表与柱形图类似，只是水平放置条形而不是垂直放置柱形，如图 6-33 所示。

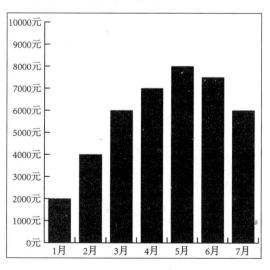

图 6-32　柱形图表

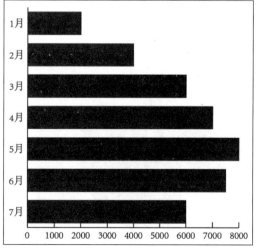

图 6-33　条形图表

（4）【堆积条形图工具】█：创建的图表与堆积柱形图类似，只是条形是水平堆积而不是垂直堆积的。

（5）【折线图工具】█：创建的图表使用点来表示一组或多组数值，并且对每组中的点都采用不同的线段来连接。这种图表类型通常用于表示在一段时间内一个或多个主体的趋势，如图 6-34 所示。

（6）【面积图工具】█：创建的图表与折线图类似，只是它强调数值的整体和变化情况，如图 6-35 所示。

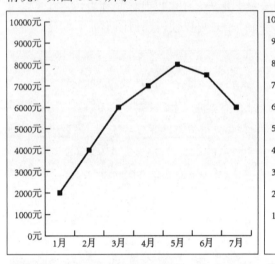

◑ 图 6-34　折线图表

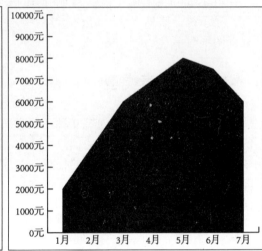

◑ 图 6-35　面积图表

（7）【散点图工具】█：创建的图表沿 X 轴和 Y 轴将数据点作为成对的坐标组进行绘制。

（8）【饼图工具】█：可创建圆形图表，它的楔形表示所比较的数值的相对比例，如图 6-36 所示。

（9）【雷达图工具】█：创建的图表可在某一特定时间点或特定类别上比较数值组，并以圆形格式表示。这种图表类型也称为网状图，如图 6-37 所示。

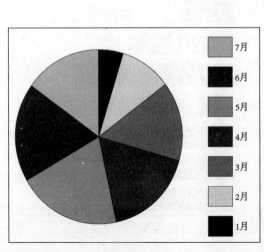

◑ 图 6-36　饼形图表

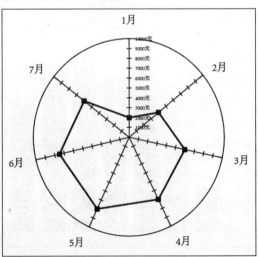

◑ 图 6-37　网状图表

6.3.2 创建柱形图表

【柱形图工具】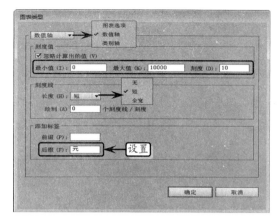创建的图表，是以垂直柱形来比较数值的。使用该工具创建的图表简单明了，并且操作简单。绘制图表时，可以直接使用【柱形图工具】，在画板中单击并拖动建立。只是得到的基本图表，其基本信息并不是需要的。

创建图表的具体方法是，双击【柱形图工具】，弹出【图表类型】对话框。在【图表选项】选项中，选择下拉列表中的【数值轴】选项，对话框切换到相应的参数。设置图表显示的刻度值与标签，确定左侧数值，如图 6-38 所示。

图 6-38 设置数值轴

继续选择下拉列表中的【类别轴】选项，对话框切换到相应的参数。启用其中的【在标签之间绘制刻度线】复选框，在每组项目间增加间隔线，如图 6-39 所示。

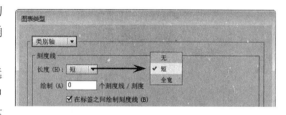

图 6-39 设置类别轴

提 示

在创建图表时，【类别轴】选项中的选项可以不用设置，因为其中的默认选项即是所需要的。

单击【确定】按钮后，关闭该对话框。在画板中单击并拖动光标，创建柱形图表，同时弹出【图表数据】对话框，如图 6-40 所示。

这时，在该对话框中单击【导入数据】按钮，选择弹出的【导入图表数据】对话框中的文本文件，即可将数据导入其中，如图 6-41 所示。

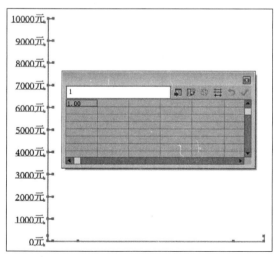

图 6-40 【图表数据】对话框

图 6-41 导入数据

完成数据的输入后，单击【应用】按钮，并且关闭该对话框，数据以柱形显示在图表中，如图 6-42 所示。

完成图表建立，使用【选择工具】选中图表后，可以使用【颜色】面板，为其更改颜色，如图 6-43 所示。

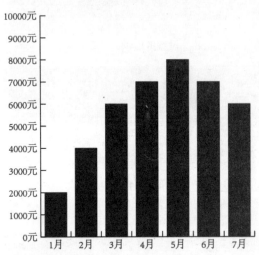

图 6-42 建立柱形图表

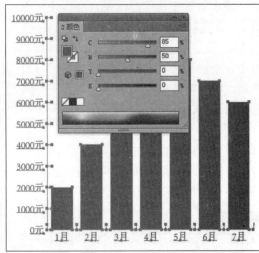

图 6-43 改变图表颜色

6.4 自定义图表

有时在图表创建完成后，为得到更加完善的图表效果，需要重新设置图表的类型、图表中的数据以及图表所展示的各个选项。

6.4.1 转换图表类型

创建一种图表类型后，还可以将其更改为其他类型的图表，以更多的方式加以展示。方法是，选中创建后的图表，执行【对象】|【图表】|【类型】命令，在弹出的【图表类型】对话框中，单击【类型】选项组中的某个类型按钮，即可改变图表类型，如图 6-44 所示。

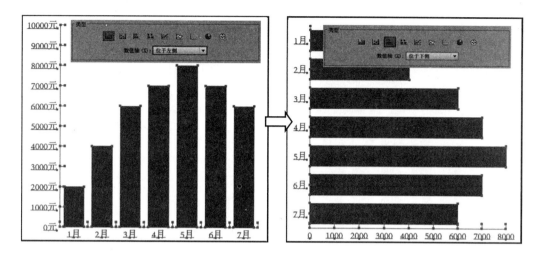

○ 图 6-44 转换图表类型

在【图表类型】对话框的【类型】选项组中，还能够选择数值轴的位置。只要在【数值轴】下拉列表中选择一个选项，即可改变图表数值轴的位置，如图 6-45 所示。

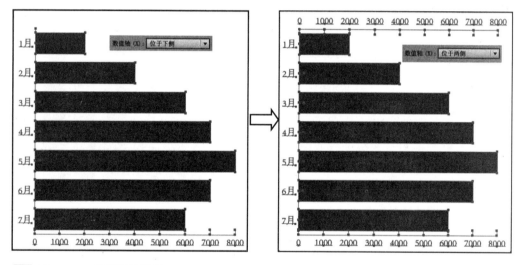

○ 图 6-45 调整数轴位置

● 6.4.2 更改图表数据

在创建图表的过程中，【图表数据】对话框是在创建的同时显示并且进行数据输入的。当图表创建完成后，该对话框同时被关闭。要想重新输入或者修改图表中的数据，可以选中该图表，然后执行【对象】|【图表】|【数据】命令，重新打开【图表数据】对话框，如图 6-46 所示。

在该对话框中，单击要更改的单元格，在文本框中输入数值或者文字，来修改图表的数据，如图 6-47 所示。

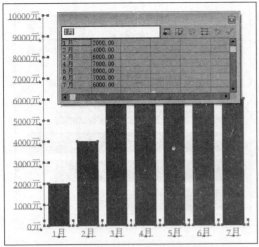

图 6-46 【图表数据】对话框

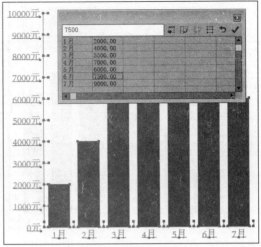

图 6-47 修改图表数据

单击对话框中的【应用】按钮☑，并关闭该对话框，发现图表中的数据发生变化，如图 6-48 所示。

6.4.3 设置图表选项

图表可以用多种方式来设置其格式，例如更改图表轴的外观和位置、添加投影、移动图例等，从而组合显示不同的图表类型。通过使用【选择工具】▶选定图表，执行【对象】|【图表】|【类型】命令，可以查看图表设置的选项。

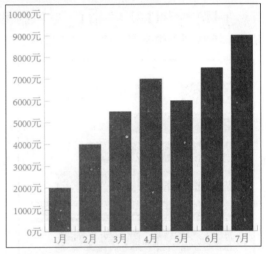

图 6-48 修改后的图表

1. 设置图表格式和自定格式

除了可以执行【类型】命令来设置图表样式外，还可以自定图表格式。用多种方式手动自定图表，可以更改底纹的颜色，更改字体和文字样式，移动、对称、切变、旋转或缩放图表的任何部分或所有部分，并自定列和标记的设计。

在【图表类型】对话框中，启用【样式】选项组中的【添加投影】选项后，单击【确定】按钮后，为图表添加投影效果，如图 6-49 所示。

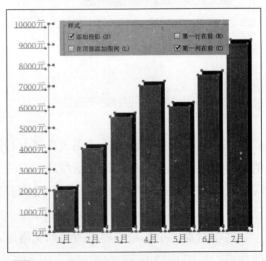

图 6-49 添加投影效果

默认情况下，在该对话框的【选项】选项组中，【列宽】和【簇宽度】参数值分别为 90% 和 80%，如果重新设置该选项数值，那么同样能够改变图表的展示效果，如图 6-50 所示。

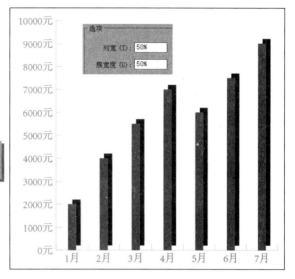

> **注 意**
> 图表是与其数据相关的编组对象，不可以取消图表编组，如果取消就无法更改图表。

2. 设置图表轴格式

如果想要设置图表轴的格式，首先使用【选择工具】选择图表。然后执行【对象】|【图表】|【类型】命令，要更改数值轴的位置，选择【数值轴】

图 6-50 调整图表列宽效果

菜单中的选项即可。【刻度值】命令确定数值轴、左轴、右轴、下轴或上轴上的刻度线的位置；【刻度线】命令确定刻度线的长度和绘制刻度线刻度的数量；【添加标签】命令是确定数值轴、左轴、右轴、下轴或上轴上的数字的前缀和后缀，如图 6-51 所示。

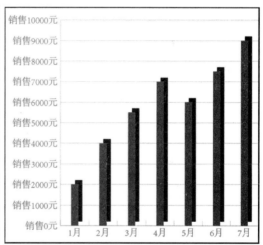

图 6-51 设置数轴值

在【图表类型】对话框中，选择下拉列表中的【类别轴】选项，能够更改类别轴的显示样式。其中，【刻度线】选项组中的选项，与【数值轴】中的作用基本相同，如图 6-52 所示。

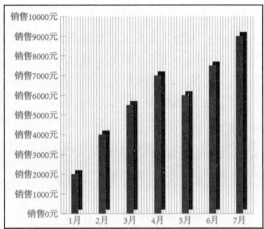

图 6-52　调整类型轴

6.4.4　用图案表现图表

虽然能够使用不同的图表工具创建图表，但是图表效果还是以几何图形为主。为了使图表效果更加生动，还可以使用普通图形或者符号图案来代替几何图形。

无论是普通图形还是符号图案，添加到图表中的方法是相同的。例如将符号图案添加到图表，首先将符号导入画板中，并且将其选中。执行【对象】|【图表】|【设计】命令，在弹出的【图表设计】对话框中单击【新建设计】按钮，即可将选中的符号实例添加至列表中，如图 6-53 所示。

继续在该对话框中单击【重命名】按钮，设计新建图表设计的名称，单击【确定】按钮，完成图表设计的创建，如图 6-54 所示。

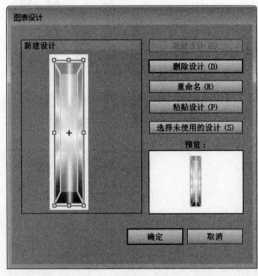

图 6-53　创建图表设计

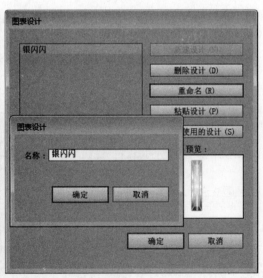

图 6-54　重命名

在图表选中的情况下，执行【对象】|【图表】|【柱形图】命令，在【图表列】对话框中选择列表中的【银闪闪】选项，单击【确定】按钮，使用符号替换几何图表，如图6-55 所示。

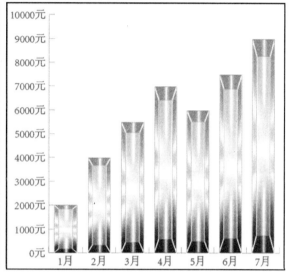

图 6-55 将图形添加到图表中

在【图表列】对话框的【选取列设计】下拉列表中，还可以选择 Illustrator 预设的各种图案添加到图表中。

在该对话框中，【列类型】下拉列表中包括 4 个选项，选择不同的选项，可以以不同的方式显示图表设计。

（1）垂直缩放：在垂直方向进行伸展或压缩。它的宽度没有改变。

（2）一致缩放：在水平和垂直方向同时缩放。设计的水平间距不是为不同宽度而调整的，如图 6-56 所示。

（3）重复堆叠：堆积设计以填充柱形。可以指定每个设计表示的值，以及是否要截断或缩放表示分数字的设计，如图 6-57 所示。

（4）局部缩放：与垂直缩放设计类似，但可以在设计中指定伸展或压缩的位置。

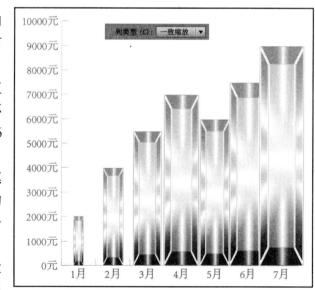

◑ **图 6-56** 一致缩放效果

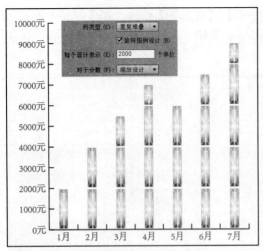 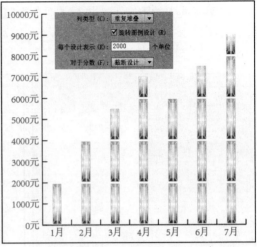

图 6-57　重复堆叠效果

6.5　课堂实例：制作漂亮信纸

本实例绘制漂亮信纸效果。在该效果中，信纸图案是通过【符号】面板创建而成，而颜色的明暗效果，则是通过在【透明度】面板中设置不同的透明度来完成的。整体效果如图 6-58 所示。

图 6-58　信纸效果

操作步骤：

1　创建【颜色模式】为 CMYK 的空白文档，使用【钢笔工具】✐ 绘制无描边的心形图案，如图 6-59 所示。

图 6-59　绘制心形图案

2　选中心形对象，禁用描边，填充颜色，选择【网格工具】❖为心形制作高光效果，如图6-60 所示。

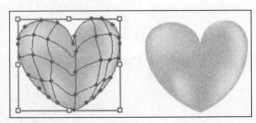

图 6-60　心形效果

3 选中心形对象，复制并调整大小与方向，打开透明面板，设置不同的透明度，如图 6-61 所示。

图 6-61　不同的透明度效果

4 选中全部心形对象，打开【符号】面板，单击符号面板下方的【新建符号】按钮 🔲，在弹出的对话框中输入"心形图案"，单击【确定】按钮即可将心形图案创建为符号，如图 6-62 所示。

5 选择【矩形工具】 🔲，绘制一个与画板同样大小的矩形，填充颜色，禁用描边，然后使用直线工具绘制线条，并设置线条的类型与颜色，按住 Alt 键拖动线条，然后按 Ctrl+D 键同步粘贴，如图 6-63 所示。

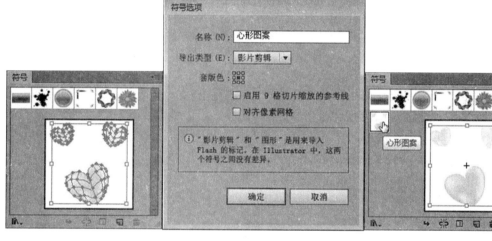

图 6-62　创建符号

图 6-63　绘制矩形

6 在【符号】面板中选择【心形图案】符号，在工具箱中双击【符号喷枪工具】 🖲，在弹出的对话框中设置参数，如图 6-64 所示。

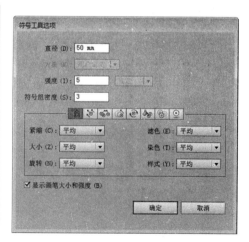

图 6-64　设置喷枪参数

7 单击【确定】按钮后，使用【符号喷枪工具】 🖲 在"信纸"上进行"喷撒"，然后选中画板中的符号右击进行排列，使符号位于矩形的上方、线条的下方，漂亮的信纸制作完成，　｜　　　　　效果如图6-65所示。

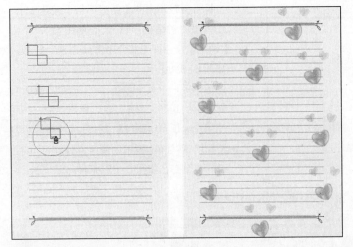

图 6-65　运用符号与最终效果

6.6　课堂练习：制作记录表

　　本实例制作的是公司人员的增长记录表。公司的企划部不仅要做每年的用人数量统计，同样还要对由于公司发展壮大预计要吸收的人才做统计。在制作过程中主要使用了【条形图工具】📊，为了使图表更加直观、清晰地显示统计数据的对比结果，将条形图换成了人简图图形。并且在制作过程中，还可以手工为其设置不同的颜色，从而使统计表的显示效果更加显著，如图6-66所示。

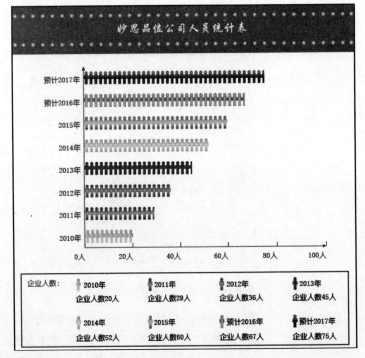

图 6-66　公司人员统计表

操作步骤:

1. 创建【颜色模式】为 CMYK 的空白文档,
   选择【矩形工具】 ▭ ,分别在画板的顶部
   和底部绘制两个矩形。选择【直线段工具】
   ▱ ,绘制水平直线。单击【画笔】面板底
   部的【画笔库菜单】按钮 ⅅⅴ ,选择【边框】
   Ⅰ【边框_虚线】命令,在弹出的【边框_虚线】
   面板中单击【虚线圆形 1.1】选项,如图 6-67
   所示。

2. 选择【文字工具】 ⊤ ,输入文本"妙思品
   位公司人员统计表",如图 6-68 所示。

3. 双击【条形图工具】 ⊟ ,弹出【图表类型】
   对话框,启用和设置其中的选项,如图 6-69
   所示。

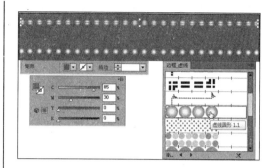

图 6-67 绘制矩形并设置线条

图 6-68 输入文字

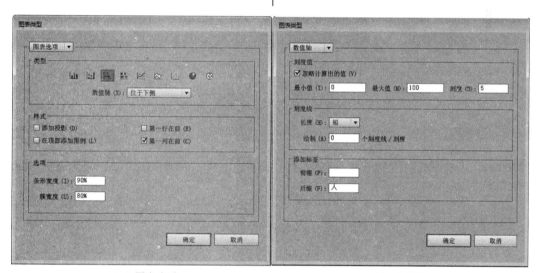

(a) 图表选项   (b) 数值轴

图 6-69 设置图表选项

4. 单击【确定】按钮后在画板中间单击并拖动。
   在弹出的【图表数据】对话框中,输入相关
   数据。单击【应用】按钮✔关闭对话框,如
   图 6-70 所示。

5. 在【符号】面板中单击【符号库菜单】按钮
   ⅅⅴ ,选择【照亮流行图】命令。将该面板中
   的【用户】选项拖入画板中,该符号显示在
   【符号】面板中,如图 6-71 所示。

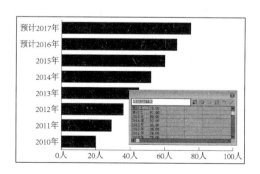

图 6-70 应用图表数据

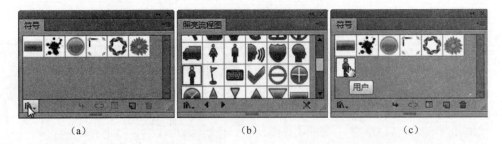

(a)　　　　　　　(b)　　　　　　　(c)

📀 图 6-71　选择符号

6 选中符号实例, 调整符号, 然后执行【对象】|【图表】|【设计】命令, 弹出【图表设计】对话框。单击【新建设计】按钮, 并重新命名, 如图 6-72 所示。

7 选中柱形图表, 执行【对象】|【图表】|【柱形图】命令, 在弹出的【图表列】对话框中选择和设置各选项, 如图 6-73 所示。

8 使用【文字工具】T选中图表数轴上的文字, 设置字体、字号等, 然后使用【直接选择工具】, 设置数轴的描边, 如图 6-74 所示。

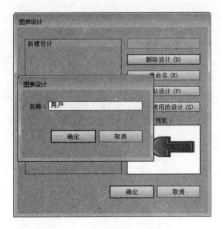

📀 图 6-72　新建设计符号并命名

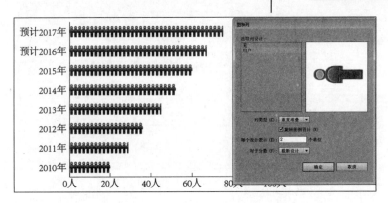

📀 图 6-73　应用符号

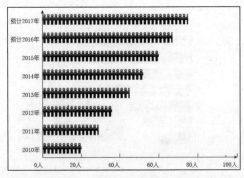

📀 图 6-74　重新设置字体字号

9 使用【直接选择工具】, 选中其中一个年份中的符号, 右击, 取消符号链接, 重新设置颜色, 然后对同一个年份的符号进行同样的操作, 效果如图 6-75 所示。

10 重复步骤(9)的操作, 将不同年份的符号设置为不同的颜色, 并在图表的下方进行说明, 完成图表的制作, 效果如图 6-76 所示。

图 6-75 手动改变符号颜色

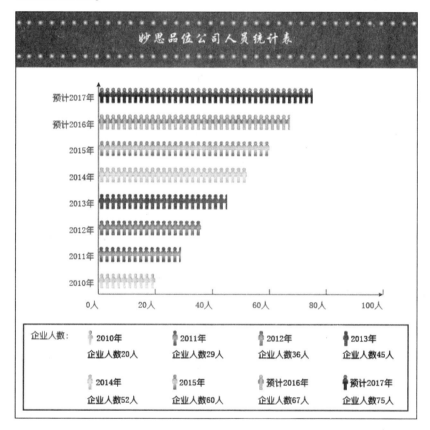

图 6-76 图表的最终效果

6.7 思考与练习

一、填空题

1. Illustrator 中的预设符号均在_____面板中。

2. 使用_____能够改变符号实例的大小。

3. 使用_____能够改变符号实例中的图形显示方向。

4. Illustrator 中的图表工具一共有_____个。

5. 使用_____可创建圆形图表，它的楔形表示所比较的数值的相对比例。

二、选择题

1. 创建符号有多种方法，除了将图形对象直接拖入【符号】面板外，还可以使用_____按钮来置入符号。

    A．【新建符号】

    B．【符号选项】

    C．【置入符号实例】

    D．【断开符号链接】

2．在使用【符号位移器工具】时，要向前移动符号实例，按住＿＿＿＿＿键单击并拖动符号实例。

    A．Ctrl

    B．Shift

    C．Alt

    D．Ctrl+Shift

3．使用＿＿＿＿＿工具可以为符号添上颜色。

    A．【符号位移器工具】

    B．【符号旋转器工具】

    C．【符号样式器工具】

    D．【符号着色器工具】

4．如果想使图表开始的角沿对角线向另一个角拖动，按住＿＿＿＿＿键拖曳可从中心绘制，按住 Shift 键可将图表限制为一个正方形。

    A．Ctrl

    B．Alt

    C．Shift

    D．Alt+Shift

5．在【图表类型】对话框的【样式】选项组中，启用＿＿＿＿＿选项能够为图表添加阴影效果。

    A．添加投影

    B．第一行在前

    C．第一列在前

    D．在顶部添加图例

三、问答题

1．简述普通矢量图形对象转换为符号的操作过程。

2．如何改变符号的图形显示？

3．如何创建一个最简单的饼图表效果？

4．怎样重新编辑图表数据？

5．能够使用普通的图形对象替换图表中的几何图形吗？怎样操作？

四、上机练习

1．制作背景

背景图形对象的制作，可以通过绘制方法，也可以通过符号的运用，然后结合混合模式将其融为一体。制作方法很简单，在【符号】面板中，单击【符号库菜单】按钮，选择【庆祝】命令，在该面板中通过单击将符号置入【符号】面板中。使用【符号喷枪工具】，在画板中单击并拖动，创建符号实例。最后设置符号组对象的【混合模式】为【叠加】，使其与背景融为一体，如图 6-77 所示。

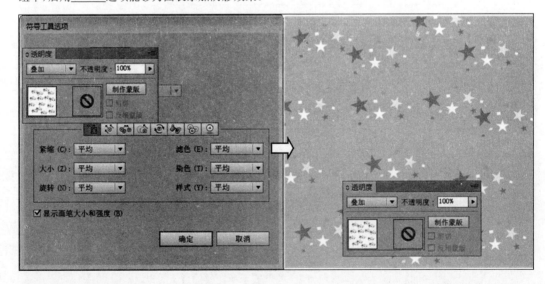

图 6-77　背景效果

2．制作图表

在制作图表时，需要根据不同类型统计数据来选择不同的图表类型进行展示。例如，销量的图表显示。只要将销量的信息建立在记事本中，然后使用【柱形图工具】在画板中单击并拖动。在弹出的【图表数据】对话框中输入数据。完成数据的输入后，单击【应用】按钮，并且关闭该对话框，数据以柱形显示在图表中，如图 6-78 所示。

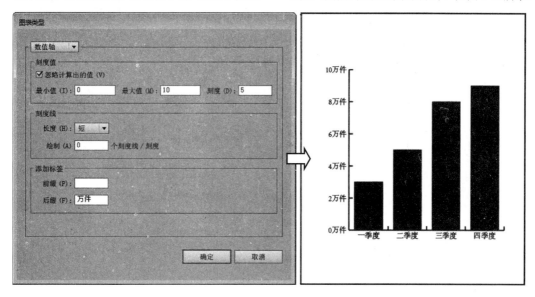

图 6-78　销量的图表显示

第7章

管理图形对象

在 Illustrator 中，可以通过图层和编组功能对不在同一个图层的图形对象进行分类，也可以通过混合功能对图形对象进行变形与颜色变化等。管理图形对象，并不只是将多个图形对象无变化地组合为一个对象，还能够通过混合模式与不透明度功能在视觉上将图形对象组合为一个对象，而且可以使用剪切蒙版和不透明度蒙版将多个图形对象以渐隐或者完全显示等不同的方式来显示。

本章从图层、混合模式、剪切蒙版、不透明度等方面介绍了管理图形对象的组织方式，讲述了不同的功能方式所具有的特点，其中所包含的方法与技巧使用户能够快速地掌握与运用。

7.1 图层

如果把图层比作一张张堆叠在一起的纸，那么每张纸就代表一个图层。如果重新排列纸张顺序，就会更改作品中项目的堆叠顺序。创建复杂图形时，有些小项目隐藏在大的项目之下，会增加选择图稿的难度，而图层提供的方式有效地管理了组成图稿的所有项目。

7.1.1 【图层】面板

【图层】面板提供了一种简单易行的方法，它可以对作品的外观属性进行选择、隐藏、锁定和更改，也可以创建模板图层。执行【窗口】|【图层】命令，弹出【图层】面板，如图 7-1 所示。使用面板底部的按钮可以创建剪切蒙版，并可以新建、删除图层等，表 7-1 中介绍了各个按钮的功能。

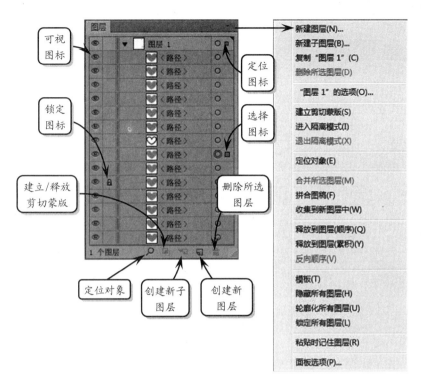

可视
图标

锁定
图标

建立/释放
剪切蒙版

定位
图标

选择
图标

删除所选
图层

定位对象

创建新子
图层

创建新
图层

新建图层(N)...
新建子图层(B)...
复制 "图层 1" (C)
删除所选图层(D)

"图层 1" 的选项(O)...

建立剪切蒙版(S)
进入隔离模式(I)
退出隔离模式(X)

定位对象(E)

合并所选图层(M)
拼合图稿(F)
收集到新图层中(W)

释放到图层(顺序)(Q)
释放到图层(累积)(Y)
反向顺序(V)

模板(T)
隐藏所有图层(H)
轮廓化所有图层(U)
锁定所有图层(L)

粘贴时记住图层(R)

面板选项(P)...

⬤ 图7-1 【图层】面板

▦ 表7-1 【图层】面板底部的按钮功能介绍

名　　称	按钮	作　　用
建立/释放剪切蒙版	▣	用于创建或释放剪切蒙版
创建新子图层	⤵	可在父图层中创建图层（子图层）。选中父图层，单击该按钮，可新建子图层
创建新图层	▢	创建新的父图层
删除所选图层	🗑	可删除所选的图层或项目。选中要删除的图层或项目，单击该按钮，可直接删除。如果要删除的图层包含项目，会弹出提示对话框，选择【是】，可将图层以及图层中的项目全部删除

　　单击面板右上端的黑色三角形，可打开面板关联菜单。该菜单显示了选定图层可用的不同选项。其中既包括与面板底部按钮相同的功能，也包括其他不同的选项，如表 7-2 所示。

▦ 表7-2 【图层】面板关联菜单中的命令及相关作用

名　　称	作　　用
新建图层	在当前选定图层的上方新建图层，如果没有选定图层，将在面板最顶端创建新图层。新建图层时，将弹出【图层选项】对话框，设定新建图层的各个选项
新建子图层	选择父图层后选择该命令，可在该图层的顶端创建一个子图层
复制当前图层	复制选定的图层以及这些图层上的任何对象
删除当前图层	删除图层以及该图层上的任何对象。如果选择了几个图层，该命令变为【删除所选图层】，它将删除所有选定的图层
"图层" 选项	打开【图层选项】对话框，设置当前图层的选项。若选择了多个图层，该命令变为【所选图层的选项】，对话框的设置将影响每个选中的图层

名 称	作 用
面板选项	通过【图层面板选项】对话框，可更改【行大小】、【缩览图】视图，以及是否只显示图层
建立剪切蒙版	在图层中建立剪切蒙版，位于图层最顶端的对象将作为蒙版形状
进入隔离模式	进入一种编辑模式，在不扰乱作品其他部分的情况下，可以编辑组中的对象，而无须重新堆叠、锁定或隐藏图层，可轻松选择、编辑难以查找的对象
退出隔离模式	退出隔离模式。在隔离模式的空白位置双击，可退出隔离模式
定位对象	选中对象后，执行该命令，可在面板中查找对象的位置
合并所选图层	可将选定的图层组合为一个图层
拼合图稿	可将当前面板内所有图层拼合，组合成为一个图层
收集到新图层中	选中一个图层或组，将当前图层或组中的对象，重新放置到一个新的图层中
释放到图层（顺序）	可将选定的图层或组，移动到各个新图层，即面板每个项目各占一个新的图层
释放到图层（累积）	以累积的顺序将选定的对象移动到图层中，即第一个图层一个对象、第二个图层两个对象、第三个图层三个对象，以此类推
反向顺序	可反转选定图层的堆叠顺序，且图层必须是相邻的
模板	将所选对象设置为模板，与【图层选项】对话框中的【模板】复选框功能相同
隐藏其他图层	除选中图层外隐藏其他图层。当面板中只有一个图层时，该命令变为【隐藏所有图层】命令，可将唯一的图层隐藏。隐藏图层后，该命令相应变为【显示其他图层】或【显示所有图层】，选中后恢复图层的显示状态
轮廓化其他图层和预览其他图层	除选定图层外，将其他图层更改到轮廓视图，或将所有未选图层更改为预览图层
锁定其他图层和锁定所有图层	锁定选定图层以外的所有图层，或解锁选定图层以外的所有图层
粘贴时记住图层	决定对象在图层结构中的粘贴位置。默认情况下，该命令处于关闭状态，并会将对象粘贴到【图层】面板中处于现用状态的图层中。当选中该命令时，会将对象粘贴到复制对象的图层中，而不管该图层在面板中是否处于现用状态。如果在文档间粘贴对象，并希望将对象自动置入到与其原所在图层名称相同的图层中，可选中该命令。如果目标文档中没有与原图层名称相同的图层，Illustrator便会创建一个新的图层

1. 更改图层缩览图显示

在默认情况下图层缩览图以【中】尺寸显示，在【图层】面板关联菜单中选择【面板选项】命令，弹出【图层面板选项】对话框。在【行大小】选项组中启用不同的选项，能够得到不同尺寸的图层缩览图。其中，启用【其他】选项后，可以在文本框中输入一个 12～100px 的数值，如图 7-2 所示。

2. 面板与图形对象

图形对象与【图层】面板是息息

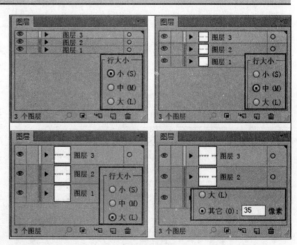

图 7-2　缩览图显示效果

相关的，例如显示与隐藏、选中与否等均在该面板中以不同的图标进行标识。下面通过如何查看各部分的状态，来了解当前所编辑对象的状况。

当画板中的图形对象以不同的方式显示时，【图层】面板中的【可视】图标 会发生不同的变化。这里分别为预览图层与轮廓图层的可视图标的显示效果。方法是，将鼠标放在图层面板的【可视】图标 上，按住 Ctrl 键单击即可切换视图模式，如图 7-3 所示。

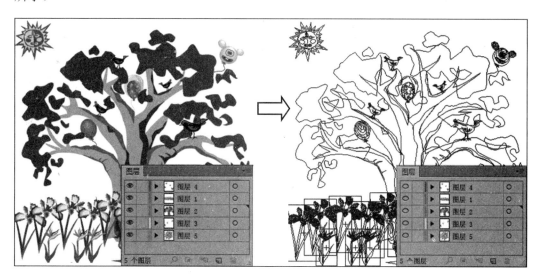

图 7-3　不同可视图标的显示方式

【图层】面板中的【可视】图标 可以通过单击来控制相应图层中的图形对象的显示与隐藏。通过单击隐藏不同项目，从而得到不同的显示效果，如图 7-4 所示。

默认情况下，每个新建的文档都包含一个图层，该图层称为父图层。所有项目都被组织到这个单一的父图层中。

当【图层】面板中的图层或项目包含其他内容时，图层或项目名称的左侧会出现一个三角形。单击此三角形可展开或折叠图层或项目内容。如果没有三角形，则表明该图层或项目中不包含任何其他内容。

对象的选择与否不是通过单击图层来实现的，而是通过单击图层右侧的【定位】图标 （未选定状态）实现的。单击该图标后，图标显示为双环图标 时，

图 7-4　图层的显示与隐藏

表示项目已被选定；若图标为 ，表示项目添加有滤镜效果，如图 7-5 所示。

提　示

当选定项目时，会显示一个颜色框。如果一个项目（如图层或组）包含一些已选定的对象以及其他一些未选定的对象，则会在父图层旁显示一个较小的选择颜色框。如果父图层中的所有对象均已被选中，则选择颜色框的大小将与选定对象旁的标记大小相同。

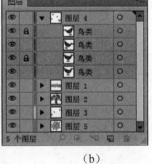

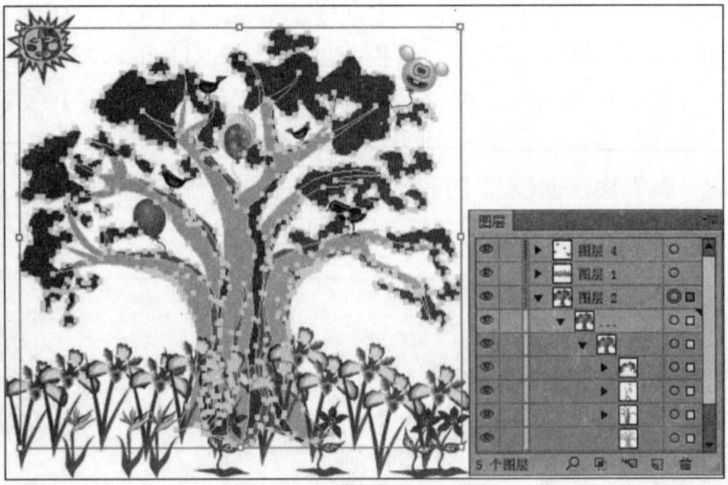

图7-5　图形对象的选中状态

3. 锁定图层

锁定图层最直接的方法，就是在要锁定图层的可编列单击，添加锁状图标。只需锁定父图层，即可快速锁定其包括的多个路径、组和子图层。

(1) 若要锁定图层或对象，单击面板中与要锁定的图层或对象对应的编辑列按钮（位于眼睛图标的右侧）。

(2) 使用鼠标指针拖过多个编辑列按钮可一次锁定多个项目。

(3) 选择要锁定的对象，然后选择【对象】|【锁定】|【所选对象】命令。

(4) 单击面板中与要解锁的对象或图层对应的锁图标，可解锁图层或对象。

(5) 若要锁定与所选对象所在区域有所重叠且位于同一图层中的所有对象，选择对象后，执行【对象】|【锁定】|【上方所有图稿】命令。

(6) 若要锁定除所选对象或组所在图层以外的所有图层，选择【对象】|【锁定】|【其他图层】命令。

(7) 若要解锁文档中的所有对象，选择【对象】|【解锁全部对象】命令。

显示图层或项目为锁定或非锁定状态：若显示锁状图标，则表示项目为锁定状态，内容不可编辑；若显示为空白，则表示项目可编辑，上级图层的显示与否控制子图层以及项目中的显示效果，如图 7-6 所示。

(a)　　(b)

图7-6　锁定不同对象

7.1.2 创建图层

在新建空白文档中，如果在画板中绘制图形对象，那么该图形对象会默认显示在“图层 1”中，以项目方式进行保存。该项目并不是图层，其属性也不是图层属性，如图 7-7 所示。

在【图层】面板中，单击底部
的【创建新图层】按钮 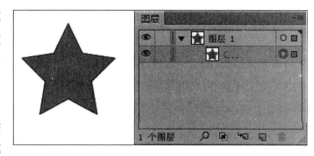，能够在
当前图层上方新建空白图层，如图
7-8 所示。

当选中图层后，单击【图层】
面板底部的【创建新子图层】按
钮 ，那么会在选中图层的内部
创建图层，形成子图层，如图 7-9
所示。

提 示

在图层内部，选中子图层后单击【创建
新子图层】按钮 ，会在该图层内部
继续创建新的子图层；选中父图层中的
其他项目后单击【创建新子图层】按钮
，那么该按钮不可用。

如果选中图层内部的子图层
后，单击【创建新图层】按钮 ，
那么会创建与子图层同等级的子图
层，如图 7-10 所示。

无论是图层还是子图层，通过
【图层】面板关联菜单中的创建命
令，均能够弹出【图层选项】对话
框。在该对话框中显示图层的基本
属性选项，如图 7-11 所示。

（1）名称：指定项目在【图层】
面板中显示的名称。

（2）颜色：指定图层的颜色设
置。可以从菜单中选择颜色，或双
击颜色色板以选择颜色。

（3）模板：使图层成为模板
图层。

（4）锁定：禁止对项目进行
更改。

（5）显示：显示画板图层中包
含的所有图稿。

（6）打印：使图层中所含的图
稿可供打印。

图 7-7　图形对象保存在项目中

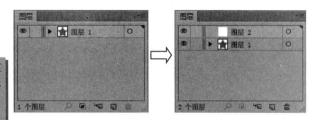

图 7-8　新建空白图层

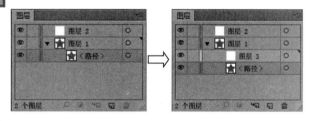

图 7-9　新建子图层

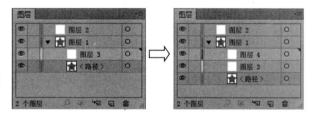

图 7-10　同一按钮创建不同图层

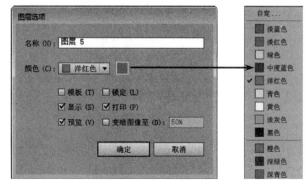

图 7-11　【图层选项】对话框

（7）预览：以颜色而不是按轮廓来显示图层中包含的图稿。

（8）变暗图像至：将图层中所包含的链接图像和位图图像的强度降低到指定的百分比。

7.1.3 编辑图层

在【图层】面板中，无论所选图层位于面板中的哪个位置，新建图层均会放置在所选图层的上方。当绘制图形对象后，可以通过移动与合并来重新确定对象在图层中的效果。

1. 将对象移动到另一图层

绘制后的图形对象在画板移动，只是改变该对象在画面中的位置。要想改变图形对象在图层中的位置，那么需要在【图层】面板中进行操作。

在【图层】面板中，新建空白图层。然后选中图形对象所在的图层，单击图层右侧的【选择】图标○，使其显示【选择】图标■。单击并拖动【选择】图标至空白图层中的■处，即可将图形对象移动至空白图层中，如图 7-12 所示。

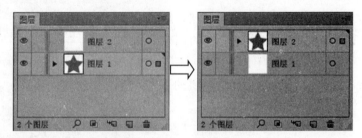

图 7-12 移动图形对象到其他图层

2. 移动图层

通过面板菜单中的命令，可以实现特定位置的图层移动，也可以直接使用鼠标拖动来自由地调整图层的位置。

使用鼠标在图层名称或其名称右侧的空白处单击并拖动，在黑色的插入标记出现在期望位置时，释放鼠标按钮，移至所需的位置，效果如图 7-13 所示。黑色插入标记出现在面板中其他两个项目之间，或出现在图层的左边和右边。在图层之上释放的项目将被移动至项目中所有对象上方。

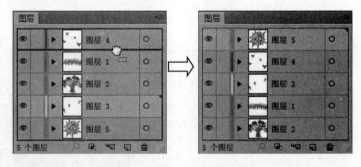

图 7-13 调整图层位置

如果在拖动图层的过程中按 Alt 键，鼠标下侧会出现一个小加号，此时可创建要复制图层的副本，如图 7-14 所示。

技 巧

若要选择多个图层，按住 Ctrl 键单击图层，可选择不相邻的项目；按住 Shift 键可选择相邻的项目。不能将路径、组或元素集移动到【图层】面板中的顶层位置，只有图层才可位于图层层次结构的顶层。

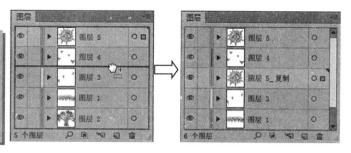

图 7-14　创建图层副本

3．合并图层

在【图层】面板关联菜单中，【合并所选图层】和【拼合图稿】命令可以将对象、组和子图层合并到同一图层或组中，这两个功能较为相似。无论使用哪种功能，图稿的堆叠顺序都将保持不变，但其他的图层级属性（如剪切蒙版属性）将不会保留。

若要将项目合并到一个图层或组中，单击要合并的图层，或者配合 Ctrl 键和 Shift 键选择多个图层。然后在面板关联菜单中选择【合并所选图层】命令，图形将会被合并到

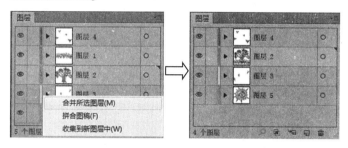

图 7-15　合并所选图层

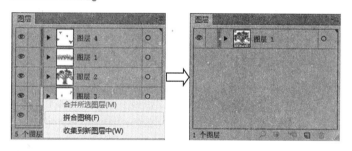

图 7-16　合并图稿

最后选定的图层中，并可以消除空的图层，如图 7-15 所示。

关联菜单中的【拼合图稿】命令，能够将面板中的所有图层合并为一个图层。方法是，单击面板中的某个图层，然后在面板关联菜单中选择【拼合图稿】命令，即可将所有图形对象合并在所选图层中，如图 7-16 所示。

提 示

图层只能与面板中相同层级上的其他图层合并。同理，子图层只能与相同图层中位于同一层级上的其他子图层合并，而对象无法与其他对象合并。

4．释放对象到单独图层

【释放到图层】命令可以将图层中的所有项目重新分配到各图层中，并根据对象的堆叠顺序在每个图层中构建新的对象，此功能可用于准备 Web 动画文件。

要想将每个项目都释放到新的图层，首先选中项目所在图层，打开【图层】面板关联菜单，选择【释放到图层（顺序）】命令，即可将图形对象分别放置在子图层中，如图7-17所示。

要想将项目释放到图层并复制对象以创建累积顺序，首先选中项目所在图层，打开【图层】面板关联菜单，选择【释放到图层（累积）】命令，这时底部的对象出现在每个新建的图层中，而顶部的对象仅出现在顶层的图层中，如图7-18所示。

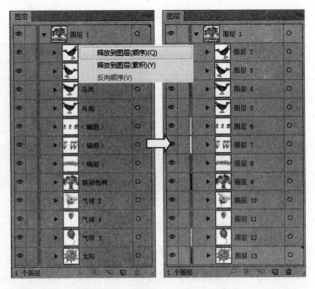

图7-17 【释放到图层（顺序）】命令

7.1.4 对象编组

在图层合并过程中，虽然合并图层的同时，也将图层所在的图形对象合并至同一个图层中，但是图形对象还是独立的项目，并能够使用【选择工具】 分别选择与编辑，而不影响其他的图形对象，如图7-19所示。

而【编组】命令不仅在操作方面，而且在图形对象的效果方面都与图层合并有着本质的区别。【编组】命令是将若干个对象合并到一个组中，把这些对象作为一个单元同时进行处理。这样，就可以同时移动或变换若干个对象，且不会影响其属性或相对位置。

要对多个图形对象进行编组，首先要在画板中选中多个图形对象。然后执行【对象】|【编组】命令（快捷键为Ctrl+G），得到编组对象，如图7-20所示。

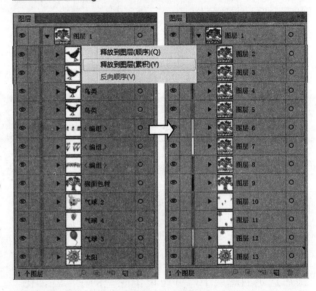

图7-18 【释放到图层（累积）】命令

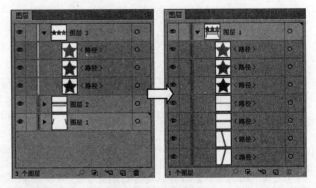

图7-19 合并图层后的图形对象

如果选择的是位于不同图层中的对象并将其编组,那么其所在图层中的最靠前图层,就是这些对象将被编入的图层,如图7-21所示。

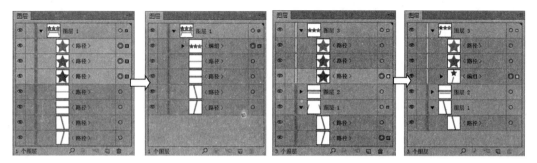

图 7-20　对象编组　　　　　　图 7-21　对不同图层的对象进行编组

提 示

组对象还可以是嵌套结构,也就是说,组可以被编组到其他对象或组之中,形成更大的组对象。而组对象的取消,只需执行【对象】|【取消编组】命令或按快捷键 Ctrl+Shift+G 即可。

7.2　剪切蒙版

剪切蒙版是一个可以用其形状遮盖其他图稿的对象,就是将对象裁剪为蒙版的形状。因此使用剪切蒙版,只能看到蒙版形状内的区域。剪切蒙版和被蒙版的对象统称为剪切组,通过选择两个或多个对象,一个组或图层中的所有对象来建立,并在【图层】面板中用下划线标出,效果如图7-22所示。

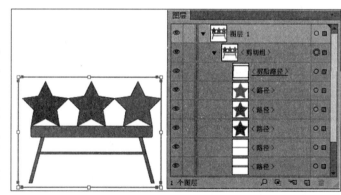

在画板上绘制的任何形状的开放或闭合路径、复合路径、文本对象以及经过变换后的图形对象等都可以生成蒙版,而被蒙版的对象可以是在Illustrator中直接绘制的,也可以是从其他程序中导入的文件,在预览模式下,在蒙版以外的部分不会显示,并且不会打印出来,而在线框视图模式下,所有对象的轮廓线都会显示出来。

图 7-22　剪贴蒙版

●—— 7.2.1　创建剪切蒙版 —

创建蒙版可分为针对对象添加剪切蒙版或针对图层和组添加剪切蒙版。选中对象后,既可以通过【图层】面板中的按钮或者关联菜单中的命令来创建剪切蒙版,也可以通过【对象】|【剪切蒙版】命令中的子命令来创建。

1. 为对象添加剪切蒙版

选择被蒙版对象及蒙版图形，使用下列操作为对象添加剪切蒙版：执行【对象】|【剪切蒙版】|【建立】命令或按快捷键 Ctrl+7；或者单击【图层】面板底部的【建立/释放剪切蒙版】按钮，如图 7-23 所示。

2. 为图层和组添加剪切蒙版

首先创建要用作蒙版的对象，将蒙版路径以及要遮盖的对象移入图层或组，在【图层】面板中，确保蒙版对象位于组或图层的上方，单击图层或组的名称，再单击【建立/释放剪切蒙版】按钮。与图 7-23 相比可以发现，使用这种方法可以

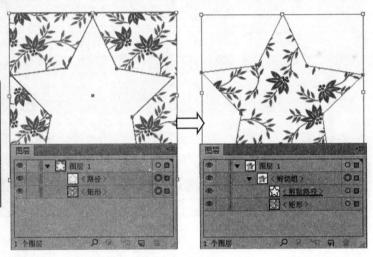

图 7-23 创建剪切蒙版

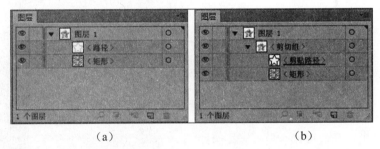

（a）　　　　　　　　　　　（b）

图 7-24 图层创建剪贴蒙版

将该图层中蒙版对象以下的所有内容囊括在蒙版范围内，如图 7-24 所示。

7.2.2 编辑剪切蒙版

完成蒙版的创建或者打开一个已应用剪切蒙版的文件后，还可以调整蒙版的形状，增加或减少蒙版内容，以及释放剪切蒙版。

蒙版和被蒙版图形能像普通对象一样被选择或修改。在【图层】面板中，单击【定位】图标◎可选中蒙版图形，这时显示【控制】面板中的【编辑剪切路径】按钮◙。

单击【编辑内容】按钮 ⊕，
或者执行【对象】|【剪切蒙
版】|【编辑内容】命令，可
选中被蒙版图形，如图 7-25
所示。

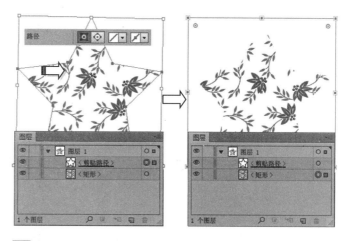

图 7-25　选择蒙版与蒙版内容

　　当使用【直接选择工具】
选中剪切路径后，可对其应
用填色或描边操作。但是由于
剪切对象是通过区域显示与
隐藏图形对象的，所以只有描
边效果能够显示，如图 7-26
所示。

　　当建立剪切蒙版后，无论是否在同一个
图层中绘制图形对象，均不影响剪切蒙版组
合。而要想将再次绘制的图形对象与剪切蒙
版组合，那么只要在【图层】面板中，将
图形对象拖至剪切组合中即可，如图 7-27
所示。

　　要想使剪切组合中的图形对象脱离，只
要选中并展开剪切蒙版组，在【图层】面板
中将被蒙版图形拖动到剪切蒙版组以外的
其他图层位置，即可将其脱离剪切蒙版，如
图 7-28 所示。

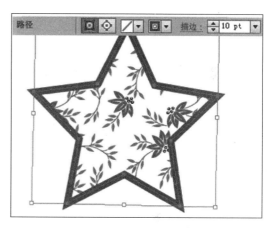

图 7-26　为剪贴路径添加描边

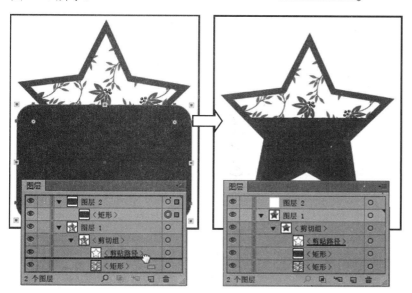

图 7-27　在剪贴蒙版中添加对象

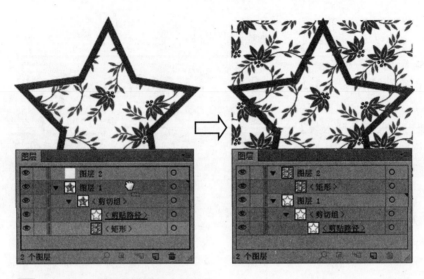

图7-28 释放剪贴蒙版中的对象

如果要分离整个剪切蒙版，那么选中该剪切蒙版后，执行【对象】|【剪切蒙版】|
【释放】命令（快捷键为 Ctrl+Alt+7），或者在【图层】面板中单击包含剪切蒙版的图层，

单击【建立/释放剪切蒙
版】按钮，将剪切蒙
版释放并转换为图形对
象。但是后者在保留了
编组的同时取消了剪切
组合，而前者则是直接
将编组内的剪切组合拆
分为图形对象，如图
7-29 所示。

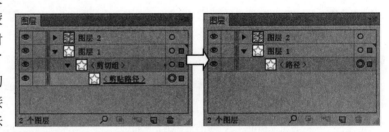

图7-29 释放剪切蒙版

7.3 混合对象

混合对象可以将多个图形对象组合为一个新的对象，可以在两个或两个以上对象之
间平均分布形状，也可以在对象间创建平滑过渡，还可以在组合颜色和对象的形状中创
建颜色过渡。不同情况下的图形对象混合，会得到不同的混合效果。

7.3.1 创建混合对象

混合对象的创建可以在两个或多个对象之间。也可以是不同属性的图形对象。不同
情况下的图形对象进行混合，均会得到不同的混合效果。

1．创建同属性的图形对象混合

当画板存在两个属性相同、形状不同的图形对象时，选择工具箱中的【混合工具】。

单击一个图形对象后，再单击另外一个图形对象，即可在两个图形对象之间建立混合效果，如图 7-30 所示。

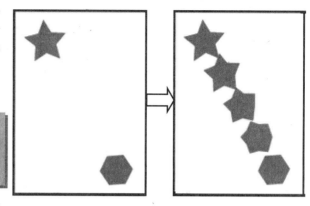

图 7-30　创建同色混合对象

当画板中存在两个以上图形对象时，如果通过【对象】|【混合】|【建立】命令创建混合对象，只能得到一种混合效果；如果使用【混合工具】单击对象来创建混合对象，那么根据单击顺序的不同，将得到不同的混合效果，如图 7-31 所示。

若要为开放路径创建混合对象，选择【混合工具】，单击一条路径的端点后，再单击另外一条

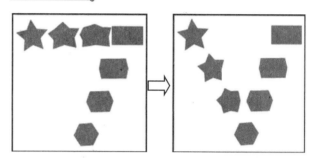

图 7-31　多个图形对象的混合效果

路径的端点，从而创建两者之间的混合效果，如图 7-32 所示。

2．创建不同属性的图形对象混合

当画板中的两个图形对象填充颜色不同时，使用【混合工具】依次单击这两个图形对象，建立的混合对象除了图形形状发生过渡变化外，颜色也发生自然的渐变效果，如图 7-33 所示。

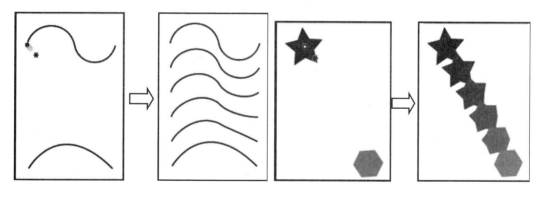

图 7-32　为开放路径添加混合对象　　　　图 7-33　为不同颜色的图形建立混合效果

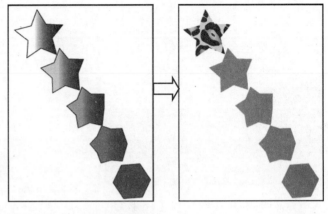

如果是不同填充类型的图形对象之间建立混合对象，那么同样会产生不同的混合效果。例如在单色图形对象与渐变图形对象之间建立混合对象，渐变与单色之间的混合效果不同；如果是单色图形与图案图形之间创建混合对象，混合过渡效果将只使用最上方图层中对象的填色，如图7-34所示。

图7-34 其他混合效果

提 示

无论是两个图案图形对象之间，还是混合模式图形对象之间，都将使用上方图形对象的填充效果或者是混合模式效果为过渡效果。而在多个外观属性（效果、填色或描边）的对象之间进行混合，Illustrator 则会试图混合其选项。

3. 设置混合选项

无论是什么属性图形对象之间的混合效果，在默认情况下创建的混合对象，均是根据属性之间的差异来得到相应的混合效果的。而混合选项的设置能够得到具有某些相同元素的混合效果。双击【混合工具】 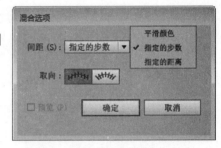 或者执行【对象】|【混合】|【混合选项】命令，弹出【混合选项】对话框，如图7-35所示。

该对话框中主要包括【间距】和【取向】两个选项组，其中各个选项组中的选项及作用如下。

【间距】选项组确定要添加到混合的步骤数。

（1）平滑颜色：让 Illustrator 自动计算混合的步骤数。如果对象使用不同的颜色进行填色或描边，则计算出的步骤数将是为实现平滑颜色过渡而取的最佳步骤数。如果对象包含相同的颜色，或包含渐变或图案，则步骤数将根据两对象定界框边缘之间的最长距离计算得出。这是默认混合效果的选项设置。

图7-35 【混合选项】对话框

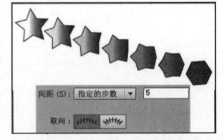

（2）指定的步数：用来控制在混合开始与混合结束之间的步骤数，如图7-36所示。

图7-36 设置混合步骤数

（3）指定的距离：用来控制混合步骤之间的距离。指定的距离是指从一个对象边缘起到下一个对象相应边缘之间的距离（例如，从一个对象的最右边到下一个对象的最右边），如图7-37所示。

【取向】选项组确定混合对象的方向。

（1）对齐页面：使混合垂直于页面的 X 轴。

（2）对齐路径：使混合垂直于路径。

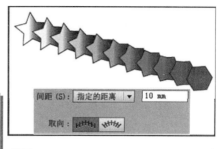

提　示

【取向】选项组中的选项虽然针对所有的混合对象，但是只有在具有弧度路径的混合对象中，才能显示出不同的显示效果。

图 7-37　设置混合距离

7.3.2　编辑混合对象

无论是创建混合对象之前还是之后，均能够通过【混合选项】对话框中的选项进行设置。而建立混合对象后，还可以在此基础上改变混合对象的显示效果，以及释放或者扩展混合对象。

1. 更改混合对象的轴

混合轴是混合对象中各步骤对齐的路径。默认情况下，混合轴会形成一条直线。要改变混合轴的形状，可以使用【直接选择工具】单击并拖动路径端点来改变路径的长度与位置；或者使用【转换锚点工具】改变路径的弧度，如图 7-38 所示。

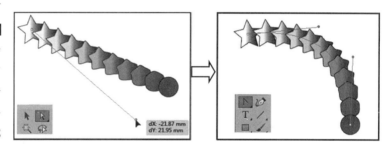

图 7-38　改变混合轴

注　意

在对象之间创建了混合对象之后，就会将混合对象作为一个对象看待。如果移动了其中一个原始对象或编辑了原始对象的锚点，则混合将会随之变化。此外，原始对象之间混合的新对象不会具有其自身的锚点。

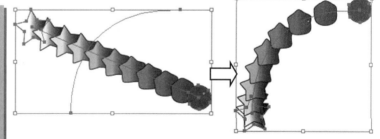

图 7-39　替换混合轴

当画板中存在另外一条路径时，同时选中该路径和混合对象，执行【对象】|【混合】|【替换混合轴】命令，将混合对象依附在另外一条路径上，如图 7-39 所示。

2. 颠倒混合对象中的堆叠顺序

当混合对象中的路径为弧线时，即可在【混合选项】对话框中单击【对齐路径】按钮，使混合对象垂直于路径，如图 7-40 所示。

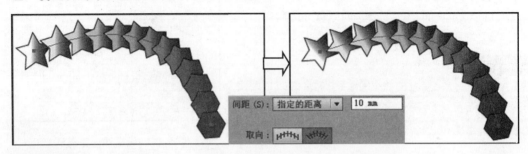

图 7-40　对齐路径效果

提　示

只有在混合原始对象为不规则的情况下，单击【混合选项】中的【对齐路径】按钮 ⠿⠿⠿ ，才能够查看效果。

　　选中混合对象，当执行【对象】|【混合】|【反向混合轴】命令时，混合对象中的原始图形对象对调，并且改变混合效果，如图 7-41 所示。

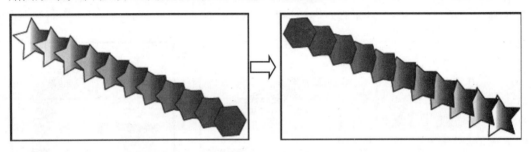

图 7-41　反向混合轴效果

　　当混合效果中的对象呈现堆叠效果时，执行【对象】|【混合】|【反向堆叠】命令，对象的堆叠效果就会呈相反方向，如图 7-42 所示。

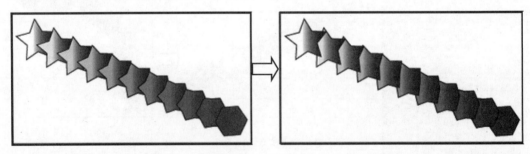

图 7-42　反向堆叠效果

3. 释放与扩展混合对象

　　创建混合对象后，就会将混合对象作为一个对象看待，而原始对象之间混合的新对象不会具有自身的锚点。要想对其进行再编辑，可以将其分割为不同的对象。

选中混合对象后，执行【对象】|【混合】|【释放】命令（快捷键为 Ctrl+Alt+Shift+B），将混合对象还原为原始的图形对象，如图 7-43 所示。

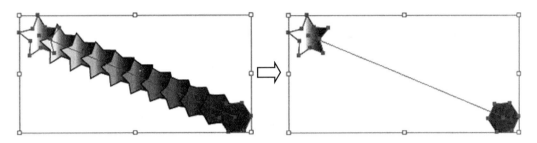

◐ 图 7-43 释放混合对象

选中混合对象后，执行【对象】|【混合】|【扩展】命令，那么混合对象将在保持效果不变的情况下转换为编组对象。

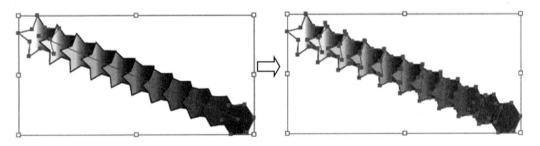

◐ 图 7-44 扩展混合对象

7.4 透明度

图形对象的透明度效果，可以通过不透明度、混合模式以及不透明蒙版等功能来设置，如果将图层比作一张张的纸，一张纸代表一个图层，在画板中，可以看到任何一个图层的内容，透过不同的图层，可以在视觉上把各个图层的内容组合成一个图形对象，这种效果就是最基本的透明效果。

●--7.4.1 透明度面板--

图形对象的不透明度、混合模式以及不透明蒙版等效果，是在【透明度】面板中设置的。执行【窗口】|【透明度】命令（快捷键为 Ctrl+Shift+F10），弹出【透明度】面板，如图 7-45 所示。

提 示

关联菜单中，能够通过选择【新建不透明蒙版为剪切蒙版】命令，将不透明蒙版作为剪切蒙版显示。

绘制图形对象后，在【控制】面板中可以直接设置该图形对象的不透明效果。选中该图形对象，直接在【不透明度】文本框中设置数值即可，如图 7-46 所示。当然，在【透明度】面板中，同样能够设置图形对象的【不透明度】选项。

在设置不同的不透明度数值后，图形的透明度效果也就不同，用户可以根据自己设计的图形来输入不同的数值。

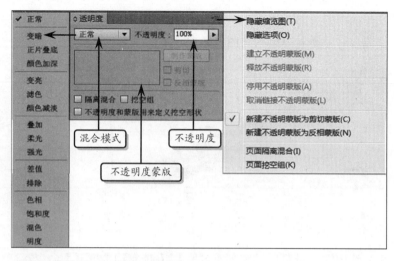

图 7-45 【透明度】面板

提 示

【控制】面板中的各个选项，能够在相应的面板中找到。如【不透明度】选项显示在【透明度】面板中，【描边粗细】选项显示在【描边】面板中等。

图 7-46 设置不透明度

7.4.2 混合模式

混合模式可以用不同的方法将对象颜色与底层对象的颜色混合。当一种混合模式应用于某一对象时，在此对象的图层或组下方的任何对象上都可看到混合模式的效果。

为了便于下面讲解，可以

图 7-47 设置混合模式

把混合色看作是选定对象、组或图层的原始色彩，基色是图稿的底层颜色，结果色是混合后得到的颜色，如图 7-47 所示。

Illustrator 中包含了 16 种混合模式，表 7-3 描述了各混合模式的效果。

表 7-3 各混合模式的效果

名　　称	效果描述
正常	使用混合色对选区上色而不与基色相互作用。这是默认模式
变暗	选择基色或混合色中较暗的一个作为结果色。比混合色亮的区域会被结果色所取代，比混合色暗的区域将保持不变

名　称	效果描述
正片叠底	将基色与混合色相乘得到的颜色总是比基色和混合色都要暗一些。将任何颜色与黑色相乘都会产生黑色。将任何颜色与白色相乘则颜色保持不变。此效果类似于使用多个魔术笔在页面上绘图
颜色加深	加深基色以反映混合色。与白色混合后不产生变化
变亮	选择基色或混合色中较亮的一个作为结果色。比混合色暗的区域将被结果色所取代，比混合色亮的区域将保持不变
滤色	将混合色的反相颜色与基色相乘得到的颜色总是比基色和混合色都要亮一些。用黑色滤色时颜色保持不变。用白色滤色将产生白色。此效果类似于多个幻灯片图像在彼此之上投影
颜色减淡	加亮基色以反映混合色。与黑色混合则不发生变化
叠加	对颜色进行相乘或滤色，具体取决于基色。图案或颜色叠加在现有的图稿上，在与混合色混合以反映原始颜色的亮度和暗度的同时，保留基色的高光和阴影
柔光	使颜色变暗或变亮，具体取决于混合色。此效果类似于漫射聚光灯照在图稿上。如果混合色（光源）比 50%灰色亮，图片将变亮，就像被减淡了一样。如果混合色（光源）比 50%灰度暗，则图稿变暗，就像加深后的效果。使用纯黑或纯白上色会产生明显的变暗或变亮区域，但不会出现纯黑或纯白
强光	对颜色进行相乘或过滤，具体取决于混合色。此效果类似于耀眼的聚光灯照在图稿上。如果混合色（光源）比 50%灰色亮，图片将变亮，就像过滤后的效果。这对于给图稿添加高光很有用。如果混合色（光源）比 50%灰度暗，则图稿变暗，就像正片叠底后的效果。这对于给图稿添加阴影很有用。用纯黑色或纯白色上色会产生纯黑色或纯白色
差值	从基色减去混合色或从混合色减去基色，具体取决于哪一种的亮度值较大。与白色混合将反转基色值，与黑色混合则不发生变化
排除	创建一种与【差值】模式相似但对比度更低的效果。与白色混合将反转基色分量。与黑色混合则不发生变化
色相	用基色的亮度和饱和度以及混合色的色相创建结果色
饱和度	用基色的亮度和色相以及混合色的饱和度创建结果色。在无饱和度（灰度）的区域上用此模式着色不会产生变化
颜色	用基色的亮度以及混合色的色相和饱和度创建结果色。这样可以保留图稿中的灰阶，对于给单色图稿上色以及给彩色图稿染色都会非常有用
明度	用基色的色相和饱和度以及混合色的亮度创建结果色。此模式创建与【颜色】模式相反的效果

使用不同的混合模式，可产生不同的混合效果，可以参照如表 7-4 所示的混合效果对比图来进行工作。

表 7-4　混合效果对比图

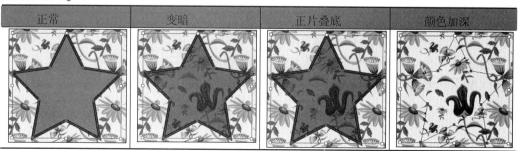

| 正常 | 变暗 | 正片叠底 | 颜色加深 |

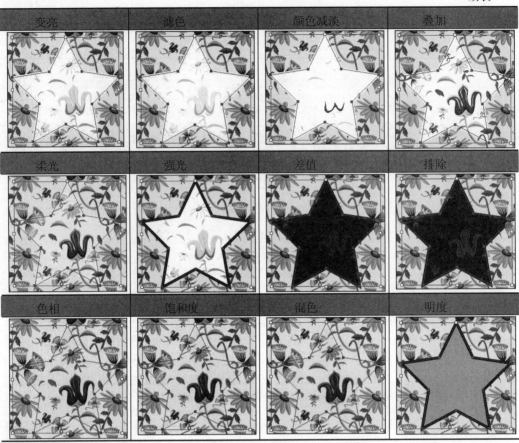

注　意

【差值】、【排除】、【色相】、【饱和度】、【颜色】和【明度】模式都不能与专色相混合，而且对于多数混合模式而言，指定100%的黑色会挖空下方图层中的颜色。不要使用100%黑色，应改为使用CMYK值来指定复色黑。

7.4.3　不透明度蒙版

　　使用不透明蒙版，可以更改底层对象的透明度。蒙版对象定义了透明区域和透明度，可以将任何着色对象或栅格图像作为蒙版对象。Illustrator 使用蒙版对象中颜色的等效灰度来表示蒙版中的不透明度。如果不透明蒙版为白色，则会完全显示被蒙版对象；如果不透明蒙版为黑色，则会隐藏被蒙版对象。蒙版中的灰阶会导致被蒙版对象中不同程度的透明度，如图 7-48 所示。

图 7-48　不透明度蒙版效果

　　要创建不透明蒙版，首先要建立两个图形对象，并且其中一个图形对象的填充效果为黑色到白色渐变，如图 7-49 所示。

使用【选择工具】  移动图形对象，使其完全或者部分重叠后，打开【透明度】面板的关联菜单，选择【建立不透明蒙版】命令，即可得到下方图形对象的渐隐效果，如图 7-50 所示。

○ 图 7-49　建立蒙版与被蒙版对象

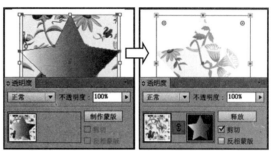

○ 图 7-50　建立不透明度蒙版

还有一种创建不透明蒙版的方法，就是选择一个图形对象，或在【图层】面板中定位一个图层。在紧靠【透明度】面板缩览图右侧双击，将创建一个空蒙版，并且自动进入蒙版编辑模式，如图 7-51 所示。

这时，选中图案图形制作蒙版，使用绘图工具在蒙版中绘制图形对象，并填充黑色到白色渐变，得到透明对象。完成蒙版对象绘制后，单击【透明度】面板中被蒙版的缩览图，退出蒙版模式，如图 7-52 所示。

○ 图 7-51　创建空蒙版

○ 图 7-52　绘制蒙版形状

7.4.4　编辑不透明蒙版

不透明蒙版创建完毕后，就是将多个图形对象组合为一个对象。这时既可以对组合后的不透明蒙版对象进行编辑，也可以对其中的单个对象分别进行编辑。例如是否可以对其进行链接，以及启用或取消不透明蒙版，或者重新编辑蒙版对象、改变蒙版效果等相关操作，从而使不透明蒙版效果更加完美。

1．取消不透明蒙版的链接

默认情况下，将链接被蒙版对象和蒙版对象，此时移动被蒙版对象时，蒙版对象也会随之移动；而移动蒙版对象时，被蒙版对象却不会随之移动。

建立不透明蒙版后，【图层】面板中项目的显示会有所不同。如果选中蒙版对象缩览图，又会发生不一样的变化，如图7-53所示。

当选中蒙版对象缩览图后，使用【选择工具】在画板中单击并拖动，改变的是黑白渐变的蒙版对象位置，如图7-54所示。

如果在【透明度】面板中选中的是被蒙版缩览图，那么使用【选择工具】在画板中单击并拖动，改变的是不透明蒙版组合对象，如图7-55所示。

要想保持蒙版对象不变，单独改变被蒙版对象，那么可以单击【透明度】面板中缩览图之间的链接符号，这时可以独立于蒙版来移动被蒙版对象并调整其大小，如图7-56所示。

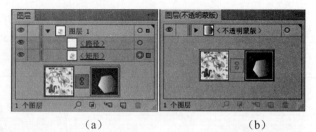

（a）　　　　　　　（b）

图 7-53　【图层】缩览效果

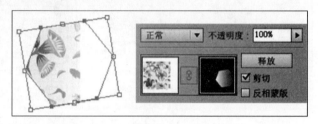

图 7-54　移动蒙版对象

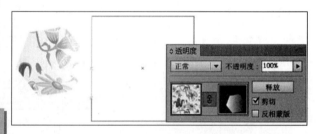

图 7-55　移动不透明度蒙版组合对象

提　示

要重新链接蒙版，再次单击面板中缩览图之间的区域，或者在【透明度】面板菜单中选择【链接不透明蒙版】命令。

2. 停用、启用或取消不透明蒙版

要停用蒙版，在【图层】面板中定位被蒙版对象，然后按住 Shift 键并单击【透明度】面板中蒙版对象的缩览图，或者在【透明度】面板关联菜单中选择【停用不透明蒙版】命令，临时显示被蒙版对象，如图7-57所示。

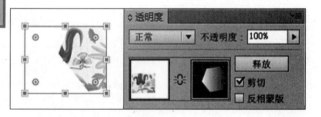

图 7-56　移动被蒙版对象

图 7-57　停用不透明蒙版

提　示

要重新启用蒙版，在【图层】面板中定位被蒙版对象，然后按住 Shift 键单击【透明度】面板中的蒙版对象缩览图，或者在【透明度】面板菜单中选择【启用不透明蒙版】命令。

Illustrator CC 2015中文版标准教程

在【图层】面板中选中被蒙版对象，然后在【透明度】面板关联菜单中选择【释放不透明蒙版】命令，蒙版对象会重新出现在被蒙版的对象的上方，如图7-58所示。

3. 剪切或反相不透明蒙版

选择被蒙版对象，在【透明度】面板中启用【剪切】或【反相蒙版】选项，可以调整蒙版状态。

（1）剪切：为蒙版指定黑色背景，以将被蒙版的图稿裁剪到蒙版对象边界。禁用【剪切】选项可关闭剪切行为。要为新的不透明蒙版默认选择剪切，在【透明度】面板菜单中选择【新建不透明蒙版为剪切蒙版】命令。

（2）反相蒙版：反相

（a）　　　　　　　　　　　（b）

图7-58　释放不透明蒙版

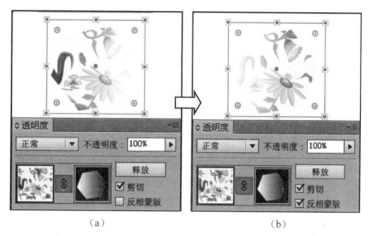

（a）　　　　　　　　　　　（b）

图7-59　启用【反相蒙版】选项

蒙版对象的明度值，会反相被蒙版对象的不透明度。例如，80%透明度区域在蒙版反相后变为20%的透明度。禁用【反相蒙版】选项，可将蒙版恢复为原始状态，如图7-59所示。要默认反相所有蒙版，在【透明度】面板菜单中选择【新建不透明蒙版为反相蒙版】命令。

> **提　示**
>
> Illustrator 中的不透明蒙版在 Photoshop 中会被转换为图层蒙版，反之亦然。无法在处于蒙版编辑模式时进入隔离模式。

7.5　课堂实例：绘制三维效果线条

本实例绘制的是三维线条效果，如图7-60所示。该效果并不是使用3D功能完成的，而是通过混合功能实现的。绘制过程中，主要对交叉的线条进行混合，从而得到三维的线条效果。

五角形，如图 7-61 所示。

图 7-60 　三维线条效果

操作步骤：

1　绘制和设置混合选项。新建一个 200 ×
　 200mm 的画板。选择工具箱中的【矩形工
　 具】■，绘制尺寸与画板相同的矩形。选
　 择【星形工具】☆，绘制三个不同大小的

图 7-61 　新建文档与图形

2　设置星形的描边与填色，双击【混合工具】
　 ■，设置【间距】，并单击【对齐路径】按
　 钮。依次单击画板中的不同星形，如图 7-62
　 所示。

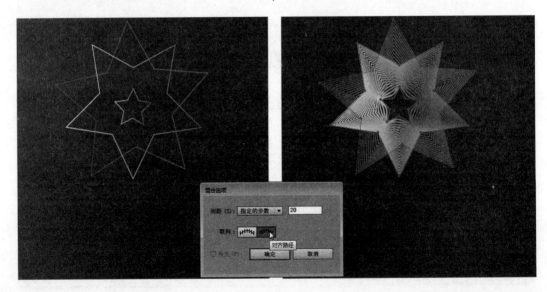

图 7-62 　设置混合模式

3　任意两个图形对象均能够创建混合效果，无
　 论是区域图形还是线条图形。而当为星形图
　 形创建混合效果时，会根据图形对象之间的
　 显示位置来决定混合效果，例如图形的交叉

与否，如图 7-63 所示。

4　选择【钢笔工具】✎，绘制两条相交的曲
　 线，并设置其描边，如图 7-64 所示。

（a）

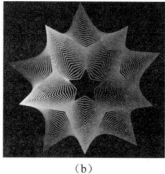
（b）

（c）

图 7-63　不同的混合效果

图 7-64　绘制两条相交的曲线

5　双击【混合工具】　，设置【间距】，并单击【对齐路径】按钮。依次单击画板中的不同曲线，如图 7-65 所示。

图 7-65　创建混合对象

6　选中带有混合效果的曲线对象，打开【透明度】面板，设置混合模式为【叠加】。然后选中矩形对象，将其颜色填充为渐变效果，如图 7-66 所示。

图 7-66　设置【透明度】效果

7 使用【椭圆工具】 ，绘制正圆，执行【效果】|【扭曲和变换】|【波纹效果】命令，设置【大小】和【每段的隆起数】，如图7-67所示。

8 复制发光图形并缩放移动到合适的位置，如图7-68所示。

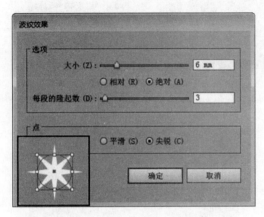

▶ 图7-67 制作发光对象效果

▶ 图7-68 图像的发光效果

7.6 课堂实例:绘制立体蝴蝶

本实例绘制立体蝴蝶效果。在绘制过程中，主要使用Illustrator工具箱中的【钢笔工具】 和【椭圆工具】 绘制形状，通过调整【渐变】和【混合模式】制作一只立体蝴蝶，效果如图7-69所示。

▶ 图7-69 漂亮的蝴蝶

操作步骤:

1 新建一个模式为 CMYK 的文档，使用【钢笔工具】 绘制蝴蝶上左部翅膀，禁用描边，填充渐变，原位复制图形重新设置其颜色，设置【混合模式】选项和【不透明度】参数，如图7-70所示。

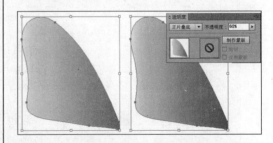

▶ 图7-70 绘制蝴蝶翅膀的左上侧部分

2 使用【钢笔工具】 ，在绘制好的翅膀上绘制纹理，禁用描边，并填充渐变，设置相同的【混合模式】和【不透明度】，如图 7-71 所示。

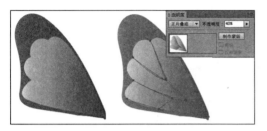

🔵 图 7-71　绘制纹理并填充

3 选择【网格工具】 🔲，添加锚点，将蝴蝶翅膀周围边缘加深，如图 7-72 所示。

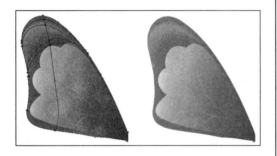

🔵 图 7-72　加深边缘

4 使用【钢笔工具】 ✒ 和【椭圆工具】 ⬭，绘制斑点图形。再通过设置【混合模式】选项及【不透明度】参数，绘制"内翅"高光部分。

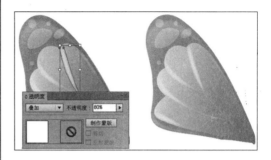

🔵 图 7-73　高光效果

5 绘制翅膀和"下蝶体"。使用绘制前翅的方法，绘制蝴蝶后翅。通过复制的方法，得到另一侧翅膀，如图 7-74 所示。

6 使用【钢笔工具】 ✒，绘制"蝴蝶身体"图形，设置【填充】和【描边】。使用【网格工具】 🔲，增加锚点，添加颜色，再使用【钢笔工具】 ✒ 和【椭圆工具】 ⬭，绘制斑点图形。再通过设置【混合模式】选项及【不透明度】参数，绘制高光部分，如图 7-75 所示。

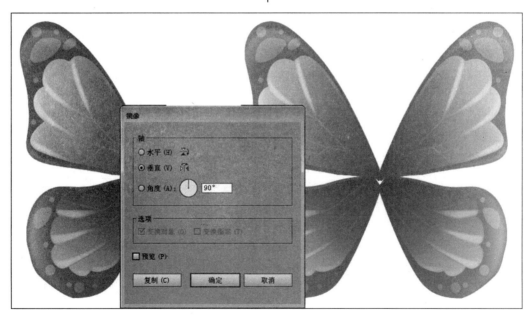

🔵 图 7-74　整体蝴蝶翅膀效果

 图 7-75　绘制蝴蝶身体

7 绘制蝴蝶头部和眼睛。如同上例方法，绘制蝴蝶"上蝶体"。使用【网格工具】，调整图形，设置参数，使用【椭圆工具】和【钢笔工具】，绘制蝴蝶"复眼"。填充颜色，设置参数，如图 7-76 所示。

所示。

 图 7-76　绘制蝴蝶头部与眼睛

8 使用【钢笔工具】，绘制蝴蝶"触须"图形。设置填充渐变颜色参数。调节蝴蝶整体部分，完成制作，效果如图 7-77

 图 7-77　最终效果

7.7　思考与练习

一、填空题

1. 在_____面板中，能够创建图层与子图层。

2. 使用_____命令能够将所有图层合并为一个图层。

3. _____工具可以在改变组合图形对象的同时，创建新对象。

4. 使用【图层】面板中的_____按钮，可以对组或图层创建剪切蒙版。

5. 在_____面板中，能够设置混合模式。

二、选择题

1. 在【图层】面板中，按住_____键移动图层，能够复制该图层。

A. Alt B. Ctrl

C. Shift D. Enter

2.【编组】的快捷键是_____。

A. Alt+G B. Ctrl+G

C. Shift+G D. Shift+Ctrl+G

3. _____是在两个对象之间平均分布形状，从而形成新的对象。

A. 混合模式 B. 图层

C. 不透明模式 D. 混合对象

4. 使用混合模式可以产生不同的效果，在【透明度】面板中共包括_____种混合模式。

A. 15 B. 16

C. 17 D. 18

5. _____是使用蒙版对象中颜色的等效灰度与表示蒙版中的不透明度。

A. 图层 B. 剪贴蒙版

C. 不透明度蒙版 D. 混合对象

三、问答题

1. 简述图层、子图层与项目之间的关系。

2. 如何使图层中的对象显示不被打印？

3. 如何快速地将多个对象组合成一个对象？

4. 如何创建剪贴蒙版？

5.【不透明度】选项能够在什么面板中设置？

四、上机练习

1. 绘制水晶按钮

本练习通过绘制水晶按钮倒影讲解透明蒙版的使用方法。将绘制好的水晶按钮复制并放置在下方，并在下方的水晶按钮图形上方创建具有线性渐变效果的图形，同时选中被蒙版和蒙版对象，单击【透明度】面板上端的三角按钮，选择【建立不透明蒙版】选项来建立不透明蒙版，如图

📀 **图 7-78** 制作倒影效果

2. 绘制复杂图像

练习使用【螺旋线工具】 🌀 和【星形工具】 ⭐ 绘制出形状后分别设置描边和填色，然后双击【混合工具】 🔖 ，在弹出的【混合选项】对话框中根据需要分别设置其【间距】和【取向】选项，如图 7-79 所示。

📀 **图 7-79** 复杂图像的混合效果

第8章

添加艺术效果

在 Illustrator 中，可以将二维对象转换为三维对象，还可以为图形对象添加各种艺术效果。除了可以为矢量图形添加艺术效果外，对位图图像也可以添加模糊效果、纹理效果果、扭曲效果等艺术效果。

本章详细介绍了各种添加艺术效果的方法，并且列举了相应的图形艺术效果，使用户能够更加全面地掌握每种艺术效果的制作方法与技巧，从而制作出精美的图形效果。

8.1 3D 效果

在 Illustrator CC 2015 中，除了根据透视图工具绘制具有三维空间效果的图形对象外，还可以使用 3D 命令将二维对象创建为三维效果。并且可以通过改变高光方向、阴影、旋转等属性来控制 3D 对象的外观，还可以将对象转换为符号后贴到 3D 图形中的每一个表面上。

8.1.1 创建基本立体效果

【凸出和斜角】命令可以将一个二维对象沿 Z 轴拉伸成为三维对象，并通过较压的方法为路径增加厚度来创建立体对象、绘制图形。执行【效果】|3D（3）|【凸出和斜角】命令，弹出【3D 凸出和斜角选项】对话框，使用默认的参数创建 3D 对象，如图 8-1 所示。

既然是立体效果，那么就可以任意地旋转其角度，从而查看各个角度的展示效果。在该对话框的【位置】选项组中，可以设置立体图形的旋转与透视选项。

1．旋转角度

在【位置】选项下拉列表框中可以选择系统预设的角度，也可以和定义旋转角度。

直接拖动观景窗口内模拟立方体设置角度，或者在【绕水平（X）轴旋转】 ⟳、【绕垂直（Y）轴旋转】 ⟳ 和【绕深度（Z）轴旋转】 ⟳ 文本框中输入数值旋转角度，如图 8-2 所示。

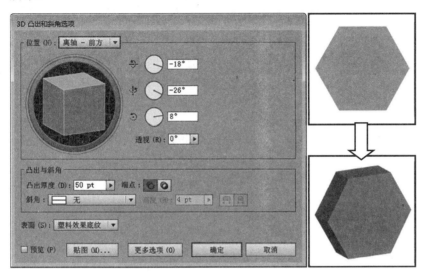

图 8-1　将二维图形转换为三维模型

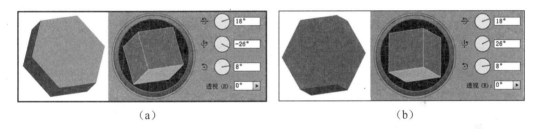

（a）　　　　　　　　　　　　　　　　　　　（b）

图 8-2　同一对象的不同角度位置

2．透视

在【透视】文本框中输入数值，可以设置对象透视效果，使对象立体感更加真实。而未设置透视效果的立体对象和设置透视效果的立体对象，其效果各不相同，如图 8-3 所示。

8.1.2　设置凸出和斜角效果

通过【凸出和斜角】命令创建立体对象后，不仅可以设置该对象的厚度，还可以设置倒角等效果。在【3D 凸出和斜角】对话框的【凸出和斜角】选项组中，分别包含【凸出厚度】、【端点】、【斜角】和【高度】4 个子选项。

1．凸出厚度

【凸出厚度】用来设置对象沿 Z 轴挤压的厚度，该值越大，对象的厚度越大。如图

8-4 所示为不同厚度参数的同一对象的挤压效果。

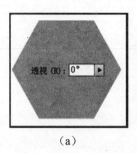
（a）

（b）

（a）

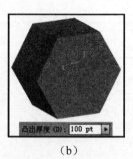
（b）

图 8-3 平面图形和透视效果

图 8-4 同一对象不同厚度的挤压效果

2．端点

【端点】指定显示的对象是实心（开启端点以建立实心外观 ◉ ）对象，还是空心（关闭端点以建立空间外观 ◉ ）对象。在对话框中，单击不同的功能按钮，其显示效果完全不同，如图 8-5 所示。

3．斜角

【斜角】是沿对象的深度轴（Z轴）应用所选类型的斜角边缘，在该选项下拉列表框中选择一个斜角形状，可以为立体对象添加斜角效果。在默认情况下，【斜角】选项为【无】，选择不同的选项，斜角效果均有所变化，如图 8-6 所示。

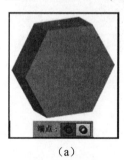
（a）

（b）

（a）

（b）

图 8-5 实心对象与空心对象

图 8-6 不同斜角效果

4．高度

为立体对象添加斜角效果后，可以在【高度】文本框中输入参数，设置斜角的高度。另外单击【斜角外扩】按钮 ▣ ，可在对象大小的基础上增加部分像素形成斜角效果；单击【斜角内缩】按钮 ▣ ，则从对象上切除部分像素形成的斜角，如图 8-7 所示。

8.1.3 设置表面

在【3D 凸出和斜角选项】对话框中，还可以设置对象表面效果，以及添加与修改光源。单击【更多选项】按钮，在该对话框中全部显示【表面】选项组内容（及光源设置选项）。

1．选择不同的表面模式

【表面】下拉列表中提供了 4 种不同的表面模式。线框模式下，显示对象的几何形状轮廓；无底纹模式不显示立体的表面属性，但保留立体的外轮廓；扩散底纹模式使对象以一种柔和、扩散的方式反射光；而塑料效果底纹模式，会使对象模拟塑料的材质及反射光效果，如图 8-8 所示。

图 8-7　斜角外扩效果与斜角内缩效果

　　（a）　　　　　　　（b）　　　　　　　（c）　　　　　　　（d）

图 8-8　设置不同的表面格式

2．添加与修改光源

对于对象表面效果【扩散底纹】或【塑料效果底纹】选项，可以在对象上添加光源，从而创建更多光影变化，使其立体效果更加真实。

（1）光源预览框：在【表面】选项组左侧的是光源预览框，在默认情况下只有一个光源，单击预览框下的【新建光源】按钮，可添加一个新光源。单击选中光源，并按住鼠标左键拖动可以定义光源位置。单击【删除光源】按钮，可以删除当前所选择的光源，但至少保留一个光源。单击按钮或，可切换光源在物体上的前后位置，如图 8-9 所示。

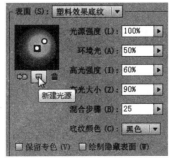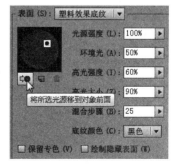

　（a）默认一个光源　　　　　（b）添加新光源　　　　　（c）将光源移到对象后面

图 8-9　添加及切换光源位置

（2）光源强度：更改选定光源的强度，强度值在 0%～100%之间。参数值越高，灯光强度越大。如图 8-10 所示为不同光源强度的对比图。

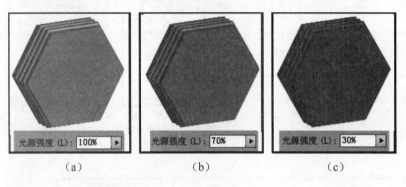

（a）　　　　　　　　（b）　　　　　　　　（c）

🔘 **图8-10** 不同光源强度

（3）环境光：设置周围环境光的强度，影响对象表面整体亮度。不同环境的对比图如图 8-11 所示。

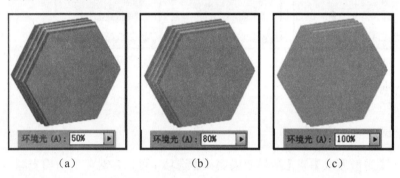

（a）　　　　　　　　（b）　　　　　　　　（c）

🔘 **图8-11** 不同环境光

（4）高光强度：专门设置高光区域亮度，默认值为 60%，该值越大，高光点越亮，如图 8-12 所示。

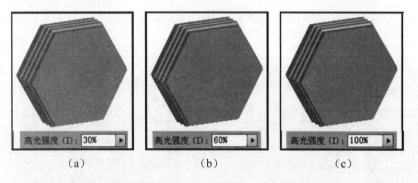

（a）　　　　　　　　（b）　　　　　　　　（c）

🔘 **图8-12** 不同高光强度

（5）高光大小：用来设置高光区域范围大小，值越大，高光的范围也就越大。

（6）混合步骤：设置对象表面颜色变化程度，值越大，色彩变化过渡效果越细腻。

（7）保留专色：如果在【底纹颜色】选项中选择了【自定】，则无法保留专色。如果使用了专色，选择该选项可保证专色不发生变化。

（8）绘制隐藏表面：显示对象的隐藏背面。如果对象透明，展开对象并将其拉开时，便能看到对象的背面。

（9）底纹颜色：设置对象暗部的颜色，默认为【黑色】。它包括【无】、【黑色】和【自定】三个选项，如图 8-13 所示。

  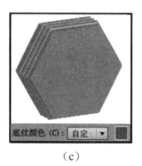

（a） （b） （c）

图8-13 底纹颜色

8.1.4 设置贴图

在【3D 凸出和斜角选项】对话框中单击【贴图】按钮，通过【贴图】对话框可将符号或指定的符号添加到立体对象的表面上，如图 8-14 所示。

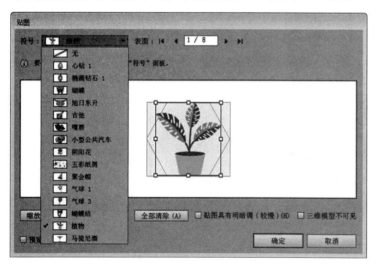

图8-14 【贴图】对话框

注 意

要想在【符号】列表中选择想要的符号，必须首先在【符号】面板中载入要使用的符号或自定义符号。而【符号】面板的应用将在后面的章节中进行介绍。

由于立体对象都由多个表面组成，例如六边形对象的立体效果有 8 个表面，可将符号贴到立体对象的每个表面上。方法是，单击【表面】选项后面的三角按钮，可选择立体图形的不同表面。然后在【符号】下拉列表中选择一个符号图案添加到当前的立体表面，如图8-15所示。

预览框中的浅灰色块表示当前操作面为可见表面，深灰色块表示当前操作面是立体效果中隐藏的表面。选中一个表面后，在文档中会以红色轮廓标出，如图8-16所示。

（a）

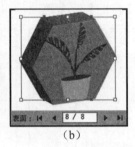
（b）

图8-15 为表面添加符号　　　图8-16 根据提示添加符号

在【贴图】对话框中，添加符号对象后，还可以通过以下选项调整符号对象在立体对象中的显示效果。

（1）缩放以适合：单击该按钮，可使选择的符号适合所选表面的边界，如图8-17所示。

（2）清除贴图：使用【清除】和【全部清除】按钮可以清除当前所选表面或所有表面的贴图符号。

（3）贴图具有明暗：启用该复选框，可使添加的符号与立体表面的明暗保持一致，如图8-18所示。

（4）三维模型不可见：显示作为贴图的符号，而不显示立体对象的外形，如图8-19所示。

图8-17 符号适合表面

（a）

（b）

（a）

（b）

图8-18 符号与表面明暗保持一致　　　图8-19 显示与未显示立体对象

8.1.5 创建绕转效果

执行【效果】|3D|【绕转】命令，为图形对象添加立体效果。该命令是围绕全局 Y 轴（绕转轴）绕转一条路径或剖面，使其作圆周运动。由于绕转轴是垂直固定的，因此用于绕转的路径应为所需立体对象面向正前方时垂直剖面的一半，效果如图8-20所示。

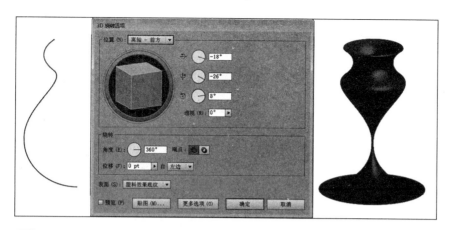

图8-20　通过绕转创建立体效果

【3D 绕转选项】对话框所包含选项组基本与【3D 凸出和斜角选项】对话框所包含的内容相同，唯一不同的是该对话框包含【旋转】选项组，而没有【凸出和斜角】选项组。该选项组包含【角度】、【端点】、【偏移】等选项。

1．角度

系统默认的绕转【角度】为 360°，用来设置对象的环绕角度。如果角度值小于 360°，则对象上会出现断面，如图 8-21 所示。

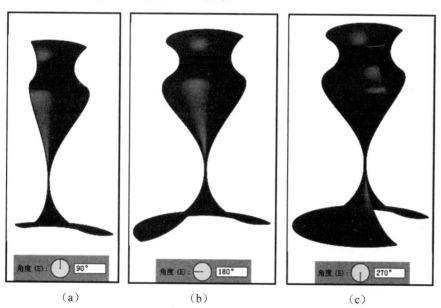

（a）　　　　　　　　　（b）　　　　　　　　　（c）

图8-21　不同角度下的立体效果

> **提 示**
>
> 【端点】选项与【3D 凸出和斜角选项】对话框中选项的设置方法相同，单击【开启端点以建立实心外观】按钮🔘，对象显示实心；单击【关闭端点以建立空间外观】按钮🔘，对象则显示空心。

2. 偏移

【偏移】选项是在绕转轴与路径之间添加距离，默认参数值为 0。该参数值越大，对象偏离轴中心越远，如图 8-22 所示。

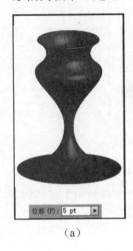
（a）

（b）

（c）

图 8-22　不同距离偏移中心轴

3. 指定旋转轴

【指定旋转轴】选项是用来设置对象绕之转动的轴，可以是【左边】，也可以是【右边】。根据创建绕转图形来选择【左边】还是【右边】，否则会产生错误结果，如图 8-23 所示。

8.1.6　创建旋转效果

【旋转】效果可以将图形对象在模拟的三维空间中旋转。方法是，选中图形对象后，执行【效果】|3D|【旋转】命令。在【3D 旋转选项】对话框内的预览框中拖动模拟立方体，可以设置选项效果，如图 8-24 所示。

（a）

（b）

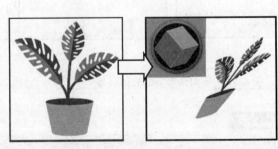

图 8-23　左边绕转和右边绕转效果　　图 8-24　对象旋转效果

Illustrator CC 2015 中文版标准教程

【凸出和斜角】、【绕转】和【旋转】三个选项对话框中，【位置】选项组相同，但在【位置】设置相同的参数，出来的对象效果不同。将文字"好"轮廓化后分别执行三个命令。

提 示

【旋转】命令不同于【凸出和斜角】和【绕转】命令，有贴图功能，并且在该对话框的【表面】选项组中，只包含【无底纹】和【扩散底纹】两种渲染样式。

（1）执行【凸出和斜角】命令，如图 8-25 所示。

（2）执行【绕转】命令，如图 8-26 所示。

图 8-25　【凸出和斜角】效果

（3）执行【旋转】命令，如图 8-27 所示。

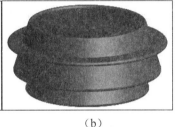

　（a）　　　　　　　　　（b）

图 8-26　【绕转】效果　　　　　　　　　　图 8-27　【旋转】效果

8.2　添加 Illustrator 效果

在 Illustrator 的【效果】菜单中，上半部分是 Illustrator 效果，下半部分是 Photoshop 效果，其中部分效果命令能够同时应用于 Illustrator 和 Photoshop 格式的图片。使用 Illustrator 效果命令时，通常会得到与编辑对象命令相似的效果，要注意区分它们本质的区别。

8.2.1　改变对象形状

【效果】菜单中的【变形】与【扭曲和变换】命令，虽然与编辑图形对象章节中的变形与变换的效果相似，但是前者是改变图形形状得到的效果，后者则是在不改变图形的基本形状基础上，对对象进行变形。

1．变形

【变形】命令将扭曲或变形对象，应用的范围包括路径、文本、网格、混合以及位图图像。执行【效果】|【变形】菜单中的任意子命令，通过【变形选项】对话框，为对象选择一种预定义的变形形状。然后选择混合选项所影响的轴，并指定要应用的混合及扭曲量，对对象实施变形操作，如图 8-28 所示。

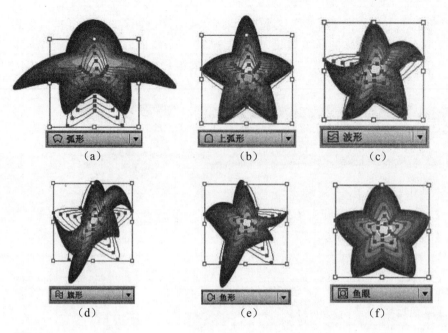

(a)　　　　　　　　(b)　　　　　　　　(c)

(d)　　　　　　　　(e)　　　　　　　　(f)

图8-28　变形效果

2．扭曲和变换

【扭曲和变换】菜单中的命令可以快速改变矢量对象的形状，与使用液化工具组中的工具编辑图形对象得到的效果相似。同样，前者也是在不改变图形对象的路径基础上改变图形外形的。

1）扭拧

【扭拧】命令可以随机地向内或向外弯曲和扭曲路径段。使用绝对量或相对量设置垂直和水平扭曲。指定是否修改锚点、移动通向路径锚点的控制点（"导入"控制点）、移动通向路径锚点的控制点（"导出"控制点），如图8-29所示。

2）扭转

【扭转】命令可旋转对象，中心的旋转程度比边缘的旋转程度大，在对话框内【角度】参数栏中输入正值将顺时针扭转，输入负值将逆时针扭转，如图8-30所示。

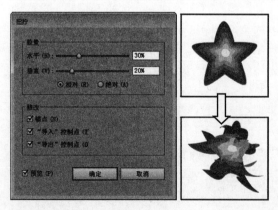

图8-29　扭拧效果

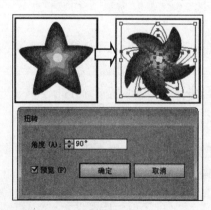

图8-30　扭转效果

3）收缩和膨胀

【收缩和膨胀】命令在将线段向内弯曲（收缩）时，向外拉出矢量对象的锚点；在将线段向外弯曲（膨胀）时，向内拉入锚点。这两个选项都可相对于对象的中心点来拉出锚点，如图 8-31 所示。

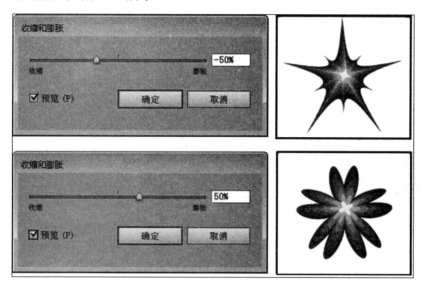

图8-31 收缩和膨胀效果

4）波纹效果

【波纹效果】命令可将对象的路径段变换为同样大小的尖峰和凹谷形成的锯齿和波形数组。在该效果对话框中，使用绝对大小或相对大小设置尖峰与凹谷之间的长度。设置每个路径段的脊状数量，并选择波形边缘（平滑）或锯齿边缘（尖锐），如图 8-32 所示。

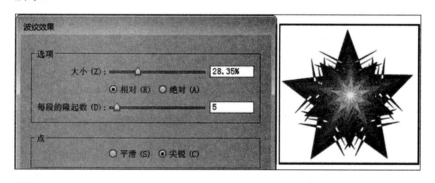

图8-32 波纹效果

5）粗糙化

【粗糙化】效果与波纹效果相似，可将矢量对象的路径段变形为各种大小的尖峰和凹谷的锯齿数组，如图 8-33 所示。

6）自由扭曲

【自由扭曲】命令是在打开的对话框中，通过拖动预览框中线框图形 4 个控制点的方式来改变矢量对象的形状，如图 8-34 所示。

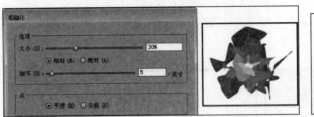

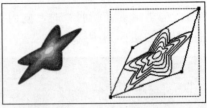

图8-34 自由扭曲变换效果

3. 转换为形状

【转换为形状】命令包括三个特效命令，分别可以将矢量对象的形状转换为矩形、圆角矩形或椭圆形，如图 8-35 所示。

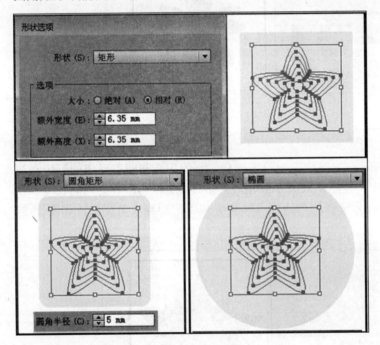

图8-35 转换为图形

8.2.2 风格化效果

效果中的【风格化】子菜单中的命令是较为常用的特效命令，主要为对象添加箭头、投影、圆角、羽化边缘、发光以及涂抹风格的外观。而这些还可以重复应用，以加强效果的展示。

1. 内发光和外发光

选择要添加特效的对象、组或图层，执行【效果】|【风格化】|【内发光】或【外发

光】命令，如图 8-36 所示。

【内发光】与【外发光】对话框中的
选项基本相同，只是【内发光】对话框
中多出【中心】与【边缘】选项。其中
各个选项以及作用如下。

（1）模式：指定发光的混合模式。

（2）设置颜色：双击混合模式旁边的
色块，在【拾色器】中指定发光的颜色。

（3）不透明度：指定所需发光的不
透明度百分比。

（4）模糊：指定要进行模糊处理之
处到选区中心或选区边缘的距离。

❍ 图8-36　添加内发光和外发光效果

（5）边缘：从选区内部边缘向外发
散的发光效果。

（6）中心：设置内发光效果时，从选区中心向外发散的发光效果，如图 8-37 所示。

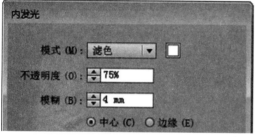

❍ 图8-37　中心内发光效果

提　示

将带内发光效果的对象扩展，内发光本身会呈现为一个不透明蒙版；对带外发光效果的对象进行扩
展时，外发光会变成一个透明的栅格对象。

2．投影

投影效果可以为对象添加阴影，执行【效果】|【风格化】|【投影】命令，使用默认
参数即可得到投影效果，如图 8-38 所示。

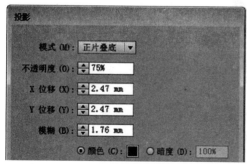

❍ 图8-38　添加投影效果

其中【不透明度】参数栏可以指定投影的透明度，而【X 位移】和【Y 位移】参数栏可以指定投影相对于对象的偏移距离。改变【模糊】参数栏的数值，可以指定模糊效果的大小。如果双击【颜色】单选按钮右侧的色块，可指定阴影的颜色；若启用【暗度】单选按钮，可以指定为投影添加的黑色深度百分比，如图 8-39 所示。

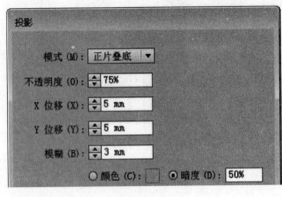

图8-39　改变投影效果

3. 涂抹

【涂抹】效果是一个较为特别的命令，它可以为对象的描边或填色添加类似手绘的效果。执行【效果】|【风格化】|【涂抹】命令，如图 8-40 所示。通过该对话框可以对添加线条的角度、密度、线宽、间距、范围等属性进行设置，以得到不同的涂抹效果。

（1）角度：用于控制涂抹线条的方向。可以单击角度图标中的任意点，围绕角度图标拖移角度线，或在框中输入一个-179～180 之间的值（如果输入了一个超出此范围的值，则该值将被转换为与其相当且处于此范围内的值。）

（2）路径重叠：用于控制涂抹线条在路径边界内部距路径边界的量，或在路径边界外距路径边界的量。负值将涂抹线条控制在路径边界内部，正值则将涂抹线条延伸至路径边界外部。

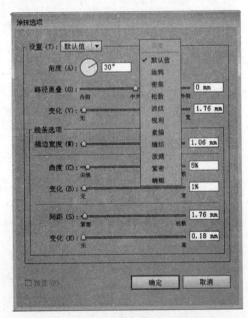

（3）变化（适用于路径重叠）：用于控制涂抹线条彼此之间的相对长度差异。

（4）描边宽度：用于控制涂抹线条的宽度。

（5）曲度：用于控制涂抹曲线在改变方向之前的曲度。

（6）变化（适用于曲度）：用于控制涂抹曲线彼此之间的相对曲度差异大小。

图8-40　【涂抹选项】对话框

（7）间距：用于控制涂抹线条之间的折叠间距量。

（8）变化（适用于间距）：用于控制涂抹线条之间的折叠间距差异量。

在【涂抹】对话框的【设置】下拉列表中，选择不同的预设选项，能够得到相应的涂抹效果。在此基础上，还可以通过下方选项重新设置，如图8-41所示。

（a）

（b）

（c）

（d）

◻ 图8-41　涂抹效果

4．羽化

【羽化】命令可以创建出边缘柔化的效果。选择对象、组或图层，执行【效果】|【风格化】|【羽化】命令，设置【半径】参数，控制对象从不透明渐隐到透明的中间距离，如图8-42所示。

◻ 图8-42　羽化效果

提　示

风格化效果中还包括圆角，圆角效果可以使矢量对象的角控制点转换为平滑的曲线。

8.3　添加 Photoshop 效果

【效果】菜单的下半部分为 Photoshop 效果，这些效果能够同时应用于矢量图形与位图图形。当 Photoshop 效果应用于矢量图形时，矢量图形会显示为位图格式。所以当对矢量图形应用 Photoshop 效果时，应先将矢量图形进行栅格化处理。

8.3.1　模糊效果

【模糊】效果可在图像中对指定线条和阴影区域的轮廓边线旁的像素进行平衡，从而润色图像，使过渡显得更柔和。它包括三个命令：【高斯模糊】、【特殊模糊】和【径向模糊】命令。

【高斯模糊】命令以可调的量快速模糊选区。此效果将移去高频出现的细节，并产生一种朦胧的效果，如图 8-43 所示。

(a) 原图

(b) 5 像素

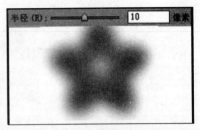
(c) 10 像素

图8-43　模糊效果

【径向模糊】命令模拟相机进行缩放或旋转而产生的柔和模糊。启用【旋转】选项，沿同心圆环线模糊，然后指定旋转的度数；启用【缩放】选项沿径向线模糊，是在放大或缩小图像，然后指定 1～100 之间的值，如图 8-44 所示。

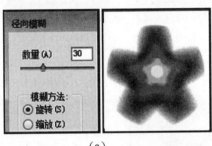
(a)

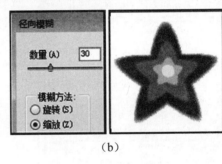
(b)

图8-44　旋转与缩放模糊效果

对话框中的模糊【品质】选项包括【草图】、【好】和【最好】子选项，启用【草图】子选项速度最快，但结果往往会颗粒化，【好】或者【最好】子选项都可以产生较为平滑的结果。通过拖移【模糊中心】框中的图案，可以指定模糊的原点，如图 8-45 所示。

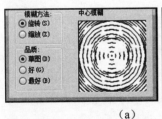
(a)

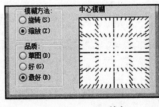
(b)

图8-45　改变模糊原点

【特殊模糊】命令能够精确地模糊图像。在该对话框中可以指定【半径】、【阈值】和【模糊品质】选项。半径值确定在其中搜索不同像素的区域大小；阈值确定像素具有多大差异后才会受到影响。也可以为整个选区设置模式（【正常】），或为颜色转变的边缘设置模式（【仅限边缘】和【叠加】），如图 8-46 所示。

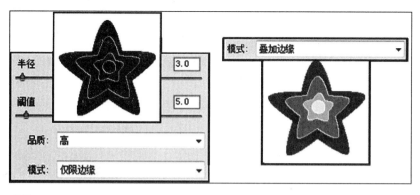

图 8-46 不同的特殊模糊效果

8.3.2 纹理效果

【纹理】效果能够使图像表面具有深度感或质地感，或是为其赋予有机风格，该效果也是基于栅格的效果，如图 8-47 所示。

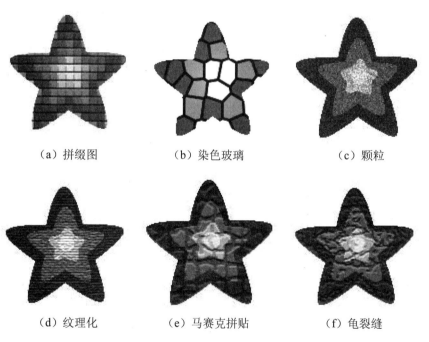

（a）拼缀图 （b）染色玻璃 （c）颗粒

（d）纹理化 （e）马赛克拼贴 （f）龟裂缝

图 8-47 纹理化效果

（1）龟裂缝：将图像绘制在一个高处凸现的模型表面上，以循着图像等高线生成精细的网状裂缝。使用此效果可以对包含多种颜色值或灰度值的图像创建浮雕效果。

（2）颗粒：通过模拟不同种类的颗粒（常规、柔和、喷洒、结块、强反差、扩大、点刻、水平、垂直或斑点），对图像添加纹理。

（3）马赛克拼贴：绘制图像，使它看起来像是由小的碎片或拼贴组成，然后在拼贴之间添加缝隙。

（4）拼缀图：将图像分解为由若干方形图块组成的效果，图块的颜色由该区域的主色决定。此效果随机减小或增大拼贴的深度，以复现高光和暗调。

（5）染色玻璃：将图像重新绘制成许多相邻的单色单元格效果，边框由前景色填充。

（6）纹理化：将所选择或创建的纹理应用于图像。

【像素化】命令类似于纹理效果，是通过将颜色值相近的像素集结成块来清晰地定义一个选区，如图8-48所示。

（a）彩色半调　　　　　（b）晶格化　　　　　（c）点状化　　　　（d）铜版雕刻—短线

图8-48　像素化效果

（1）彩色半调模拟在图像的每个通道上使用放大的半调网屏的效果。对于每个通道，该效果都会将图像划分为多个矩形，然后用圆形替换每个矩形。圆形的大小与矩形的亮度成比例。

（2）晶格化将颜色集结成块，形成多边形。

（3）铜版雕刻将图像转换为黑白区域的随机图案或彩色图像中完全饱和颜色的随机图案。若要使用此效果，需从【铜版雕刻】对话框的【类型】弹出式菜单中选择一种网点图案。

（4）点状化将图像中的颜色分解为随机分布的网点，如同点状化绘画一样，并使用背景色作为网点之间的画布区域。

8.3.3　扭曲效果

【效果】菜单下半部分同样具有【扭曲】命令，该命令对图像进行几何扭曲及改变对象形状的操作。与上半部分的【扭曲和变换】命令，甚至使用液化工具得到的效果完全不同。该命令包括【扩散亮光】、【玻璃】以及【海洋波纹】效果命令。

（1）扩散亮光：将图像渲染成像是透过一个柔和的扩散滤镜来观看的一样。此效果将透明的白杂色添加到图像中，并从选区的中心向外渐隐亮光，如图8-49所示。

（2）玻璃：使图像像是透过不同类型的玻璃来观看的一样。可以选择一种预设的玻璃效果，也可以使用 Photoshop 文件创建自己的玻璃面。并且可以调整缩放、扭曲和平滑度设置，以及纹理选项。在【纹理】选项中，可以选择【块状】、【磨砂】、【画布】和【小镜头】等纹理效果，如图8-50所示。

图8-49　扩散亮光效果

（a）块状 （b）画布 （c）磨砂 （d）小镜头

图8-50 不同的玻璃纹理效果

（3）海洋波纹：将随机分隔的波纹添加到图稿，使图稿看上去像是在水中一样，如图 8-51 所示。

8.3.4 绘画艺术化效果

位图效果主要是为图形对象或者位图图像添加美术效果，【效果】菜单下半部分的【素描】、【艺术效果】以及【画笔描边】效果命令中的子命令为其准备了各种绘画效果命令。这些效果是基于栅格的效果，无论何时对矢量图形应用这些效果，都将使用文档的栅格效果设置。

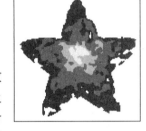

图8-51 海洋波纹效果

1．素描

【素描】命令可以向图像添加纹理，还适用于创建美术效果或手绘效果。该命令中的不同子命令，均能够制作出不同的美术效果，如图 8-52 所示。

（1）半调图案：在保持连续的色调范围的同时，模拟半调网屏的效果。

（2）便条纸：创建像是用手工制作的纸张构建的图像。此效果可以简化图像并将【颗粒】命令的效果与浮雕外观进行合并。图像的暗区显示为纸张上层中被白色所包围的洞。

（a）半调图案 （b）便纸条 （c）粉笔和炭笔 （d）铬黄渐变

（e）绘图笔 （f）基底凸现 （g）石膏效果 （h）水彩画纸

(i) 撕边	(j) 炭笔	(k) 炭精笔	(l) 图章

(m) 网状	(n) 影印	(o) 原图

图8-52　不同的素描效果展示

（3）粉笔和炭笔：重绘图像的高光和中间调，其背景为粗糙粉笔绘制的纯中间调。阴影区域用对角炭笔线条替换。炭笔用黑色绘制，粉笔用白色绘制。

（4）铬黄渐变：将图像处理成好像是擦亮的铬黄表面。高光在反射表面上是高点，暗调是低点。

（5）绘图笔：使用纤细的线性油墨线条捕获原始图像的细节。此效果通过用黑色代表油墨，用白色代表纸张来替换原始图像中的颜色。此命令在处理扫描图像时的效果十分出色。

（6）基底凸现：变换图像，使之呈现浮雕的雕刻状和突出光照下变化各异的表面。图像中的深色区域将被处理为黑色，而较亮的颜色则被处理为白色。

（7）石膏效果：对图像进行类似凸起的成像，在光照下突出变化各异的表面，并使用黑色和白色渐变为结果图像上色。暗区凸起，亮区凹陷。

（8）水彩画纸：利用有污渍的、像画在湿润而有纹的纸上的涂抹方式，使颜色渗出并混合。

（9）撕边：将图像重新组织为粗糙的撕碎纸片的效果，然后使用黑色和白色为图像上色。此命令对于由文本或对比度高的对象所组成的图像很有用。

（10）炭笔：重绘图像，产生色调分离的、涂抹的效果。主要边缘以粗线条绘制，而中间色调用对角描边进行素描。炭笔被处理为黑色，纸张被处理为白色。

（11）炭精笔：在图像上模拟浓黑和纯白的炭精笔纹理。炭精笔效果对暗色区域使用黑色，对亮色区域使用白色。

（12）图章：此滤镜可简化图像，使之呈现用橡皮或木制图章盖印的样子。此命令用于黑白图像时效果最佳。

（13）网状：模拟胶片乳胶的可控收缩和扭曲来创建图像，使之在暗调区域呈结块状，在高光区域呈轻微颗粒化。

（14）影印：模拟影印图像的效果。大的暗区趋向于只复制边缘四周，而中间色调要么为纯黑色，要么为纯白色。

2．艺术效果

【艺术效果】就是在传统介质上模拟应用绘画效果，该命令中包括了各种美术类型效果以及不同工具绘制的效果，如图 8-53 所示。

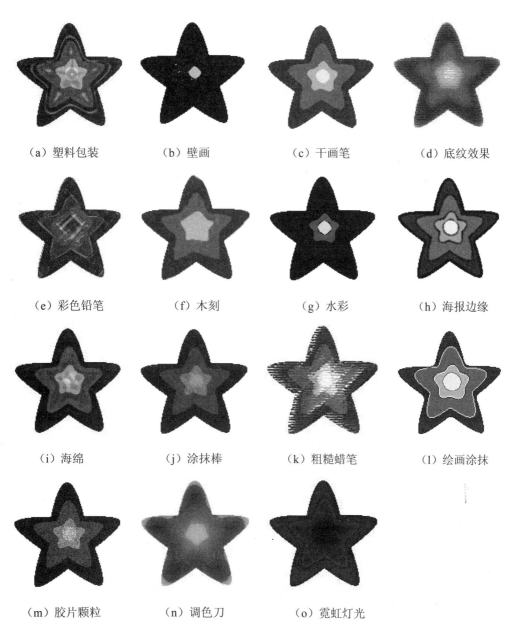

| （a）塑料包装 | （b）壁画 | （c）干画笔 | （d）底纹效果 |

| （e）彩色铅笔 | （f）木刻 | （g）水彩 | （h）海报边缘 |

| （i）海绵 | （j）涂抹棒 | （k）粗糙蜡笔 | （l）绘画涂抹 |

| （m）胶片颗粒 | （n）调色刀 | （o）霓虹灯光 |

图 8-53　艺术效果展示

（1）塑料包装：使图像犹如罩了一层光亮塑料，以强调表面细节。

（2）壁画：以一种粗糙的方式，使用短而圆的描边绘制图像，使图像看上去像是草草绘制的。

（3）干画笔：使用干画笔技巧（介于油彩和水彩之间）绘制图像边缘。该效果通过减小其颜色范围来简化图像。

（4）底纹效果：在带纹理的背景上绘制图像，然后将最终图像绘制在该图像上。

（5）彩色铅笔：使用彩色铅笔在纯色背景上绘制图像。保留重要边缘，外观呈粗糙阴影线；纯色背景色透过比较平滑的区域显示出来。

（6）木刻：将图像描绘成好像是由从彩纸上剪下的边缘粗糙的剪纸片组成的。高对比度的图像看起来呈剪影状，而彩色图像看上去是由几层彩纸组成的。

（7）水彩：以水彩风格绘制图像，简化图像细节，并使用蘸了水和颜色的中号画笔绘制。当边缘有显著的色调变化时，此效果会使颜色更饱满。

（8）海报边缘：根据设置的海报化选项值减少图像中的颜色数，然后找到图像的边缘，并在边缘上绘制黑色线条。图像中较宽的区域将带有简单的阴影，而细小的深色细节则遍布图像。

（9）海绵：使用颜色对比强烈、纹理较重的区域创建图像，使图像看上去好像是用海绵绘制的。

（10）涂抹棒：使用短的对角描边涂抹图像的暗区以柔化图像。亮区变得更亮，并失去细节。

（11）粗糙蜡笔：使图像看上去好像是用彩色蜡笔在带纹理的背景上描出的。在亮色区域，蜡笔看上去很厚，几乎看不见纹理；在深色区域，蜡笔似乎被擦去了，纹理显露出来。

（12）绘画涂抹：可以选择各种大小（1～50）和类型的画笔来创建绘画效果。画笔类型包括简单、未处理光照、暗光、宽锐化、宽模糊和火花。

（13）胶片颗粒：将平滑图案应用于图像的暗调色调和中间色调。将一种更平滑、饱和度更高的图案添加到图像的较亮区域。在消除混合的条纹和将各种来源的图素在视觉上进行统一时，此效果非常有用。

（14）调色刀：减少图像中的细节以生成描绘得很淡的画布效果，可以显示出其下面的纹理。

（15）霓虹灯光：为图像中的对象添加各种不同类型的灯光效果。在为图像着色并柔化其外观时，此效果非常有用。若要选择一种发光颜色，需要单击发光框，并从拾色器中选择一种颜色。

3．画笔描边

【画笔描边】命令是使用不同的画笔和油墨描边效果，创建绘画效果或美术效果，如图 8-54 所示。

（1）强化的边缘：强化图像边缘。当【边缘亮度】设置为较高的值时，强化效果看上去像白色粉笔；当它设置为较低的值时，强化效果看上去像黑色油墨。

（2）成角的线条：使用对角描边重新绘制图像。用一个方向的线条绘制图像的亮区，用相反方向的线条绘制暗区。

　　（a）喷溅　　　　　（b）喷色描边　　　　　（c）墨水轮廓　　　　　（d）强化的边缘

　　（e）成角的线条　　　（f）深色线条　　　　　（g）烟灰墨　　　　　　（h）阴影线

图8-54 画笔描边效果展示

　　（3）阴影线：保留原稿图像的细节和特征，同时使用模拟的铅笔阴影线添加纹理，并使图像中彩色区域的边缘变粗糙。【强度】选项用于控制阴影线的数目。

　　（4）深色线条：用短线条绘制图像中接近黑色的暗区，用长的白色线条绘制图像中的亮区。

　　（5）墨水轮廓：以钢笔画的风格，用纤细的线条在原细节上重绘图像。

　　（6）喷溅：模拟喷溅喷枪的效果。增加选项值可以简化整体效果。

　　（7）喷色描边：使用图像的主导色，用成角的、喷溅的颜色线条重新绘制图像。

　　（8）烟灰墨：以日本画的风格绘制图像，看起来像是用蘸满黑色油墨的湿画笔在宣纸上绘画。其效果是非常黑的柔化模糊边缘。

8.4 外观效果

　　在 Illustrator 中，除了填色与描边属性能够影响图形对象的外观外，还可以通过【外观】面板来完成，【外观】面板能够对图形对象进行填色、描边、透明度和效果等编辑而不改变对象的基础结构。如果某对象应用了一个外观属性，并且对该外观属性进行了编辑或删除等操作，则不影响该对象及应用于该对象的其他属性。

8.4.1　创建外观效果

　　在画板中绘制图形对象后，【外观】面板中自动显示该图形对象的基本属性，例如

填色、描边、不透明度等，执行【窗口】|【外观】命令或按快捷键 Shift+F6，弹出【外观】面板，如图 8-55 所示。

【外观】面板底部的各个按钮名称以及作用如表 8-1 所示。

表 8-1 【外观】面板中的按钮名称与作用

名　称	按　钮	作　用
添加新描边	▢	无论是否选择属性，单击该按钮即可添加描边属性
添加新填色	▣	无论是否选择属性，单击该按钮即可添加填色属性
添加新效果	fx.	单击该按钮弹出效果选项，该选项与【效果】菜单中的命令相同
清除外观	⊘	选择图形对象后，单击该按钮清除该对象中的所有属性
复制所选项目	▤	选择某个属性后单击该按钮，即可复制该属性
删除所选项目	🗑	选择某个属性后单击该按钮，即可删除该属性

在默认情况下，无论画板中存在的图形对象具有何种外观属性，绘制出来的图形对象只是基本的外观属性。这是因为【外观】面板的关联菜单中，【新建图稿具有基本外观】命令被应用，如图 8-56 所示。

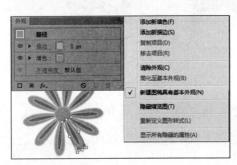

图 8-55　【外观】面板

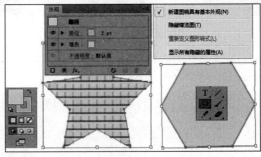

图 8-56　应用【新建图稿具有基本外观】命令效果

当再次选择【外观】面板关联菜单中的【新建图稿具有基本外观】命令，使其被禁用后，首先使用【选择工具】 ▶ 选中画板中的图形对象。然后使用绘图工具在画板中绘制，这样即可得到与当前图形对象相同的外观属性，如图 8-57 所示。

8.4.2　编辑外观效果

【外观】面板中除了显示基本属性外，当为图形对象添加滤镜效果时，同样显示在该面板中。在该面板中不仅能够重新设置所有属性的参数，还可以复制该属性至其他对象中，并通过隐藏某属性，而使对象显示不同的效果。

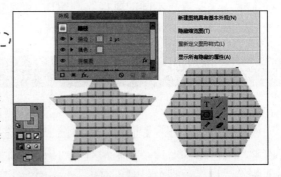

图 8-57　禁用【新建图稿具有基本外观】命令效果

1. 重设属性

当绘制图形对象后，既可以在【控制】面板中更改对象的填色与描边属性，还可以通过【外观】面板重新设置。方法是，打开【外观】面板，单击【描边】或者【填色】右侧的下拉三角，选择预设颜色即可，如图8-58所示。

在【外观】面板中，不仅可以通过更改原有属性参数改变对象外观效果，还可以通过添加新的【描边】与【填色】属性，来改变对象显示效果。方法是，选中对象后，单击【外观】面板底部的【添加新描边】按钮▢或者【添加新填色】按钮▣即可，如图8-59所示。

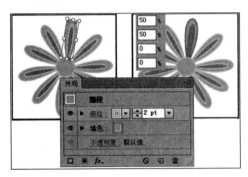

(a)　　　　　　(b)

图8-58　更改描边颜色　　　　图8-59　添加新描边

当对象添加滤镜效果时，同样显示在【外观】面板中。只要选中对象，并且单击该属性右侧的【效果】按钮 *fx.*，即可打开【效果】对话框进行编辑，从而改变对象的效果，如图8-60所示。

2.复制属性

属性的复制包括两种方式：一种是为所选对象复制属性，一种是将所选对象的属性复制到其他对象中。

在【外观】面板中选中某属性，并将其拖至面板底部的【复制所选项目】按钮 ▣，即可复制该属性。这时，更改复制后的属性参数，改变对象属性，如图8-61所示。

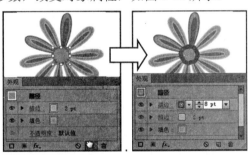

(a)　　　　　　(b)

图8-60　改变效果参数　　　　图8-61　复制属性并修改

在【外观】面板中单击并拖动缩览图至另外一个对象中，即可将对象属性复制到其他对象中，如图8-62所示。

> **注　意**
>
> 要想复制属性至其他对象，【外观】面板中的缩览图必须显示，否则将无法进行复制。当面板中的缩览图被隐藏时，选择该面板关联菜单中的【显示缩览图】命令即可。

3. 隐藏属性

一个对象不仅能够包含多个填色与描边属性，还可以包含多个效果。当【外观】面板中存在多个属性时，可以通过单击属性左侧的眼睛图标👁临时隐藏，显示下方的属性，如图 8-63 所示。

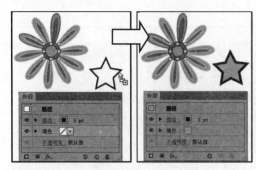

图 8-62 复制属性至其他对象中　　　图 8-63 隐藏属性

在【外观】面板中，通过向上或向下拖动外观属性，同样能够改变对象显示效果，或者隐藏某个属性效果，如图 8-64 所示。

图 8-64 改变属性顺序

8.5 图形样式

【图形样式】属于外观属性的一种，可以反复使用。当图形样式应用于对象、组和图层时，可快速地改变对象的外观，并且组和图层内的所有对象都将具有图形样式的属性。

8.5.1 【图形样式】面板

使用【图形样式】面板可以创建、命名和应用外观属性集，执行【窗口】|【图形样式】命令或按快捷键 Shift＋F5，弹出【图形样式】面板，如图 8-65 所示。在该面板中，

会列出一组默认的图形样式。

　　无论是选择【图形样式】面板关联菜单中的【打开图形样式库】命令，还是单击面板底部的【图形样式库菜单】按钮，均能够弹出一个样式命令。选择任何一个命令，均能够打开相应的样式面板，如图 8-66 所示。

　　【图形样式】面板中的样式只能够以缩览图和列表方式显示，当无法清楚地查看样式效果时，可以通过右击样式缩览图的方式，查看大型弹出式缩览图，如图 8-67 所示。

　　当画板中没有任何对象，或者没有选中任何对象时，右击样式缩览图，

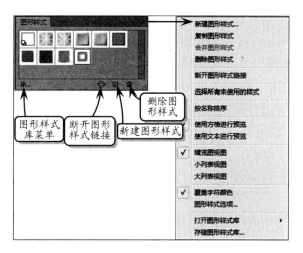

图 8-65　【图形样式】面板

放大后的缩览图以矩形形状显示。如果选中某个对象后右击样式缩览图，那么会以该对象的形状显示放大后的效果，如图 8-68 所示。

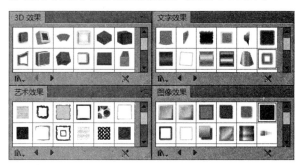

图 8-66　预设样式面板

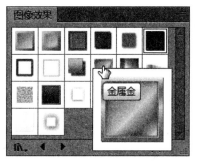

图 8-67　查看样式缩览图

8.5.2　应用与创建图形样式

　　在【图形样式】面板中，包含各种类型的样式面板。当绘制图形对象后，要想应用【图形样式】面板中的样式效果，只要选中该对象，单击面板中的某个样式缩览图即可，如图 8-69 所示。

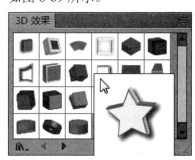

图 8-68　查看【对象形状】样式缩览图

图 8-69　为对象添加图形样式

由于【图形样式】面板中的样式较少，要应用其他样式时，可以单击面板底部的【图形样式库菜单】按钮 ，选择其中一个命令后，即可弹出相应的面板。单击其中的样式缩览图后，对象被应用，并在【图形样式】面板中自动添加该样式，如图 8-70 所示。

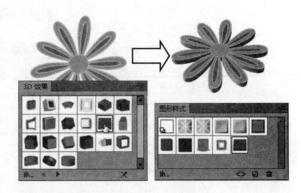

图8-70 为对象添加类型样式

当绘制后的对象应用图形样式后，【外观】面板中的基本属性替换为样式属性。这时在该面板中，还可以继续对对象属性进行编辑，如图 8-71 所示。

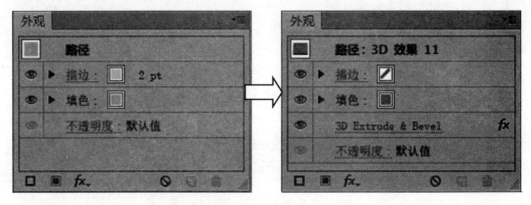

图8-71 添加图形样式后的【外观】面板

在【图形样式】面板中除了预设的类型样式外，还可以将现有对象中的效果存储为图形样式，以方便以后的应用。

创建图形样式的方法是，选中对象后，单击【图形样式】面板底部的【新建图形样式】按钮 ，或者将【外观】面板中的缩览图拖动至【图形样式】面板中，均能够创建，如图 8-72 所示。

> **提 示**
>
> 没有选中任何对象，或者是在一个空白文档中，单击【图形样式】面板底部的【新建图形样式】按钮 ，设置工具箱中的【填色】和【描边】参数来创建图形样式。

8.6 课堂实例: 制作立体咖啡杯

本例制作的是立体的咖啡杯效果，如图 8-73 所示。在 Illustrator 中，平面图形只要通过 3D 命令中的绕转命令，即可转换为三维立体效果。然后添加制作好的的符号作为咖啡杯的贴图，来完成立体咖啡杯的制作。在制作过程中，平面图形的形状尤为重要，关系到立体效果的完整性，所以要仔细调整平面图形的路径。

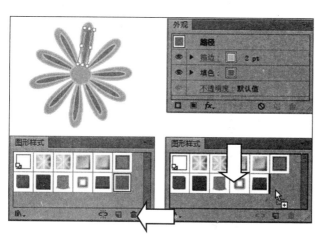

图 8-72 创建图形样式

图 8-73 咖啡杯立体效果

操作步骤：

1️⃣ 新建【颜色模式】为 CMYK 的空白文档，并输入字符 Coffee，复制并调整字号与字体，如图 8-74 所示。

2️⃣ 打开【符号】面板，选中设置好的字符，按快捷键 Ctrl+Shift+O 将字符轮廓化，并进行编组，然后将其创建为符号，如图 8-75 所示。

3️⃣ 选择钢笔工具 ✏️，设置填色为【褐色】，在画板中绘制咖啡杯杯盖左侧部分的基本平面路径，如图 8-76 所示。

图 8-74 创建文档并设置字符

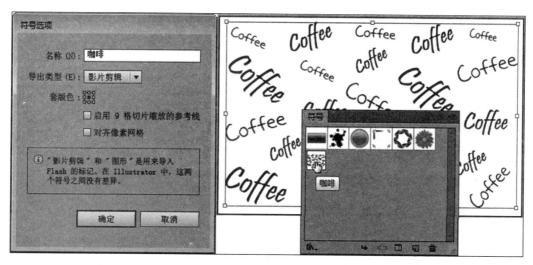

图 8-75 创建符号

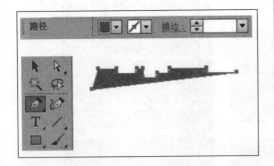

图8-76　建立咖啡杯杯盖左侧基本平面路径

4 选择【转换锚点工具】，分别在图形对象左侧的锚点中单击并拖动，使锚点两侧的直线路径转换为曲线路径，配合使用【直接选择工具】选中多个锚点，单击控制面板中的【将选择描点转换为平滑】按钮，

完成咖啡杯杯盖左侧图形绘制，如图 8-77 所示。

5 使用【选择工具】，选中该图形对象，执行【效果】|3D|【绕转】命令，选中【预览】选项，并设置参数，然后单击对话框中的【确定】按钮，使平面图形转换为立体效果，如图 8-78 所示。

图8-77　调整路径形状

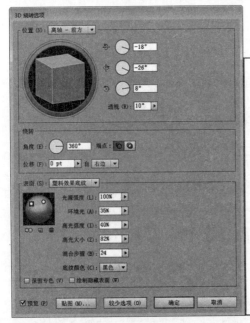

图8-78　转换为立体效果

6 选择【钢笔工具】，设置填色为【白色】，在画板中绘制咖啡杯杯体左侧部分的基本平面路径，使用【选择工具】，选中该图形对象，执行【效果】|3D|【绕转】命令，选中【预览】选项，并设置参数，然后单击对话框中的【确定】按钮，使平面图形转换为立体效果，如图 8-79 所示。

7 使用【选择工具】选中杯体部分，按快捷键 Ctrl+Shift+[将杯体置于底层。执行【窗口】|【外观】命令，选中立体对象，双击【外观】面板中的【3D 绕转】属性，可以重新打开【3D 绕转选项】对话框，可以根据杯盖与杯体的位置设置光线等，如图 8-80 所示。

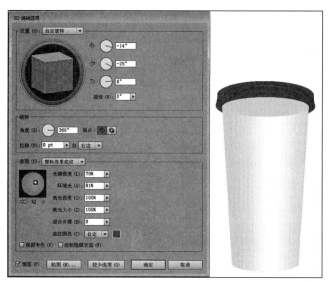

图8-79 制作杯体部分

图8-80 调整咖啡杯后的效果

8　选中杯体部分，双击【外观】面板中的【3D 绕转】属性，重新打开【3D 绕转选项】对话框。单击该对话框中的【贴图】按钮

贴图 (0)... ，弹出【贴图】对话框，如图 8-81 所示。

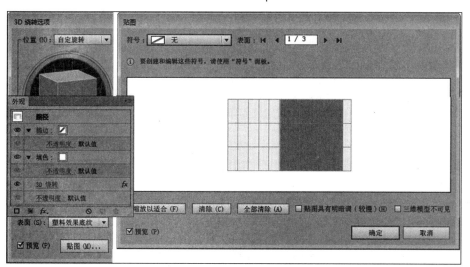

图8-81 【贴图】对话框

9　在【贴图】对话框中，选择咖啡杯杯体表面。选择【符号】下拉列表中的【咖啡】选项，启用【贴图具有明暗调】选项，然后放大并移动符号，使其覆盖住整个杯体部分，如图 8-82 所示。

10　连续单击【确定】之后，关闭对话框，立体

咖啡杯主体表面呈现字体图案。而【外观】面板中的属性成为【3D 绕转 (映射)】属性，如图 8-83 所示。

11　选择【矩形工具】 ，绘制默认黑白渐变的矩形，尺寸与画板相等。使用【选择工具】 选中渐变矩形，在【渐变】面板中选择

【类型】选项为【径向】，如图 8-84 所示。

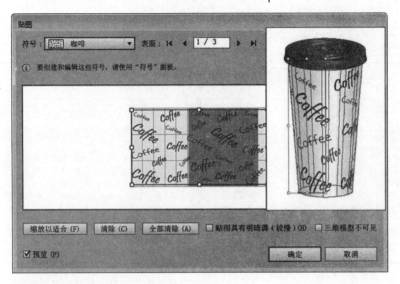

图8-82 添加符号并调整

图8-83 贴图效果

图8-84 绘制径向渐变矩形

12 在【渐变】面板中，分别设置两端的【渐变滑块】颜色，然后选择【渐变工具】，重新在渐变矩形中单击并拖动，改变渐变展示效果，如图 8-85 所示。

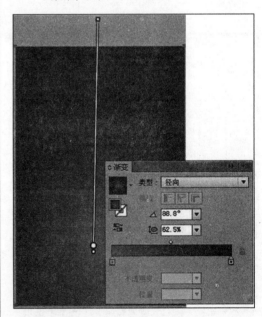

图8-85 改变渐变颜色与方向

13 将背景图形放在咖啡杯的下方，使用【椭圆工具】绘制单色椭圆图形。然后执行【效果】|【模糊】|【高斯模糊】命令，设置参

数，如图 8-86 所示。

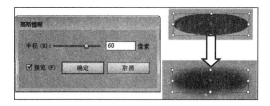

图8-86 制作阴影

14 继续将阴影图形放置在咖啡杯的下方后，执行【窗口】|【透明度】命令，打开【透明度】面板，设置【混合模式】为【正片叠底】。按照咖啡杯高光位置移动阴影，形成正确的光

影效果，如图 8-87 所示，完成最后的制作。

图8-87 确定图形对象顺序

8.7 思考与练习

一、填空题

1. _____命令能够为对象添加阴影效果。

2. _____命令能够为对象添加发光效果。

3. 使用_____命令，可以轻松地创建出立体效果。

4. 通过_____面板，能够重新编辑效果参数。

5. 在_____面板中单击，可以快速为对象添加样式。

二、选择题

1. 默认状态下，【外发光】效果中添加的发光是_____的。

    A. 无色　　　B. 白色

    C. 灰色　　　D. 黑色

2. 3D 中的_____命令，不能为对象添加贴图效果。

    A. 凸出和斜角

    B. 绕转

    C. 旋转

    D. 旋转和绕转

3. _____命令是围绕全局 Y 轴【绕转轴】绕转一条路径或剖面，使其做圆周运动。

    A. 凸出和斜角

    B. 绕转

    C. 旋转

    D. 贴图

4. _____命令能够制作出方块磨砂玻璃的效果。

    A. 扩散亮光

    B. 玻璃

    C. 海洋波纹

    D. 染色玻璃

5. 通过_____面板，可以重新设置对象中添加的效果参数。

    A. 外观

    B. 透明度

    C. 图层

    D. 属性

三、问答题

1. 哪些命令能够为对象添加发光效果？两者有何区别？

2. 启用【投影】对话框中的【暗度】选项，能够带来什么阴影效果？

3. 如何得到旋转性模糊效果？

4. 简述创建新图形样式的步骤。

5. 如何重新编辑滤镜效果中的参数？

四、上机练习

制作立体文字效果

立体文字效果在 Illustrator 中的制作方法非常简单，只要输入文字并设置文字属性后，打开【图形样式】面板，单击该面板底部的【图形样式库菜单】按钮，选择【3D 效果】命令。在弹出的【3D 效果】面板中，单击任何一个缩览图，均能够将字体转换为立体效果。在制作完成立体效果之后，可以为对象添加一些装饰，使对象更具表现力，如图 8-88 所示。

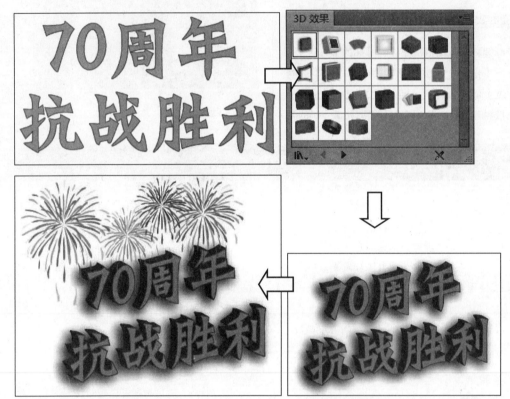

图8-88 制作立体字过程

第 9 章

Illustrator 导出与打印

随着网络的迅速发展和普及，网络已经逐渐渗透到社会的各行各业，网页设计与网站建设这一新兴行业也随之被越来越多的人所了解。要想建立网站，首先要了解与掌握网页制作的相关软件，Dreamweaver 是组建网站和设计网页的专业工具，以"所见即所得"的特点，使不同层次的用户都可以快速创建网页。

Illustrator 能够导出各种格式的文件，并可以应用于其他不同的软件。另外，Illustrator 还能制作简单的动画效果及网络图片。Illustrator 的打印选项非常丰富，无论是用于印刷的矢量图形还是用于网络的位图图像，都可以将其打印输出。

本章主要介绍各种格式文件导出的方法与技巧及如何创作 Web 文件，还介绍了如何设置打印选项以最好的效果输出和保存图像。

9.1 导出 Illustrator 文件

Illustrator 中绘制的图形对象，默认保存为 AI 格式，而该格式的文件只能在相关的软件中打开并查看。只有将其导出为普通格式的图片，才能够更加方便地进行查看。AI 格式的文件能够导出为各种格式的图片文件，甚至能够以动画形式进行查看。

9.1.1 导出图像格式

图像格式包括位图格式和矢量图格式，位图图像格式分别为带图层的 PSD 格式、JPEG 格式，以及 TIFF 格式。无论是何种格式的文件，均是通过执行【文件】|【导出】命令，在弹出的【导出】对话框中进行导出的，如图 9-1 所示。

1. 导出 PSD 格式

PSD 格式是标准的 Photoshop 格式，如果文件中包含不能导出到 Photoshop 格式的数据，Illustrator 可通过合并文档中的图层或栅格化文件，保留文件的外观，即使选择了相应的导出选项，图层、子图层、复合形状和可编辑文本也可能无法在 Photoshop 文件中存储。如果想将文件导出为 Photoshop 格式，如图 9-2 所示，那么可以通过设置选项控制生成的文件。

图 9-1 【导出】对话框

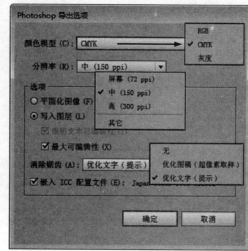

图 9-2 【Photoshop 导出选项】对话框

（1）颜色模型：决定导出文件的颜色模型。

（2）分辨率：决定导出文件的分辨率。

（3）平面化图像：合并所有图层并将 Illustrator 文件导出为栅格化图像。

（4）写入图层：将组、复合形状、嵌套图层和切片导出为单独的、可编辑的 Photoshop 图层。

（5）保留文本可编辑性：将图层中的水平和垂直点文字导出为可编辑的 Photoshop 文字。

（6）消除锯齿：通过超像素采样消除文件中的锯齿边缘，取消选择此选项有助于栅格化线状图时维持其硬边缘。

（7）嵌入 ICC 配置文件：创建色彩受管理的文档。

注 意

Illustrator 无法导出并应用图形样式、虚线描边或画笔和复合形状。若想导出复合形状，则必须将其更改为栅格形状。

2. 导出 JPEG 格式

JPEG 格式是在 Web 上显示图像的标准格式。如果将文件导出为 JPEG 格式，如图 9-3 所示，则可以设置以下选项。

（1）品质：决定 JPEG 文件的品质和大小。

（2）颜色模型：决定 JPEG 文件的颜色模型。

（3）压缩方法：执行【基线（标准）】命令以使用大多数 Web 浏览器都识别的格式；

执行【基线（优化）】命令以获得优化和颜色和稍小的文件大小；执行【连续】命令在图像下载过程中显示一系列越来越详细的扫描。

（4）分辨率：决定 JPEG 文件的分辨率。

（5）消除锯齿：消除文件中的锯齿边缘。

（6）图像映像：为图像映射生成代码。

（7）嵌入 ICC 配置文件：在 JPEG 文件中存储 ICC 配置文件。

3．导出 TIFF 格式

TIFF 是标记图像文件格式，用于在应用程序和计算机平台间交换文件。如果将文件导出为 TIFF 格式时，会显示【TIFF 选项】对话框，如图 9-4 所示，可以为该对话框设置选项。

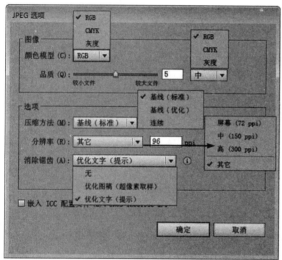

图 9-3 【JPEG 选项】对话框

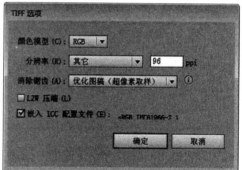

图 9-4 【TIFF 选项】对话框

（1）颜色模型：决定导出文件的颜色模型，其中包括 RGB、CMYK 和灰度三种模型。

（2）分辨率：决定栅格化图像的分辨率。分辨率值越大，图像品质越好，文件也越大。

（3）消除锯齿：消除文件中的锯齿边缘，取消选择此选项有助于栅格化线状图时维持其硬边缘。

（4）LZW 压缩：应用 LZW 压缩是一种不会丢弃图像细节的无损压缩方法。

（5）嵌入 ICC 配置文件：创建色彩受管理的文档。

4．导出 BMP 格式

BMP 标准图像格式，可以指定颜色模型、分辨率和消除锯齿设置用于栅格化文件，以及格式和位深度用于确定图像可包含的颜色总数。将文件导出为 BMP 格式时会显示【删格化选项】对话框，设置好该选项并单击【确定】按钮会弹出【BMP 选项】对话框，如图 9-5 所示。

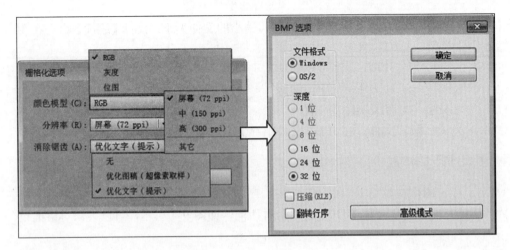

图 9-5 【BMP 选项】对话框

9.1.2 导出 AutoCAD 格式

当将文件导出为 DXP 或 DWG 格式时，将弹出【DXP/DWG 导出选项】对话框，如图 9-6 所示，可以设置如下选项。

（1）AutoCAD 版本：指定支持导出文件最早版本的 AutoCAD。

（2）缩放：输入缩放单位的值以指定在写入 AutoCAD 文件时 Illustrator 如何解释长度数据。

（3）缩放线条粗细：将线条粗细连同绘图的其余部分在导出文件中进行缩放。

（4）颜色数目：确定导出过程中栅格化的图像和对象是否以 PNG 或 JPEG 格式存储。

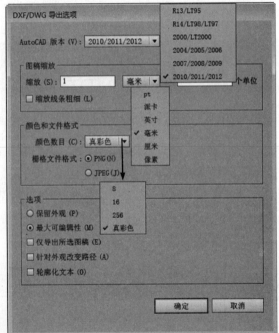

（5）保留外观：选择此项可以保留外观，而不需要对导出的文件进行编辑。

（6）最大可编辑性：最大限度地编辑 AutoCAD 中的文件。

（7）仅导出所选图稿：启用该选项能够只导出选中的图稿。

（8）针对外观改变路径：改变 图 9-6 【DXP/DWG 选项】对话框
AutoCAD 中的路径以保留原始外观。

（9）轮廓化文本：导出之前将所有文本转换为路径以保留外观。

提 示

> 只有 PNG 格式才支持透明度，因此需要尽可能最大程序地保留外观。

9.1.3 导出 SWF—Flash 格式

由于 Flash（SWF）文件格式是一种基于矢量的图形文件格式，它用于适合 Web 的可缩放小尺寸图形。由于这种文件格式基于矢量，因此，图稿可以在任何分辨率下保持其图像品质，并且非常适宜创建动画帧。Illustrator 极强的绘图功能，为动画元素提供了保证。它可以导出 SWF 和 GIF 格式文件，再导入 Flash 中进行编辑，制作成动画。

1. 制作图层动画

在 Illustrator 中，绘制完动画元素，应将绘制的元素释放到单独的图层中，每一个图层为动画的一帧或一个动画文件，将图层导出 SWF 帧，可以很容易地动起来。

1）释放到图层（顺序）

若要在当前的图层或图层组中创建多个单独的图层，每个对象都会位于一个单独的图层中，单击【图层】面板右上角的按钮，选择【释放到图层（顺序）】命令，如图 9-7 所示。

图 9-7　将每个对象单独放到图层中

2）释放到图层（积累）

若要将图像释放到图层并复制创建一类效果，底层的图像出现在每个图层中，而顶部的对象出现在顶层中。单击【图层】面板右上角的按钮，选择【释放到图层（累积）】命令。创建图层中不仅包含一个对象，如图 9-8 所示。

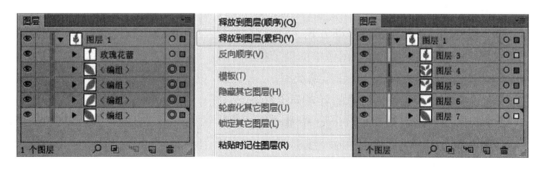

图 9-8　逐个将增加的图像置入到图层中

2. 导出 SWF 动画

Flash 是一个强大的动画编辑软件，但是在绘制矢量图形方面没有在 Illustrator 软件中绘制得精美。而 Illustartor 虽然可以制作动画，但是不能够编辑精美的动画。两者结合，才能创建出更完美的动画。这就需要在 Illustartor 中绘制动画元素，为动画的每一帧创建单独的图层后，然后导出 SWF 格式，导入 Flash 中进行编辑。

执行【文件】|【导出】命令，打开【导出】对话框，在【保存类型】下拉列表框中选择 Flash（*SWF）作为格式，然后单击【保存】按钮。弹出【SWF 选项】对话框，如图 9-9 所示。在该对话框中，选择【导出为】下拉列表框中的【AI 图层到 SWF 文件】格式，并设置其他动画选项，然后单击【确定】按钮。

在【SWF 选项】对话框中，有以下选项可供选择。

（1）预设：指定用于导出的预设选项设置文件。

（2）剪切到画板大小：导出完整 Illustartor 文档页至 SWF 文件。

（3）将文本作为轮廓导出：将文字转换为矢量路径。

通过单击【高级】按钮会弹出高级选项，可以设置图像格式、方法、帧速率等选项。

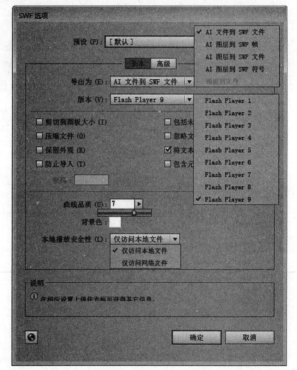

图 9-9 【SWF 选项】对话框

（1）图像格式：决定文件压缩方式。

（2）JPEG 品质：指定导出图像中的细节量。

（3）方法：指定使用的 JPEG 压缩类型。

（4）分辨率：调整位图图像的屏幕分辨率。

（5）帧速率：指定在 Flash Player 中播放动画的速率。

（6）图层顺序：决定动画的时间线。

（7）导出静态图层：指定所有导出 SWF 格式的帧中将用作静态内容的一个或多个图层或子图层。

通过【SWF 选项】对话框中的选项设置，能够导出最简单的动画效果。要想得到较为复杂的动画效果，可以单击该对话框中的【高级】按钮，设置动画的【分辨率】、【帧频】以及【循环】和【动画混合】等选项。

9.2　创建 Web 文件

网页是由多种元素组成的，其中包括 HTML 文本、位图图像和矢量图像等。在网页图稿制作完成上传到网络的过程中，会因为图片太大而影响到网页的运行速度。这时，可以通过 Illustrator 中的切片工具将图片裁切为小尺寸的图像，存储为 Web 文件，再上传到网络中。

9.2.1　使用 Web 安全颜色

当网页使用了合理且美观的网页配色方案时，网页中的色彩会受到外界因素的影响，而使每个浏览者观看到不同的效果。这是因为即使是一模一样的颜色，也会由于显示设备、操作系统、显卡以及浏览器的不同而有不尽相同的显示效果。

216 网页安全颜色是指在不同硬件环境、不同操作系统、不同浏览器中都能够正常显示的颜色集合，这些颜色在任何终端浏览用户显示设备上的显示效果都是相同的。所以使用 216 网页安全颜色进行网页配色可以避免原有的颜色失真问题。

216 网页安全颜色在实现高精度的真彩图像或者照片时会有一定的欠缺，但是用来显示徽标或者二维平面效果却是绰绰有余的。所以 216 网页安全颜色和非网页安全颜色应该合理搭配使用。

在网页 HTML 语言中对于彩度的定义是采用十六进制的，对于三原色，HTML 分别给予两位十六进制数去定义，也就是每个原色可有 256 种彩度，故此三原色可混合成 1600 多万种颜色。

Illustrator 虽然不是制作网页图像的常用软件，但是由于其绘制功能强大，同样能够为网页提供图标、按钮、背景等各种网页元素的矢量效果图像。所以在该软件中同样提供了用于网络图像的颜色，只要单击【色板】面板底部的【色板库菜单】按钮，选择 Web 命令即可，如图 9-10 所示。

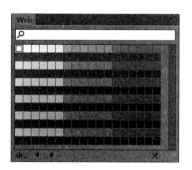

图 9-10　Web 安全颜色

9.2.2　创建切片

切片工具主要用于 Web，是将完整的网页图像划分为若干较小的图像，这些图像可在 Web 上重新组合。在输出网页时，可以对每块图形进行优化。通过划分图像，可以指定不同的 URL 链接以创建页面导航或制作动态按钮。在保证图像品质的同时能够得到更小的文件，从而缩短图像的下载时间。

切片按照其内容类型以及创建方式进行分类，如使用【切片工具】✏️创建的切片、执行切片命令创建的切片。当创建新切片时，将会生成附加自动切片来占据图像的其余区域。

1. 使用【切片工具】创建切片

通过使用【切片工具】创建切片，是裁切网页图像最常用的方法。在工具箱中选择【切片工具】✏️后，在画板中单击并且拖动即可创建切片。其中，淡红色为自动切片，如图 9-11 所示。

2. 从参考线创建切片

从参考线创建切片的前提是，文档中存在参考线。按快捷键 Ctrl+R 显示出标尺，并拉出参考线，设置切片的位置。执行【对象】|【切片】|【从参考线创建】命令，即可根据文档的参考线创建切片，如图 9-12 所示。

🔘 **图 9-11** 使用【切片工具】创建切片

🔘 **图 9-12** 从参考线创建切片

3. 从所选对象创建切片

选中网页中的一个或多个图形对象，执行【对象】|【切片】|【从所选对象创建】命令，根据选中图形最外轮廓划分切片，如图 9-13 所示。

提 示

在工具箱中单击【选择工具】▶️，按住 Shift 键的同时单击所要选的图像对象，可选中多个图像。

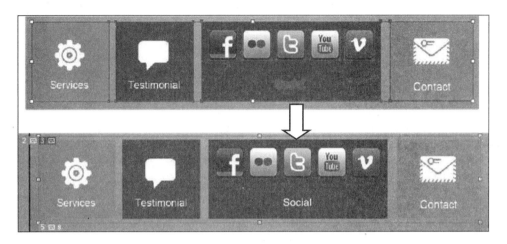

图 9-13　从所选对象创建切片

4. 创建单个切片

选中网页中一个或多个图像，执行【对象】|【切片】|【建立】命令，根据选中的图像，分别创建单个切片，如图 9-14 所示。

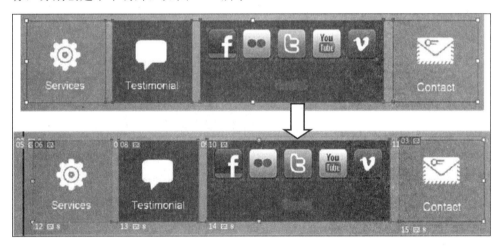

图 9-14　创建单个切片

提　示

如果希望切片尺寸与网页图稿中的图形元素边界匹配，需执行【对象】|【切片】|【建立】命令。如果移动或修改图稿，则切片区域会自动调整以包含新图稿。还可以使用此命令创建切片，该切片可从文本对象捕捉文本和基本格式特征；如果希望切片尺寸与底层图稿无关，则使用切片工具、【从所选对象创建】命令或【从参考线创建】命令。以其中任意一种方式创建的切片将显示为【图层】面板中的项，可以使用与其他矢量对象相同的方式移动和删除它们并且调整其大小。

9.2.3　编辑切片

无论以何种方式创建切片，都可以对其进行编辑。只是不同类型的切片，其编辑方式有所不同。对于切片,可以进行选择、调整、删除、隐藏和锁定等各种操作。

1. 选择切片

编辑所有切片之前,首先要选择切片。在 Illustrator 中选择切片,有其专属的工具,那就是【切片选择工具】。选择【切片选择工具】,在画板中单击,即可选中切片,如图 9-15 所示。

图 9-15 选择切片

除了可以使用【切片选择工具】选择切片,还可以通过执行下列操作之一在插图窗口中选择切片。

要选择使用【对象】|【切片】|【建立】命令创建的切片,在画板上直接选择相应的图稿。若将切片捆绑到某个组或图层,在【图层】面板中选择该组或图层旁边的定位图标,如图 9-16 所示。

要选择使用切片工具、【从所选对象创建】命令或【从参考线创建】命令创建的切片,在【图层】面板中定位该切片。

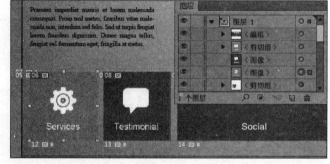

图 9-16 选择切片

使用【选择工具】,单击切片路径。若要选择切片路径线段或切片锚点,使用【直接选择工具】,单击任意一个项目。

2. 调整切片

如果使用【对象】|【切片】|【建立】命令创建切片,切片的位置和大小将捆绑到它所包含的图稿。因此,如果移动图稿或调整图稿大小,切片边界也会自动进行调整。

如果使用【切片工具】、【从所选对象创建】命令或【从参考线创建】命令创建切片,则可以按下列方式手动调整切片。

(1)移动切片:使用【切片选择工具】,将切片拖到新位置。按 Shift 键可将移动限制在垂直、水平或 45° 对角线方向上。

(2)调整切片大小:使用【切片选择工具】,选择切片,并拖动切片的任一角或边。也可以使用【选择工具】 和【变换】面板来调整切片的大小。

（3）对齐或分布切片：使用【对齐】面板，通过对齐切片，可以消除不必要的自动切片以生成较小且更有效的 HTML 文件。

（4）更改切片的堆叠顺序：将切片拖到【图层】面板中的新位置，或者执行【对象】|【排列】命令。

（5）划分某个切片：选择该切片，执行【对象】|【切片】|【划分切片】命令，打开【划分切片】对话框。输入数值，可根据数值划分成若干均等的切片，如图 9-17 所示。

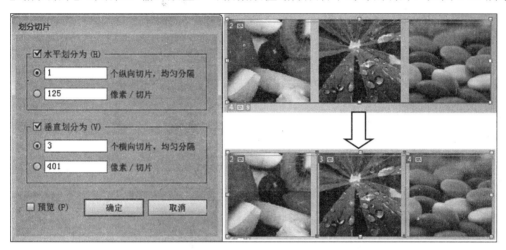

第 9 章 Illustrator 导出与打印

图 9-17　划分切片

可以对用任意方法创建的切片进行复制、组合及调整切片到合适画板大小操作。

（1）复制切片：选中切片，执行【对象】|【切片】|【复制切片】命令，将复制一份与原切片尺寸大小相同的切片。

（2）组合切片：选中两个或多个切片，执行【对象】|【切片】|【组合切片】命令，将被组合切片的外边缘连接起来所得到的矩形，即构成组合后的切片的尺寸和位置。如果被组合切片不相邻，或者具有不同的比例或对齐方式，则新切片可能与其他切片重叠，如图 9-18 所示。

（3）将所有切片的大小调整到画板边界：执行【对象】|【切片】|【剪切到画板】命令。超出画板边界的切片会被截断以适合画板大小，画板内部的自动切片会扩展到画板边界，所有图稿保持原样。

3．删除切片

删除切片可以通过从对应图稿删除切片或释放切片来移除这些切片。

（1）释放某个切片：选择该切片，执

图 9-18　组合切片

行【对象】|【切片】|【释放】命令。

（2）删除切片：选择该切片，并按 Delete 键删除。如果切片是通过【对象】|【切片】|【建立】命令创建的，则会同时删除相应的图稿。如果要保留对应的图稿，应释放切片而不要删除切片。

（3）删除所有切片：执行【对象】|【切片】|【全部删除】命令。但通过【对象】|【切片】|【建立】命令创建的切片只是释放，而不是将其删除。

4．隐藏和锁定切片

为了方便操作，可以将切片暂时隐藏。通过锁定切片，可以防止用户进行意外更改，如调整大小或移动。

（1）隐藏切片：执行【视图】|【隐藏切片】命令，即可将所有切片隐藏。

（2）显示切片：执行【视图】|【显示切片】命令，即可将隐藏的切片全部显示出来。

（3）锁定所有切片：执行【视图】|【锁定切片】命令，切片被锁定，不能选中及更改。

（4）锁定单个切片：可以在【图层】面板中单击切片的编辑列，将切片锁定，如图 9-19 所示。

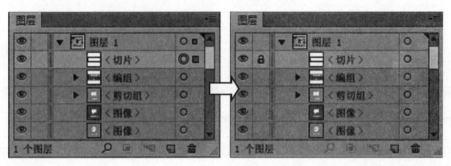

图 9-19　锁定单个切片

（5）隐藏切片编号并更改切片线条颜色：执行【编辑】|【首选项】|【切片】命令，弹出【首选项】对话框。为了使切片突出明显，根据图稿整体颜色选择切片线条颜色，如图 9-20 所示。

5．设置切片选项

Illustrator 文档中的切片与生成的网页中的表格单元格相对应。创建切片后发现，切片本身具有颜色、线条、编号。默认情

图 9-20　改变切片显示颜色

况下，切片区域可导出为包含于表格单元格中的图像文件。如果希望表格单元格包含 HTML 文本和背景颜色而不是图像文件，则可以将切片类型更改为【无图像】。如果希望将 Illustrator 文本转换为 HTML 文本，则可以将切片类型更改为【HTML 文本】。

执行【对象】|【切片】|【切片类型】命令，打开【切片选项】对话框，如图 9-21 所示。它确定了切片内容如何在生成的网页中显示以及如何发挥作用。

网页包含许多元素，如 HTML、文本、位图图像和矢量图像等，应选择切片类型并设置对应的选项，如图 9-22 所示。

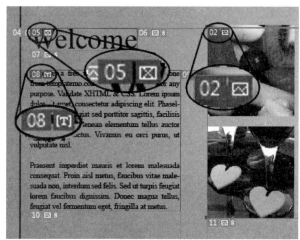

图9-21 【切片选项】对话框   图9-22 切片类型

（1）图像：如果希望切片区域在生成的网页中为图像文件，则选择此类型。如果希望图像是 HTML 链接，则输入 URL 和目标框架。还可以指定当鼠标位于图像上时浏览器的状态区域中所显示的信息，未显示图像时所显示的替代文本，以及表格单元格的背景颜色。

（2）无图像：如果希望切片区域在生成的网页中包含 HTML 文本和背景颜色，则选择此类型。在【显示在单元格中的文本】文本框中输入所需文本，并使用标准 HTML 标记设置文本格式。注意输入的文本不要超过切片区域可以显示的长度（如果输入了太多的文本，它将扩展到邻近切片并影响网页的布局）。然而，因为无法在画板上看到文本，所以只有用 Web 浏览器查看网页时，才会变得一目了然）。设置【水平】和【垂直】选项，更改表格单元格中文本的对齐方式。

（3）HTML 文本：仅当选择文本对象并通过【对象】|【切片】|【建立】来创建切片时，才能使用这种类型。可以通过生成的网页中基本的格式属性将 Illustrator 文本转换为 HTML 文本。若要编辑文本，要更新图稿中的文本。设置【水平】和【垂直】选项，更改表格单元格中文本的对齐方式。还可以选择表格单元格的背景颜色。

9.2.4 导出切片图像

在 Illustrator 中制作完成整个网页图稿。切片的创建只是完成网页图像的第一步，有

种特殊的存储方式可以将切割后的网页分块保存起来。执行【文件】|【存储为 Web 所用格式】命令，打开【存储为 Web 所用格式】对话框。使用对话框中的优化功能，预览具有不同文件格式和不同文件属性的优化图像，如图 9-23 所示。

　　【存储为 Web 所用格式】对话框中包含多个选项，对话框的左边是用于编辑图像的 4 个工具和两个附加按钮，见表 9-1。

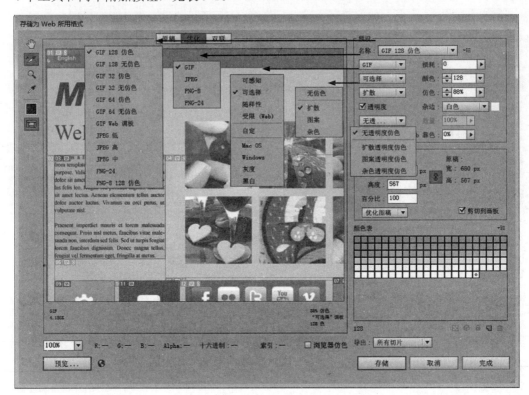

图 9-23　【存储为 Web 所用格式】对话框

表 9-1

名　称	功　能
抓手工具	在预览窗口中移动作品
切片选择工具	可以时切片进行选择
缩放工具	增大或减小图像的放大倍数
吸管工具	从图像中制作颜色的标本并选择颜色
吸管颜色	选择颜色
切换切片可视性	显示或隐藏预览窗口的切片

　　在【存储为 Web 所用格式】对话中，单击【浏览】按钮，可以看到图像及网页代码，如图 9-24 所示。

提　示

所谓的网页代码，就是指在网页制作过程中需要用到的一些特殊的"语言"，设计人员通过对这些"语言"进行组织编排制作出网页，然后由浏览器对代码进行"翻译"后才是我们最终看到的效果。

图 9-24 【浏览】效果

在【存储为 Web 所用格式】对话框中，
单击【存储】按钮，弹出【将优化结果存储
为】对话框，输入文件名。单击【确定】按
钮后生成一个"图像"文件夹，文件夹中包
含所有网页分割后的图片，如图 9-25 所示。

9.3 打印

Illustrator 的打印功能很强大，在其中
可以调整颜色、设置页面，还可以添加印刷
标记和出血等操作。在 Illustrator 中创作的
各种艺术作品，都可以将其打印输出，例如
广告宣传单、招贴、小册子等印刷品。要打
印文件先要了解关于打印的一些设置、颜色的使用和打印比较复杂的颜色等内容。

图 9-25 生成"图像"文件夹

9.3.1 管理颜色模式

为了重现彩色和连续色调图像，印刷通常将文件分为 4 个印版，分别用于图像的青
色、洋红色、黄色和黑色 4 种原色，还包括自定油墨。将图像分成两种或多种颜色的过
程称为分色，而用来制作印版的胶片则称为分色片。

在 Illustrator 中要进行分色前，要先做以下准备工作。首先设置色彩管理，包括校准监视器和选择一套 Illustrator 颜色设置，对颜色在输出设备上将呈现的外观进行软校样。如果文档为 RGB 模式，执行【文件】|【文档颜色模式】|【CMYK 颜色】命令，可将其转换为 CMYK 模式，如图 9-26 所示。

如果想要打印分色，首先执行【文件】|【打印】命令，选择打印机和 PPD 文件，单击【打印】对话框左侧的【输出】按钮，执行【分色模式】命令，为分色指定药膜、图像曝光和打印机分辨率。设置【打印】对话框中的其他选项，可以指定如何定位、伸缩和裁剪图稿，设置印刷标记和出血，以及为透明图稿选择拼合设置，单击【打印】按钮即可。

图9-26　CMYK 颜色模式

【分色模式】命令是指 Illustrator 支持的两种常用的 PostScript 模式用于创建分色。【药膜和图像曝光】命令，药膜是指胶片或纸张上的感光层，图像曝光则是指文件是作为正片打印还是作为负片打印。

如果打印期间在所有印版上打印一个对象，可以将其转换为套版色。将自动为套版色指定套准标记、裁切标记及页面信息。

提 示

要更改套版色的默认屏显外观（黑色），使用【颜色】面板所指定的颜色将用来表现屏显套版色对象，这些对象在复合图像中总是打印成灰色，而在分色中则总是把各种油墨均打印成同等色调。

9.3.2　认识打印

打印文件前要设置【打印】对话框中的选项，该对话框中的每类选项都是可以指导完成文档的打印过程的。通过执行【文件】|【打印】命令，在【打印】对话框中设置选项，如图 9-27 所示。在该对话框左侧选择该组的名称，其中的很多选项是由启动文档时选择的启动配置文件预设的。

（1）设置【常规】选项：设置页面大小和方向，指定要打印的页数、缩放文件，以及选择要打印的图层。

（2）设置【设置】选项：指定如何裁剪文件和更改页面上的文件位置，以及指定如何打印不适合放在单个页面上的文件。

（3）设置【标记和出血】选项：选择印刷标记与创建出血。

（4）设置【输出】选项：设置该选项创建分色。

（5）设置【图形】选项：设置路径、字体、PostScript 文件、渐变、网格和混合的打印选项。

（6）设置【颜色管理】选项：选择一套打印颜色配置文件和渲染方法。

（7）设置【高级】选项：控制打印时的矢量文件拼合。

（8）设置【小结】选项：查看和存储打印设置小结。

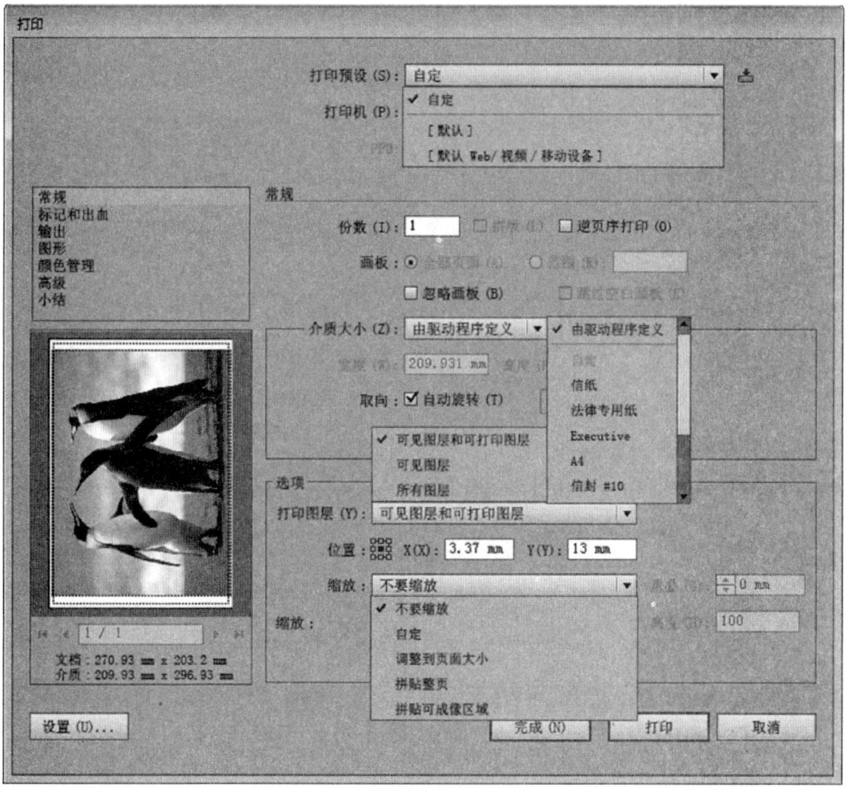

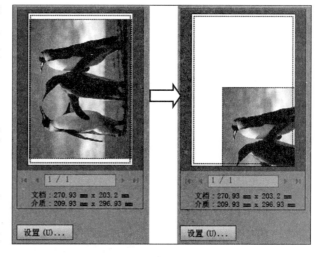

图9-27 【打印】对话框

9.3.3 设置打印页面

打印页面的设置是很重要的，这决定了打印的效果。在实际工作中可以打印单页文件，也可以在多页面上打印文件，还可调整页面大小和方向。

1. 重新定位页面上的文件

在【打印】对话框中的预览框内，可显示页面中的文件打印位置，首先执行【文件】|【打印】命令，在对话框左下角的预览图像中拖动作品，如图9-28所示。

如果打印文件在单页面上放不下，可以将文件拼贴在多个页面上，首先执行【文件】|【打印】命令，

图9-28 拖动作品

选择【打印】对话框左侧的【常规】选项，指定打印多少份、如何拼合副本以及按什么

顺序打印页面。

如果要打印一定范围的页面，启用【范围】单选按钮。然后用连字符分隔的数字指示相邻的页面范围。

2. 更改页面大小和方向

Illustrator 通常使用所选打印机的 PPD 文件定义的默认页面大小，但可以把介质尺寸改为 PPD 文件中所列的任一尺寸，并且可指定纵向还是横向。

想要更改页面大小和方向，首先执行【文件】|【打印】命令，从【大小】下拉列表中选择一种页画大小，单击【取向】按钮，设置页面方向，如图 9-29 所示。可用大小是由当前打印机和 PPD 文件决定的。

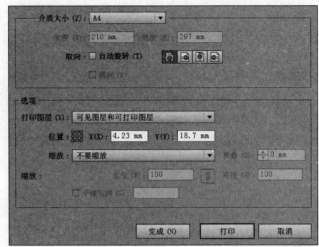

图9-29　设置页面大小和方向

为了将一个超大文档放入小于文件实际尺寸的纸张中，可以使用【打印】对话框对称或非对称地调整文档的宽度和高度。缩放并不影响文档中页面的大小，只是改变文档打印的比例。

如果不想缩放要打印的内容，启用【不要缩放】单选按钮；如果要自动缩放文件以适合页面，启用【调整到页面大小】单选按钮，缩放百分比由所选 PPD 定义的可成像区域决定；如果要自行调整文件，启用【自定缩放】单选按钮，为宽度或高度输入 1%~1000% 的百分数。

9.3.4　设置印刷标记和出血

为了方便打印文件，在打印前可以为文件添加印刷标记和添加出血设置，打开【打印】对话框，通过【标记和出血】选项设置各个参数，如图 9-30 所示。

1. 添加印刷标记

为打印准备文件时，打印设备需要几种标记来精确套准文件元素并校验正确的颜色。可以在文件中添加以下几种印刷标记。

（1）裁切标记：水平和垂直细标线，用来划定对页面进行修边的位置，裁切标记还有助于各分色相互对齐。

（2）套准标记：页面范围外的小标记，用于对齐彩色文档中的各分色。

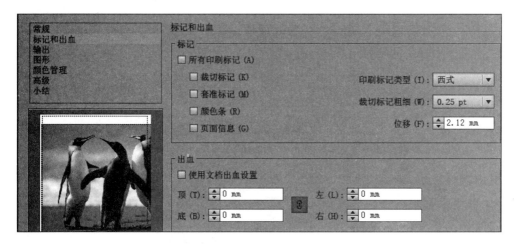

图9-30 设置【标记和出血】选项

（3）颜色条：彩色小方块，表示 CMYK 油墨和色调灰度。

（4）页面信息：为胶片标上文件名、输出时间和日期、所用线网数、分色网线角度以及各个版的颜色，这些标签位于文件上方。

添加标记首先执行【文件】|【打印】命令，选择【打印】对话框左侧的【标记和出血】选项，选择印刷标记的种类。

提 示

如果启用【裁切标记】复选框，可指定裁切标记粗细以及裁切标记相对于文件的位移。

2. 添加出血

出血是指文件落在打印边框，可以把出血作为允差范围包括到文件中，以保证在页面切边后仍可把油墨打印到页边缘，只有创建了出血边的文件，才可以使用 Illustrator 指定出血量。

出血的默认值是 18 点，如果增加出血量，Illustrator 会打印更多位于裁切标记之外的文件。不过，裁切标记仍会定义同样大小的打印边框，出血大小取决于其用途。

添加出血，首先执行【文件】|【打印】命令，选择【标记和出血】选项，在【顶】、【左】、【底】和【右】参数栏中设置相应的数值，以指定出血标记的位置，单击【链接】按钮可使这些值都相同。

9.3.5 画板与裁切标记

在【画板选项】对话框中可以对所要打印的作品进行裁剪，通过对【画板工具】的设置，裁剪出所需要的区域。

1. 设置画板选项

在工具箱中双击【画板工具】按钮，弹出【画板选项】对话框，设置该对话框中的【宽度】和【高度】选项后，启用【显示】选项组中的选项，能够得到如图 9-31 所示的效果。

（1）预设：指定画板尺寸。

（2）宽度和高度：手动调整画板的大小时，将画板的长宽比保持不变。

（3）显示中心标记：在画板中心显示一个点。

（4）显示十字线：显示通过画板每条边中心的十字线。

（5）显示视频安全区域：显示参考线，这些参考线表示位于可查看的视频区域内的区域。

（6）标尺像素长宽比：指定用于标尺的像素长宽比。

（7）渐隐画板之外的区域：当【画板工具】处于现用状态时，显示的画板之外的区域比裁剪区域内的区域暗。

（8）拖动时更新：在拖动画板以调整其大小时，使画板之外的区域变暗。

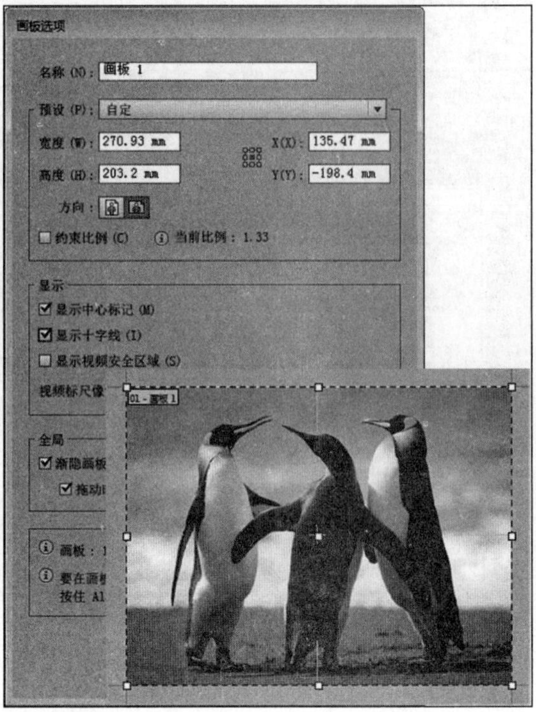

图9-31 【画板选项】对话框

2. 编辑画板

画板设置文件中印刷标记位置，并定义可导出的边界，不仅可以定义单个画板，也可以定义其他画板，还可以对画板进行删除、移动等编辑操作。

（1）定义单个画板：要使用预设裁剪区域，首先双击【画板工具】，在【画板选项】对话框中选择画板大小预设，拖动画板以将其放在所需的位置。

（2）定义并查看其他画板：要创建新的画板，按住 Alt 键并拖动，每个画板的左上角有一个唯一的编号。要查看所有画板，按住 Alt 键。

（3）删除画板：如果要删除现有的画板，单击【控制】面板中的【删除】按钮。

（4）编辑或移动画板：要编辑画板，将指针放在画板的边缘或角上，当光标变为双向箭头时，拖动画板以进行调整；如果想要移动画板，将指针放在画板的中间，当光标变为四向箭头时，拖动该画板。

3. 裁剪标记

除了指定如何裁剪用于导出的文件外，还可以在绘图区中创建和使用多组裁剪标记。裁剪标记指示了所需的打印纸张剪切位置，需要围绕页面上的几个对象创建标记时，裁剪标记是非常有用的。

裁剪标记与画板的区别在于：画板指定文件的可打印边界，而裁剪标记不会影响打印区域；每次只能创建一个画板，但可以创建并显示多个裁剪标记；画板由可见但不能打印的标记指示，而裁剪标记则要用套版黑色打印出来。

创建裁剪标记首先选择一个或多个对象，接着执行【效果】|【裁剪标记】命令，如图 9-32 所示。若想删除裁剪标记，可在外观面板中选择裁剪标记，然后删除项目即可。

图 9-32 为对象添加标记

提 示

还可以使用日式裁剪标记，执行【编辑】|【首选项】|【常规】命令，选择【使用日式裁剪标记】复选框确定即可。日式裁剪标记使用双实线，它以可视方式将默认出血值定义为 3mm。

9.3.6 打印渐变网格对象和混合模式

Illustrator 中的【打印】命令，除了可以打印简单的文件，也可以打印比较复杂的颜色，例如打印一些有渐变网格的或者是混合模式的文件。

如果想在打印过程中栅格化渐变和网格，首先执行【文件】|【打印】命令，选择【打印】对话框左侧的【图形】选项，并启用【兼容渐变和渐变网格打印】复选框，如图 9-33 所示。这时，会降低无渐变问题打印机的打印速度。

打印文件时可能会发现，当配合使用所选网频时，打印机分辨率允许的灰度等级数不足，较高的网频会减少打印机的可用灰度等级。

打印机分辨率是以每英寸产生的墨点数来计算的。当使用桌面激光打印机尤其是照排机时，还必须考虑网频，网频是打印灰度图像或分色文件所使用的每英寸半色调网点数，网频又叫网屏刻度或线网，以半色调网屏中的每英寸线数度量。

在 Illustrator 中使用默认的打印机分辨率和网频时打印效果最快最好，但有些情况下可能需要更改打印机分辨率和网线频率，首先执行【文件】|【打印】命令，选择一种 PostScript 打印机，选择【打印】对话框左侧的【输出】命令，选择一个网频和打印机分辨率组合。

在 Illustrator 中根据渐变颜色的变色率来计算渐变中的阶数,阶数决定着无色带出现的最大混合长度。

要计算渐变的最大混合长度，首先选择【度量工具】，并在【渐变】面板中单击起点和终点，将【信息】面板中显示的距离记在纸上，这一距离表示渐变即混色的长度。接着用公式计算混合阶数：阶数=256 个灰度等级×变色率，用较高色值减去较低色值即可得出变色率。

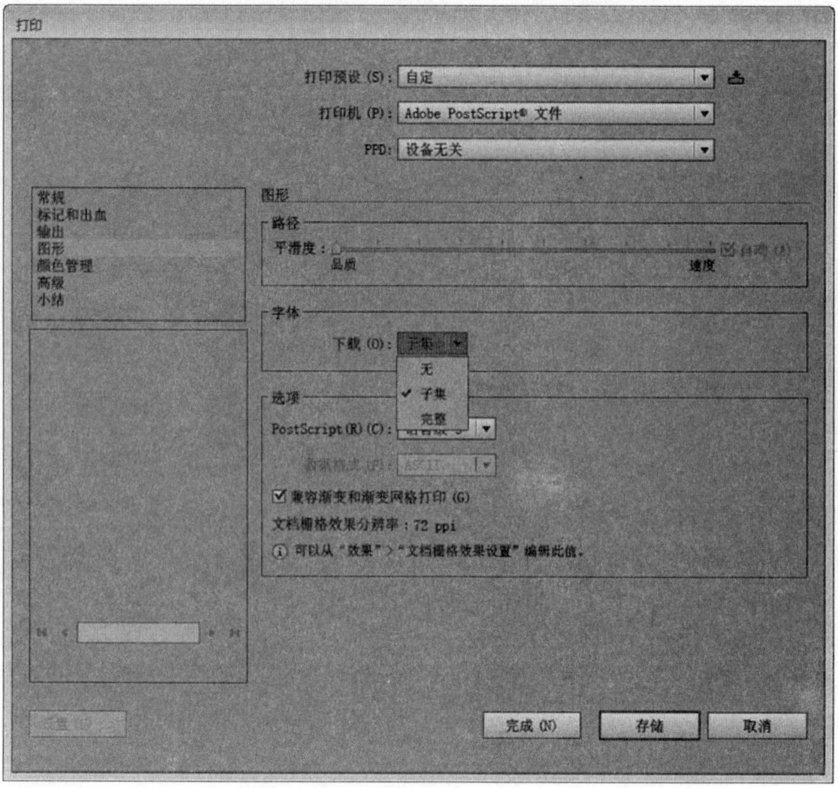

图9-33 打印过程中栅格化渐变和网格

9.3.7 打印复杂的长路径

要打印的 Illustrator 文件如果含有过长或过于复杂的路径，可能无法打印，打印机可能会发出极限检验报错消息。为简化复杂的长路径，可将其分割成两条或多条单独的路径，还可以更改用于模拟曲线的线段数，并调整打印机分辨率。

1. 更改用于打印矢量对象的线段数

PostScript 解译器将文件中的曲线定义为小的直线段，根据打印机及其所含内存量不同，一条曲线可能会过于复杂而使 PostScript 解译器无法栅格化。

提示

线段越小，曲线越精确，随着线段数的增加，曲线的复杂程度也随之增加。

想要更改用于打印矢量对象的线段数，首先执行【文件】|【打印】命令，选择一台 PostScript 打印机，接着选择【打印】对话框左侧的【图形】选项，禁用【自动】复选框，在【平滑度】命令中拖动滑块来设置曲线的精度。

2. 分割打印路径

文件分割路径后，可以将文件视为不同的对象，要在分割路径之后更改文件，必须分别处理各分立形状，或者把路径重新连接起来，把图像作为单一形状来处理。

如果要分割一条描边路径，使用【剪刀工具】；要分割一条复合路径，执行【对象】|【复合路径】|【释放】命令，以移去该复合路径，然后用【剪刀工具】将路径剪成若干段，再将这些片段重新定义为复合路径；要分割一个蒙版，执行【对象】|【剪切蒙版】|【释放】命令以移去蒙版，然后用【剪刀工具】将路径剪成若干段，再将这些段重新定义为蒙版。

9.3.8 陷印

在打印时，陷印是很重要的主题之一，颜色产生分色时，陷印解决了对齐问题。陷印有两种：一种是外扩陷印，其中较浅的对象重叠较深色的背景，看起来像是扩展到背景中；另一种是内缩陷印，其中较浅色的背景重叠陷入背景中的较深色的对象，看起来像是挤压或缩小该对象。

在 Illustrator 中，可以通过选择路径的描边或者填充，并将它设置到另一条路径的描边和填充，来完成陷印。

想要创建陷印文件，将文件转换为 CMYK 模式，选择两个或两个以上的对象，执行【效果】|【路径查找器】|【陷印】命令，显示【路径查找器】对话框，如图 9-34 所示。路径查找器效果通常应用于组、图层或者文字对象。

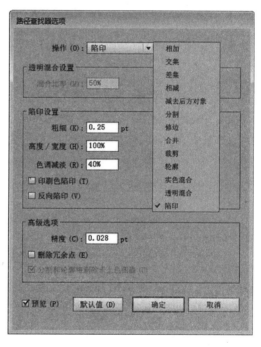

图 9-34　设置【陷印】命令的选项

（1）粗细：指定一个 0.01～5000 磅的描边宽度值。

（2）宽度/高度：把水平线上的陷印指定为垂直线上陷印的一个百分数。

（3）色调减淡：减小被陷印的较浅颜色的色调值，较深的颜色保持在 100%。

（4）印刷色陷印：将专色陷印转换为等阶的印刷色。

（5）反向陷印：将较深的颜色陷印到较浅的颜色中。

（6）精度：影响对象路径的计算精度。

（7）删除冗余点：删除不必要的点。

陷印除了可以处理简单的文件，而且实际上大多数插图中包含具有其自己特殊陷印所需的多个重叠对象。

在 Illusrrator 中可以使用复杂的陷印，其中包含以下不同的技术：一是为陷印对象创建不同的图层；二是在【描边】面板中单击【圆角连接】按钮和端点用于所有陷印描边；三是通过用重叠渐变进行填充和描边层次来陷印它们。

9.4　创建 Adobe PDF 文件

Adobe PDF 文件是一种通用的文件格式，是全球使用的电子文档和表单进行安全分发和交换的标准，任何使用免费 Adobe Reader®软件的人都可以对其进行共享、查看和打印。Adobe PDF 格式保留在各种应用程序和平台上创建的字体、图像和版面，文件小而且完整。

9.4.1　PDF 兼容性级别

在 Illusrrator 中创建不同类型的 PDF 文件，并且可以通过设置 PDF 选项来创建多页PDF、包含图层的 PDF 和 PDF/X 兼容的文件，也可以执行【文件】|【存储为】命令，选择 Adobe PDF 文件格式来创建。

Adobe PDF 选项分为多种多样的类别，更改任何选项将使预设名称更改为自定。【存储 Adobe PDF】对话框左侧列出了各种类别，如图 9-35 所示。

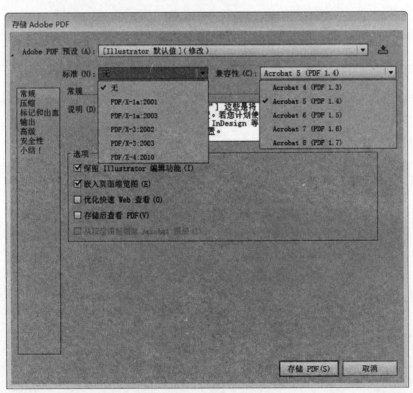

图9-35　【存储 Adobe PDF】对话框

在创建 PDF 文件时，需要确定使用哪个 PDF 版本，另存为 PDF 或者编辑 PDF 预设时，可通过切换到不同的预设或选择兼容性选项来改变 PDF 版本。

除非指定需要向下兼容，一般都使用最新的版本，最新的版本包括所有最新的特性和功能。但是，如果要创建将在较大范围内分发的文档，考虑选取 Acrobat 5，以确保所有用户都能查看和打印文档。

9.4.2　PDF 的压缩和缩减像素采样选项

在 Adobe PDF 中存储文件时，可以压缩文本和线状图，并且压缩和缩减像素取样位图图像。根据选择的设置，压缩和缩减像素取样可显著减少 PDF 文件大小，并且损失很少或不损失细节和精度。选择【存储 Adobe PDF】设置选项，如图 9-36 所示。

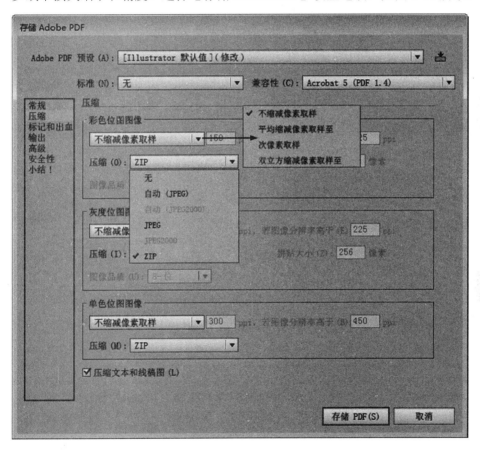

图9-36　设置 PDF 压缩选项

在不同颜色模式的图像【压缩】选项组中，下拉列表中的选项是相同的，列表选项的作用如下。而压缩使用的压缩类型包括 ZIP 压缩、JPEG 压缩、JPEG2000 等。

（1）不缩减像素取样：缩减像素取样是指减少图像中像素的数量。如果在 Web 上使用 PDF 文件，使用缩减像素取样以允许更高压缩；如果计划以高分辨率打印 PDF 文件，不要使用缩减像素取样。

（2）平均缩减像素取样至：平均采样区的域的像素并以指定分辨率下的平均像素颜

263

第9章　Illustrator 导出与打印

色替换整个区域。

（3）双立方缩减像素取样至：使用加权平均决定像素颜色，通常比简单平均缩减像素取样效果好。

（4）次像素取样：在采样区域中央选择一个像素，并以该像素颜色替换整个区域。

9.4.3 PDF 安全性

【存储 Adobe PDF】对话框中的选项，与【打印】对话框中的选项部分相同。但是前者特有的选项除了 PDF 的兼容性外，还包括 PDF 的安全性。在该对话框左侧列表中，选择【安全性】选项后，即可在对话框右侧显示相关的选项，如图 9-37 所示。通过该选项的设置，能够为 PDF 文件的打开与编辑添加密码。

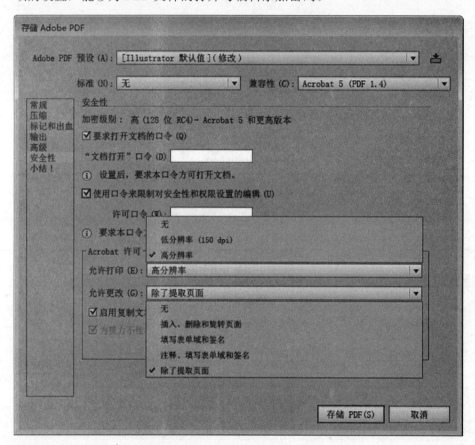

存储 Adobe PDF

Adobe PDF 预设 (A)：[Illustrator 默认值]（修改）

标准 (N)：无   兼容性 (C)：Acrobat 5 (PDF 1.4)

常规
压缩
标记和出血
输出
高级
安全性
小结！

安全性

加密级别：高 (128 位 RC4)- Acrobat 5 和更高版本

☑ 要求打开文档的口令 (Q)

"文档打开" 口令 (D)：

ⓘ 设置后，要求本口令方可打开文档。

☑ 使用口令来限制对安全性和权限设置的编辑 (U)

许可口令 (W)：

无
低分辨率 (150 dpi)
✓ 高分辨率

ⓘ 要求本口令

Acrobat 许可

允许打印 (E)：高分辨率

允许更改 (G)：除了提取页面

无
插入、删除和旋转页面
填写表单域和签名
注释、填写表单域和签名
✓ 除了提取页面

☑ 启用复制文
☑ 为视力不佳

存储 PDF(S)   取消

图 9-37 设置安全性选项

当创建 PDF 或应用口令保护 PDF 时，可以选择以下选项。根据【兼容性】选项的设置，这些选项会有所不同。安全性选项不可用于 PDF/X 标准或预设。

（1）许可口令：指定要求更改许可设置的口令。如果选择前面的选项，则此选项可用。

（2）允许打印：指定允许用户用于 PDF 文档的打印级别。

① 无：禁止用户打印文档。

② 低分辨率（150dpi）：允许用户以不高于 150dpi 的分辨率进行打印。打印速度可能较慢，因为每个页面都作为位图图像进行打印。只有在【兼容性】选项设置为 Acrobat 5（PDF 1.4）或更高版本时，本选项才可用。

③ 高分辨率：允许用户以任何分辨率进行打印，并将高品质的矢量输出定向到 PostScript 打印机和支持高品质打印高级功能的其他打印机。

（3）允许更改：定义允许在 PDF 文档中执行的编辑操作。

① 无：禁止用户对【允话更改】菜单中列出的文档进行任何更改，例如，填写表单域和添加注释。

② 插入、删除和旋转页面：允许用户插入、删除和旋转页面，以及创建书签和缩览图。

③ 填写表单域和签名：允许用户填写表单并添加数字签名。此选项不允许用户添加注释或创建表单域。

④ 注释、填写表单域和签名：允许用户添加注释和数字签名，并填写表单。此选项不允许用户移动页面对象或创建表单域。

⑤ 除了提取页面：允许用户编辑文档、创建并填写表单域、添加注释以及添加数字签名。

（4）启用复制文本、图像和其他内容：允许用户选择和复制 PDF 的内容。

（5）为视力不佳者启用屏幕阅读器设备的文辅助工具：允许视力不佳的用户用屏幕阅读器阅读文档，但是不允许他们复制或提取文档的内容。

（6）启用纯文本元数据：允许用户复制和从 PDF 中提取内容。只有在【兼容性】设置为 Acrobat 6 或更高版本时，此选项才可用。

9.5 课堂实例：制作卡通老虎动作动画

本实例制作卡通老虎展示动画效果，如图 9-38 所示。在制作过程中，要想按照想要的顺序显示，必须注意图形对象的前后顺序。而设置适合的释放图层命令，才能够使动画按照所希望的动作流程进行展示。而为了使动画文件能够播放，在导出过程中，还需要选择正确的导出文件类型。

图 9-38　卡通老虎动作动画

操作步骤:

1 执行【文件】【打开】命令或按快捷键 Ctrl+O 打开文件"卡通老虎.ai"。在【图层】面板中

查看,卡通老虎图像是以编组形式显示的,如图 9-39 所示。

图9-39 打开文件

2 选择工具箱中的【选择工具】 ，分别单击不同的卡通老虎,按照想要的显示位置进行排列。然后分别单击【对齐】面板中的【垂

直底对齐】按钮 与【水平居中分布】按钮 ，如图 9-40 所示。

图9-40 排列对象

3 在【图层】面板中,按照图形对象从左到右的显示顺序,由下至上排列"编组"项目的显示,以方便后续动画的显示顺序,如图 9-41 所示。

4 单击【图层】面板中的"图层 1",选择该面板关联菜单中的【释放到图层(累积)】命

令,即可将路径对象以累积的方式放置在不同的图层中,如图 9-42 所示。

5 执行【文件】|【导出】命令,在弹出的【导出】对话框中,选择【保存类型】为 Flash(*.SWF)。单击【保存】按钮,弹出【SWF 选项】对话框。选择【导出为】选项为【AI

图层到 SWF 帧】，单击【高级】按钮，启用
【循环】选项，单击【确定】按钮，完成动
画制作，如图 9-43 所示。

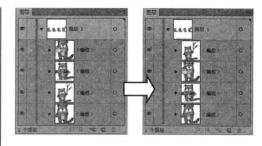

图 9-41 排列项目顺序

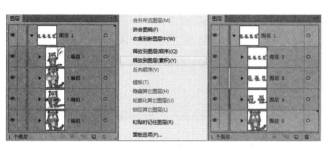

图 9-42 将图形释放到图层中

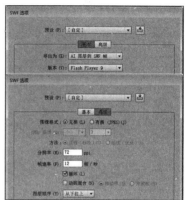

图 9-43 设置 SWF 选项

9.6 课堂实例:导出透明图像

本例介绍如何在 Illustrator 中将文件导出为 PSD 格式，效果如图 9-44 所示。在
Illustrator 中将创作好的文件导出 PSD 格式，导入 Photoshop 中进行修改是常用的操作。

（a）

（b）

图 9-44 将文件导出为 PSD 格式

操作步骤:

1️⃣ 在 Illustrator 中，按快捷键 Ctrl+O 打开准备好的 AI 作品文件，如图 9-45 所示。

🔵 图9-45 ● 打开文件

2️⃣ 执行【文件】|【导出】命令，在弹出的【导出】对话框中，选择【保存类型】为 Photoshop(*.PSD)，输入文件名称，单击【导出】按钮，弹出【Photoshop 导出选项】对话框，设置各选项，然后单击【确定】按钮，导出图像，如图 9-46 所示。

🔵 图9-46 ● 【Photoshop 导出选项】对话框

3️⃣ 导出图像后，在图像路径所在文件夹中查看图像图标，为 Photoshop 格式，如图 9-47 所示。

4️⃣ 使用 Photoshop 打开图像，图像背景是透明的，打开图层面板，图像为可编辑状态，如图 9-48 所示。

🔵 图9-47 ● PSD 图像显示图标

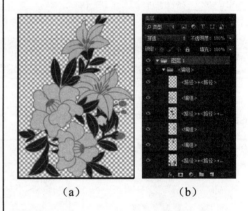

　　（a）　　　　　　　（b）

🔵 图9-48 ● 使用 Photoshop 查看图像

9.7 思考与练习

一、填空题

1. 导出 Illustrator 文件的位图图像格式包括

四种，分别为_____、JPEG 格式、TIFF 格式和 BMP 格式。

2. 为了重现彩色和连续色调图像，通常将图稿分为 4 个印版，分别用于图像的_____、洋红色、黄色和黑色 4 种原色。

3._____主要用于 Web，是将完整的网页图像划分为若干较小的图像，这些图像可以在 Web 页上重新组合。

4. 添加印刷标记，在文件中可以添加以下印刷标记，分别为裁切标记、_____、颜色条和页面信息。

5._____是一种通用的文件格式，这种文件格式保留在各种应用程序和平台上创建的字体、图像和版面。

二、选择题

1. 使用_____能够选中创建好的切片。

    A. 【选择工具】

    B. 【直接选择工具】

    C. 【切片选择工具】

    D. 【切片工具】

2. 只有_____格式才支持透明度，需要尽可能最大程度地保留外观。

    A. JPEG   B. PNG

    C. PSD   D. PDF

3. 如果打印机的 PPD 文件允许，可以启用_____单选按钮，设置宽度和高度。

    A. 【自定缩放】

    B. 【调整到页面大小】

    C. 【不要缩放】

    D. 【全部页面】

4. 选择【画板工具】后，按住_____键可以复制画板。

    A. Shift   B. Alt

    C. Ctrl   D. Alt+Shift

5.【存储 Adobe PDF】对话框中的_____选项，可以设置 PDF 的打开密码。

    A. 常规   B. 输出

    C. 高级   D. 安全性

三、问答题

1. 在 Illustrator 中如何制作简单的动画并导出？

2. 切片的创建包括几种方法？分别是什么？

3. 概括一下 Illustrator 打印的优势和广泛性。

4. 在【打印】对话框中，可以设置哪些选项？

5. 如果想要设置 PDF 一般选项，包括几个选项，其中都有哪些？

四、上机练习

1. 制作简单动画

Illustrator 中的动画非常简单，只要将展示的图形对象在【图层】面板中依次排列，并选择该面板关联菜单中的【释放到图层（累积）】命令，然后执行【文件】|【导出】命令，设置保存类型为 Falsh(*.SWF)然后保存，在弹出的【SWF 选项】对话框中选择【AI 图层到 SWF 帧】选项，最后单击【确定】按钮即可完成动画的制作，如图 9-49 所示。可以在文件夹中打开查看动画效果。

2. 制作 PDF 文件

PDF 在印刷出版工作流程中非常高效，通过 PDF 可以对 AI 作品进行查看、编辑、组织和校样，还可以为 PDF 打开设置密码，提高安全性。打开制作完成的 AI 文件，执行【文件】|【存储为】命令，在弹出的【存储为】对话框中设置保存类型为 Adobe PDF(*.PDF)，打开【存储 Adobe PDF】对话框，设置保存参数，在【安全性】选项组中启用【要求打开文档的口令】选项，输入口令 000，单击【存储 PDF】按钮后再次输入口令确认，关闭【存储 Adobe PDF】对话框，生成 PDF 文件。在打开 PDF 之前弹出【口令】对话框，输入口令，即可查看 PDF 文件，如图 9-50 所示。

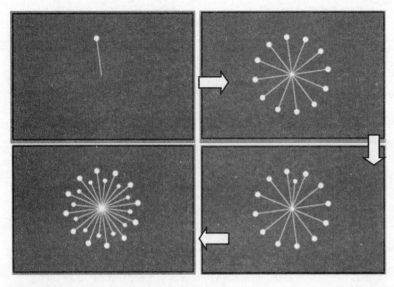

🔵 图9-49 制作动画过程

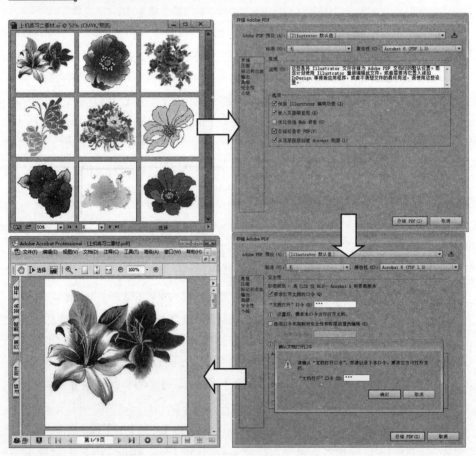

🔵 图9-50 导出 PDF 文件